8 years old – 8 mi
10 years old – 4 m

Multiplying by 2

2 × 3 = ____	2 × 6 = ____	10 × 2 = ____	1 × 2 = ____
2 × 10 = ____	3 × 2 = ____	11 × 2 = ____	2 × 6 = ____
2 × 8 = ____	9 × 2 = ____	2 × 2 = ____	2 × 0 = ____
2 × 9 = ____	2 × 4 = ____	0 × 2 = ____	2 × 1 = ____
8 × 2 = ____	2 × 6 = ____	4 × 2 = ____	11 × 2 = ____
2 × 2 = ____	2 × 4 = ____	2 × 8 = ____	2 × 9 =
10 × 2 = ____	2 × 2 = ____	2 × 6 = ____	2 × 5 = ____
2 × 7 = ____	2 × 4 = ____	5 × 2 = ____	7 × 2 = ____
2 × 8 = ____	2 × 0 = ____	10 × 2 = ____	2 × 5 = ____
4 × 2 = ____	6 × 2 = ____	7 × 2 = ____	1 × 2 = ____
2 × 4 = ____	2 × 3 = ____	2 × 7 = ____	2 × 2 = ____
11 × 2 = ____	5 × 2 = ____	9 × 2 = ____	2 × 11 = ____
2 × 2 = ____	2 × 5 = ____	11 × 2 = ____	8 × 2 = ____
2 × 4 = ____	3 × 2 = ____	9 × 2 − ____	2 × 7 = ____
5 × 2 = ____	7 × 2 = ____	8 × 2 = ____	11 × 2 = ____

Day 2

TIME:

:

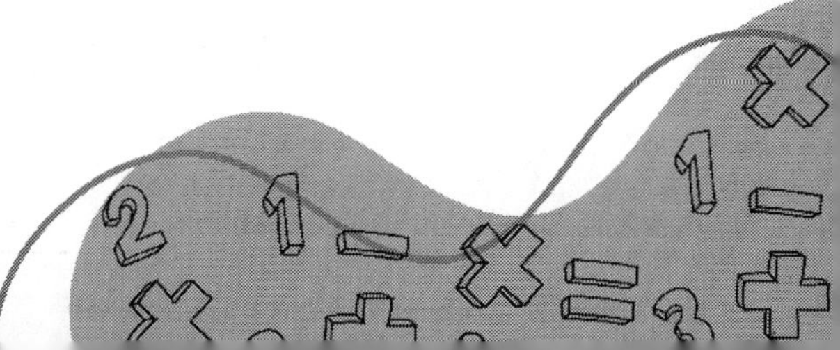

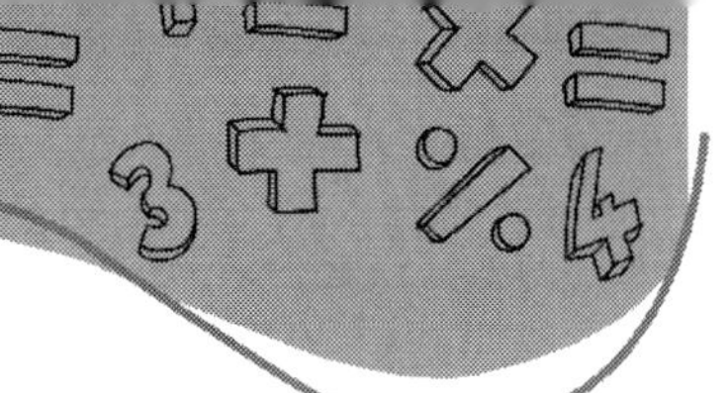

GOAL

8 years old – 8 minutes	9 years old – 5 minutes
10 years old – 4 minutes	11+ years old – 3 minutes

Multiplying by 2

$10 \times 2 =$ ____	$2 \times 5 =$ ____	$2 \times 7 =$ ____	$2 \times 4 =$ ____
$1 \times 2 =$ ____	$6 \times 2 =$ ____	$8 \times 2 =$ ____	$7 \times 2 =$ ____
$2 \times 2 =$ ____	$2 \times 9 =$ ____	$10 \times 2 =$ ____	$9 \times 2 =$ ____
$9 \times 2 =$ ____	$2 \times 10 =$ ____	$3 \times 2 =$ ____	$2 \times 2 =$ ____
$2 \times 12 =$ ____	$7 \times 2 =$ ____	$11 \times 2 =$ ____	$10 \times 2 =$ ____
$2 \times 10 =$ ____	$2 \times 9 =$ ____	$6 \times 2 =$ ____	$2 \times 0 =$ ____
$2 \times 0 =$ ____	$2 \times 8 =$ ____	$3 \times 2 =$ ____	$2 \times 2 =$ ____
$2 \times 9 =$ ____	$10 \times 2 =$ ____	$2 \times 12 =$ ____	$11 \times 2 =$ ____
$7 \times 2 =$ ____	$9 \times 2 =$ ____	$1 \times 2 =$ ____	$8 \times 2 =$ ____
$4 \times 2 =$ ____	$5 \times 2 =$ ____	$2 \times 11 =$ ____	$12 \times 2 =$ ____
$0 \times 2 =$ ____	$11 \times 2 =$ ____	$2 \times 3 =$ ____	$2 \times 5 =$ ____
$6 \times 2 =$ ____	$3 \times 2 =$ ____	$4 \times 2 =$ ____	$2 \times 8 =$ ____
$2 \times 2 =$ ____	$10 \times 2 =$ ____	$5 \times 2 =$ ____	$2 \times 4 =$ ____
$1 \times 2 =$ ____	$2 \times 11 =$ ____	$2 \times 7 =$ ____	$6 \times 2 =$ ____
$10 \times 2 =$ ____	$2 \times 3 =$ ____	$8 \times 2 =$ ____	$2 \times 5 =$ ____

TIME:

:

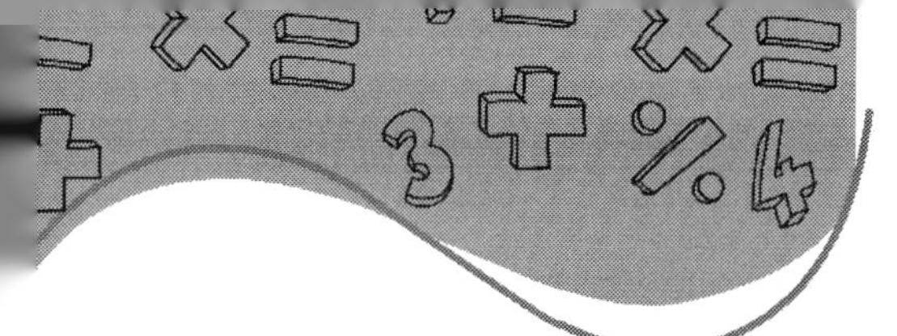

GOAL

8 years old – 12 minutes	9 years old – 9 minutes
10 years old – 6 minutes	11+ years old – 3 minutes

Multiplying by 3

$7 \times 3 =$ ____	$4 \times 3 =$ ____	$0 \times 3 =$ ____	$10 \times 3 =$ ____
$0 \times 3 =$ ____	$2 \times 3 =$ ____	$9 \times 3 =$ ____	$3 \times 7 =$ ____
$3 \times 6 =$ ____	$3 \times 8 =$ ____	$3 \times 0 =$ ____	$6 \times 3 =$ ____
$1 \times 3 =$ ____	$3 \times 10 =$ ____	$3 \times 2 =$ ____	$4 \times 3 =$ ____
$3 \times 2 =$ ____	$3 \times 4 =$ ____	$3 \times 8 =$ ____	$7 \times 3 =$ ____
$3 \times 3 =$ ____	$10 \times 3 =$ ____	$3 \times 0 =$ ____	$5 \times 3 =$ ____
$3 \times 6 =$ ____	$0 \times 3 =$ ____	$6 \times 3 =$ ____	$9 \times 3 =$ ____
$4 \times 3 =$ ____	$2 \times 3 =$ ____	$8 \times 3 =$ ____	$3 \times 3 =$ ____
$8 \times 3 =$ ____	$3 \times 4 =$ ____	$3 \times 6 =$ ____	$3 \times 1 =$ ____
$9 \times 3 =$ ____	$1 \times 3 =$ ____	$9 \times 3 =$ ____	$3 \times 4 =$ ____
$3 \times 5 =$ ____	$3 \times 9 =$ ____	$3 \times 3 =$ ____	$2 \times 3 =$ ____
$6 \times 3 =$ ____	$0 \times 3 =$ ____	$3 \times 8 =$ ____	$4 \times 3 =$ ____
$10 \times 3 =$ ____	$5 \times 3 =$ ____	$4 \times 3 =$ ____	$8 \times 3 =$ ____
$3 \times 7 =$ ____	$3 \times 2 =$ ____	$3 \times 6 =$ ____	$3 \times 5 =$ ____
$3 \times 8 =$ ____	$3 \times 1 =$ ____	$3 \times 10 =$ ____	$9 \times 3 =$ ____

TIME:

Day 4

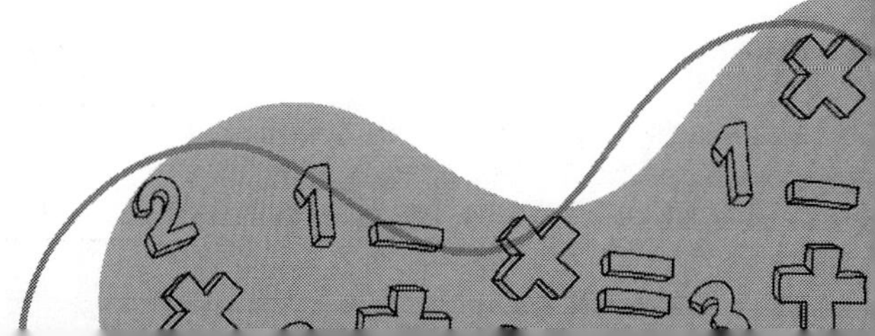

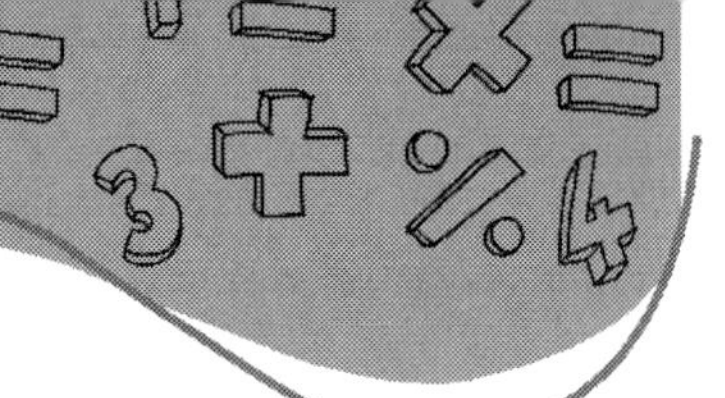

GOAL

8 years old – 12 minutes	9 years old – 9 minutes
10 years old – 6 minutes	11+ years old – 3 minutes

Multiplying by 3

$6 \times 3 =$ ____	$3 \times 3 =$ ____	$11 \times 3 =$ ____	$10 \times 3 =$ ____
$9 \times 3 =$ ____	$11 \times 3 =$ ____	$3 \times 3 =$ ____	$3 \times 9 =$ ____
$3 \times 8 =$ ____	$3 \times 6 =$ ____	$8 \times 3 =$ ____	$4 \times 3 =$ ____
$7 \times 3 =$ ____	$3 \times 0 =$ ____	$3 \times 1 =$ ____	$5 \times 3 =$ ____
$0 \times 3 =$ ____	$2 \times 3 =$ ____	$3 \times 6 =$ ____	$3 \times 10 =$ ____
$8 \times 3 =$ ____	$4 \times 3 =$ ____	$3 \times 3 =$ ____	$1 \times 3 =$ ____
$3 \times 11 =$ ____	$10 \times 3 =$ ____	$0 \times 3 =$ ____	$3 \times 5 =$ ____
$3 \times 10 =$ ____	$3 \times 2 =$ ____	$10 \times 3 =$ ____	$9 \times 3 =$ ____
$7 \times 3 =$ ____	$3 \times 4 =$ ____	$3 \times 8 =$ ____	$3 \times 6 =$ ____
$1 \times 3 =$ ____	$0 \times 3 =$ ____	$3 \times 4 =$ ____	$3 \times 1 =$ ____
$3 \times 3 =$ ____	$3 \times 6 =$ ____	$7 \times 3 =$ ____	$3 \times 5 =$ ____
$5 \times 3 =$ ____	$10 \times 3 =$ ____	$3 \times 2 =$ ____	$7 \times 3 =$ ____
$3 \times 10 =$ ____	$11 \times 3 =$ ____	$4 \times 3 =$ ____	$3 \times 0 =$ ____
$3 \times 4 =$ ____	$3 \times 3 =$ ____	$3 \times 7 =$ ____	$3 \times 11 =$ ____
$3 \times 2 =$ ____	$8 \times 3 =$ ____	$5 \times 3 =$ ____	$3 \times 6 =$ ____

TIME:

Day 5

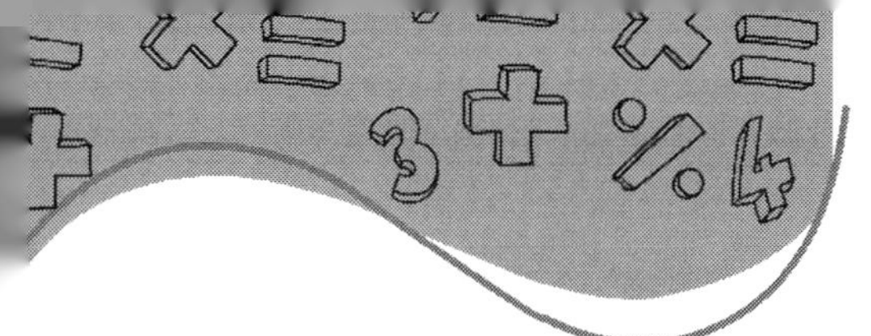

GOAL

8 years old – 12 minutes	9 years old – 9 minutes
10 years old – 6 minutes	11+ years old – 3 minutes

Multiplying by 3

3 × 1 = ______	5 × 3 = ______	3 × 6 = ______	3 × 8 = ______
3 × 5 = ______	3 × 3 = ______	10 × 3 = ______	1 × 3 = ______
8 × 3 = ______	3 × 4 = ______	5 × 3 = ______	6 × 3 = ______
3 × 4 = ______	0 × 3 = ______	3 × 12 = ______	3 × 3 = ______
11 × 3 = ______	6 × 3 = ______	3 × 3 = ______	3 × 7 = ______
3 × 8 = ______	3 × 2 = ______	3 × 11 = ______	10 × 3 = ______
3 × 6 = ______	3 × 0 = ______	9 × 3 = ______	5 × 3 = ______
3 × 10 = ______	3 × 12 = ______	2 × 3 = ______	0 × 3 = ______
12 × 3 = ______	3 × 5 = ______	3 × 4 = ______	7 × 3 = ______
3 × 3 = ______	4 × 3 = ______	12 × 3 = ______	3 × 11 = ______
3 × 9 = ______	7 × 3 = ______	3 × 3 = ______	3 × 2 = ______
11 × 3 = ______	0 × 3 = ______	3 × 10 = ______	3 × 8 = ______
10 × 3 = ______	8 × 3 = ______	2 × 3 = ______	3 × 10 = ______
3 × 2 = ______	3 × 9 = ______	7 × 3 = ______	3 × 12 – ______
7 × 3 = ______	3 × 3 = ______	4 × 3 = ______	9 × 3 = ______

Day 6

TIME:

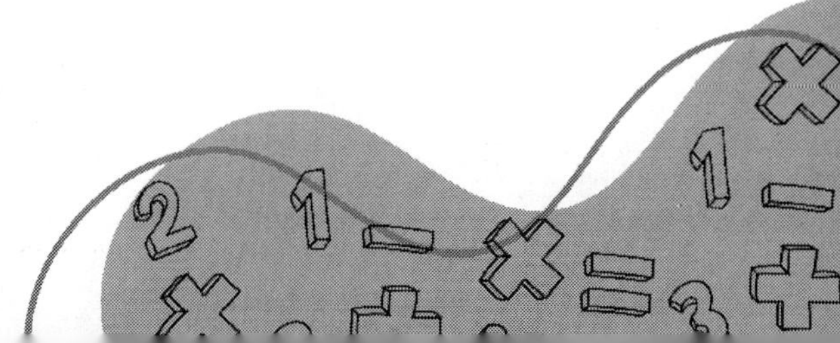

GOAL

8 years old – 12 minutes	9 years old – 9 minutes
10 years old – 6 minutes	11+ years old – 3 minutes

Multiplying by 2 & 3

$9 \times 3 =$ ____	$3 \times 4 =$ ____	$2 \times 2 =$ ____	$3 \times 2 =$ ____
$12 \times 3 =$ ____	$11 \times 2 =$ ____	$2 \times 4 =$ ____	$1 \times 3 =$ ____
$2 \times 5 =$ ____	$7 \times 2 =$ ____	$7 \times 3 =$ ____	$4 \times 3 =$ ____
$2 \times 3 =$ ____	$5 \times 3 =$ ____	$3 \times 4 =$ ____	$6 \times 2 =$ ____
$8 \times 2 =$ ____	$9 \times 3 =$ ____	$2 \times 11 =$ ____	$3 \times 6 =$ ____
$3 \times 4 =$ ____	$2 \times 8 =$ ____	$3 \times 9 =$ ____	$5 \times 2 =$ ____
$10 \times 2 =$ ____	$3 \times 5 =$ ____	$12 \times 3 =$ ____	$2 \times 7 =$ ____
$3 \times 8 =$ ____	$2 \times 12 =$ ____	$2 \times 2 =$ ____	$11 \times 2 =$ ____
$3 \times 3 =$ ____	$3 \times 10 =$ ____	$2 \times 5 =$ ____	$2 \times 10 =$ ____
$1 \times 2 =$ ____	$2 \times 11 =$ ____	$3 \times 6 =$ ____	$11 \times 3 =$ ____
$5 \times 3 =$ ____	$0 \times 2 =$ ____	$2 \times 12 =$ ____	$3 \times 1 =$ ____
$3 \times 10 =$ ____	$2 \times 3 =$ ____	$2 \times 1 =$ ____	$2 \times 4 =$ ____
$7 \times 3 =$ ____	$6 \times 2 =$ ____	$3 \times 5 =$ ____	$2 \times 11 =$ ____
$3 \times 2 =$ ____	$2 \times 7 =$ ____	$4 \times 2 =$ ____	$3 \times 8 =$ ____
$9 \times 3 =$ ____	$8 \times 3 =$ ____	$11 \times 3 =$ ____	$0 \times 3 =$ ____

TIME:

Day 7

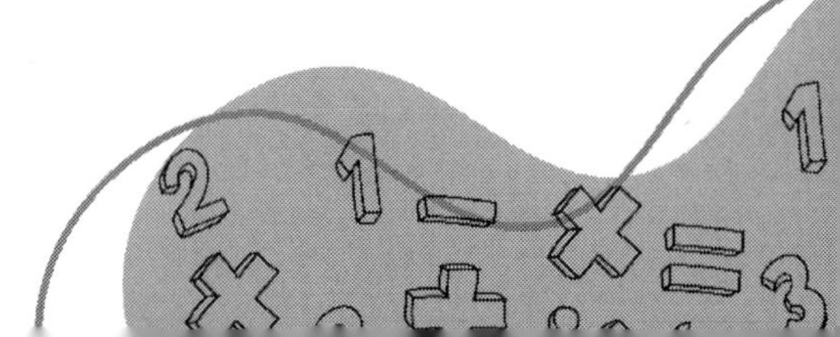

Weekly Bonus # 1

Number Bonds

Look at each number bond below. The numbers in the two bottom circles multiply together to make the number in the top circle. Fill in the missing numbers.

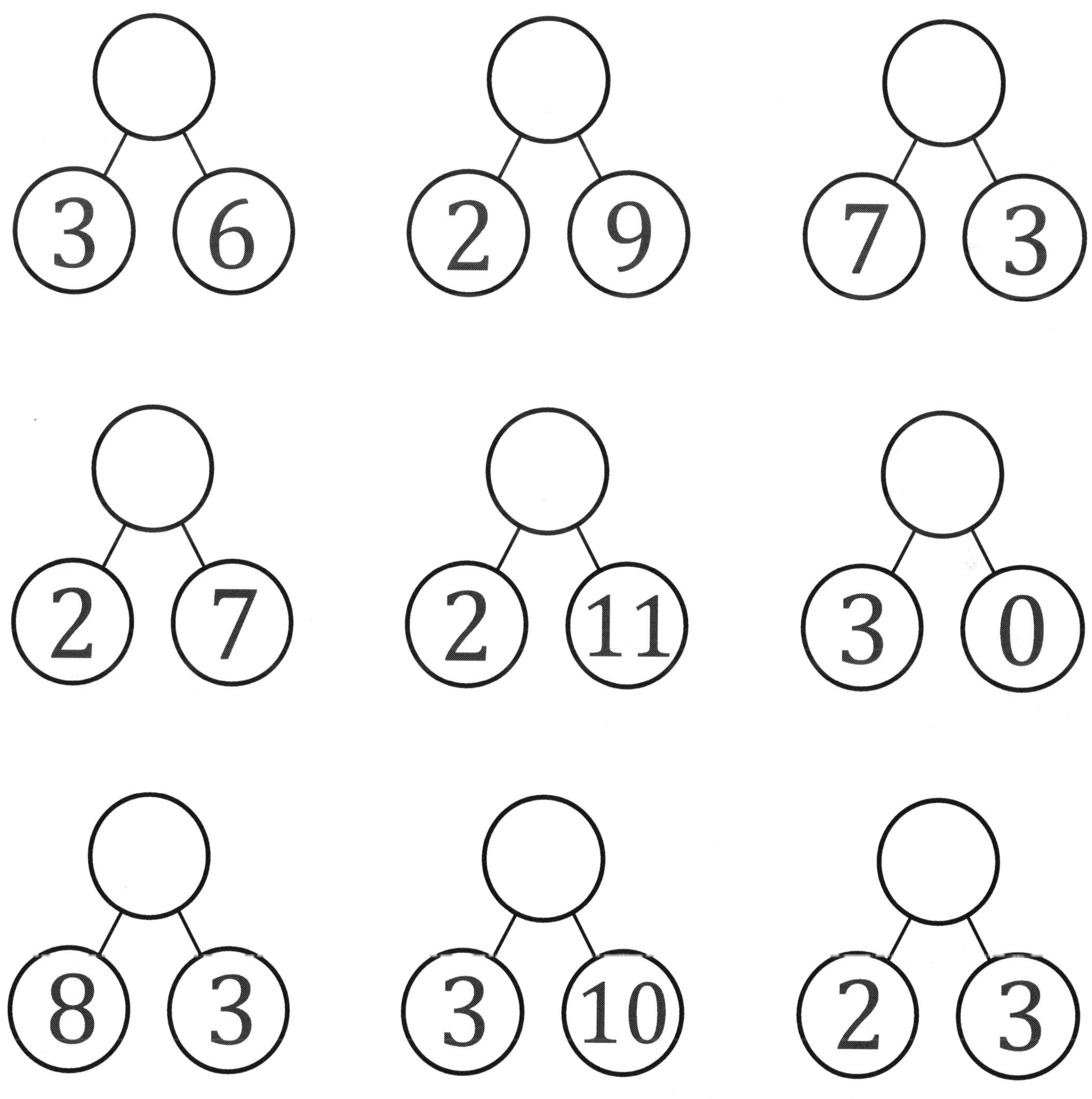

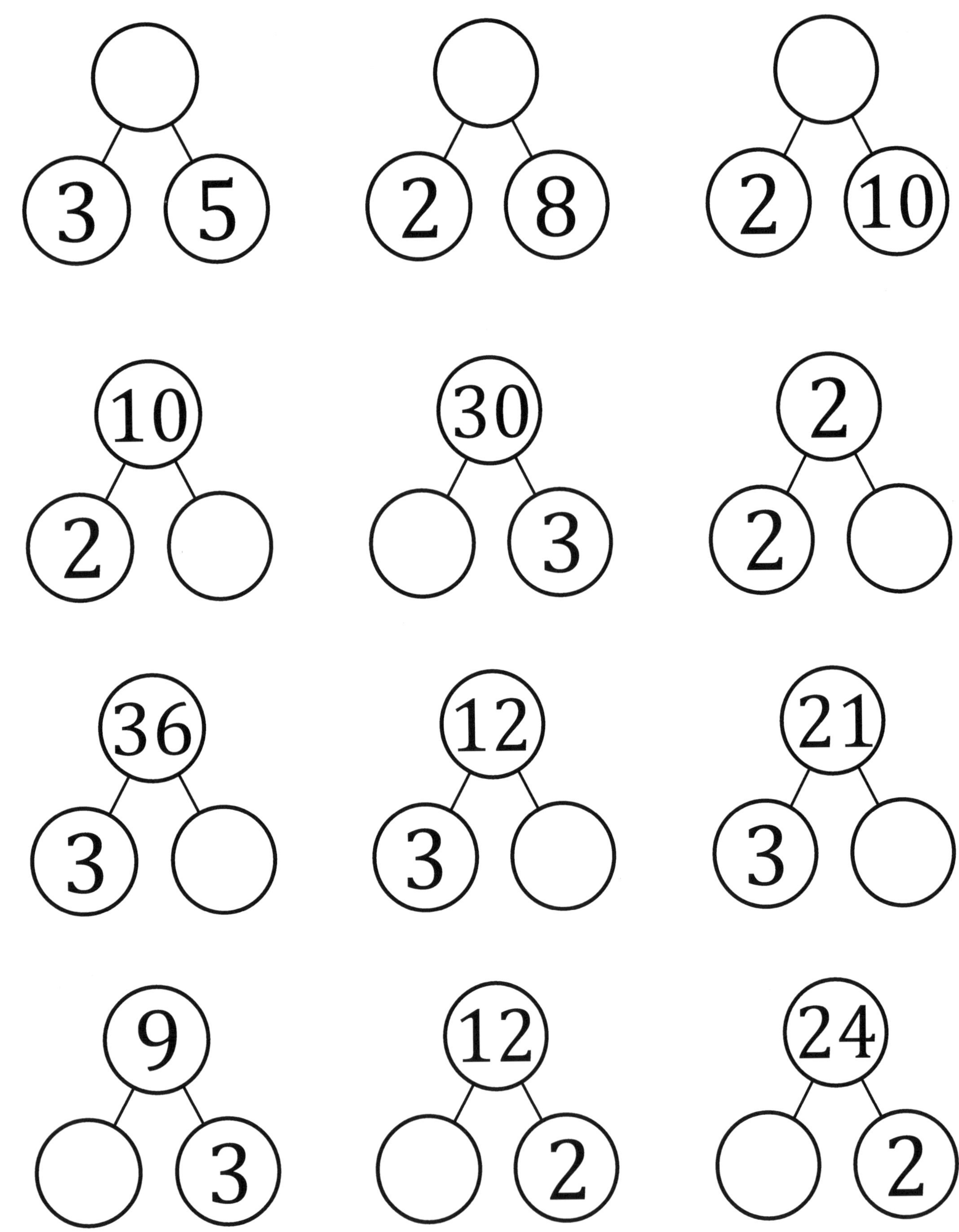

3
5
2
8
2
10
10
2
30
3
2
2
36
3
12
3
21
3
9
3
12
2
24
2

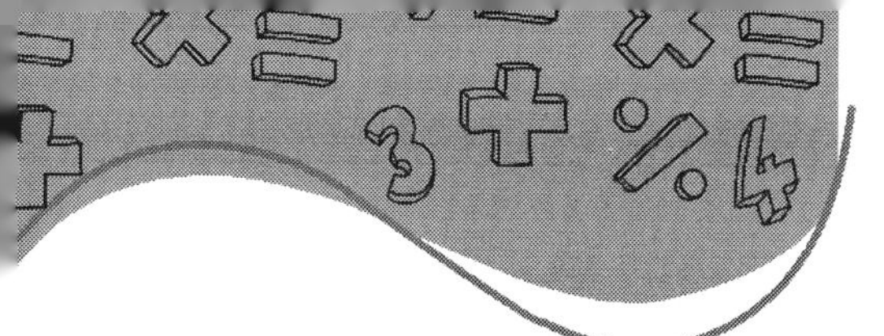

GOAL

8 years old – 12 minutes	9 years old – 9 minutes
10 years old – 6 minutes	11+ years old – 3 minutes

Multiplying by 2 & 3

2 × 4 = ____	2 × 0 = ____	3 × 2 = ____	7 × 3 = ____
2 × 3 = ____	2 × 1 = ____	8 × 3 = ____	8 × 2 = ____
3 × 5 = ____	4 × 2 = ____	10 × 2 = ____	3 × 9 = ____
10 × 3 = ____	11 × 2 = ____	2 × 2 = ____	3 × 4 = ____
5 × 3 = ____	2 × 5 = ____	2 × 7 = ____	3 × 6 = ____
3 × 3 = ____	3 × 2 = ____	4 × 2 = ____	3 × 1 = ____
2 × 11 = ____	0 × 3 = ____	3 × 4 = ____	3 × 2 = ____
3 × 9 = ____	3 × 8 = ____	2 × 2 = ____	0 × 2 = ____
2 × 8 = ____	5 × 3 = ____	2 × 5 = ____	3 × 10 = ____
6 × 3 = ____	3 × 2 = ____	12 × 3 = ____	2 × 1 = ____
5 × 2 = ____	2 × 4 = ____	2 × 7 = ____	2 × 6 = ____
12 × 3 = ____	10 × 2 = ____	9 × 3 = ____	3 × 3 = ____
6 × 2 = ____	2 × 2 = ____	3 × 11 = ____	10 × 3 = ____
3 × 7 = ____	2 × 12 = ____	3 × 8 = ____	3 × 7 − ____
3 × 11 = ____	2 × 0 = ____	7 × 2 = ____	6 × 2 = ____

TIME:

Day 8

GOAL

8 years old – 12 minutes	9 years old – 9 minutes
10 years old – 6 minutes	11+ years old – 3 minutes

Multiplying by 2 & 3

$2 \times 4 =$ ____	$2 \times 12 =$ ____	$2 \times 3 =$ ____	$3 \times 1 =$ ____
$3 \times 2 =$ ____	$2 \times 1 =$ ____	$4 \times 2 =$ ____	$12 \times 2 =$ ____
$3 \times 9 =$ ____	$8 \times 2 =$ ____	$2 \times 6 =$ ____	$8 \times 3 =$ ____
$2 \times 8 =$ ____	$3 \times 5 =$ ____	$2 \times 10 =$ ____	$0 \times 3 =$ ____
$3 \times 4 =$ ____	$2 \times 2 =$ ____	$3 \times 9 =$ ____	$5 \times 2 =$ ____
$3 \times 5 =$ ____	$4 \times 2 =$ ____	$2 \times 5 =$ ____	$1 \times 3 =$ ____
$2 \times 6 =$ ____	$6 \times 3 =$ ____	$8 \times 3 =$ ____	$10 \times 3 =$ ____
$12 \times 2 =$ ____	$5 \times 2 =$ ____	$3 \times 2 =$ ____	$8 \times 2 =$ ____
$3 \times 3 =$ ____	$2 \times 11 =$ ____	$2 \times 2 =$ ____	$3 \times 3 =$ ____
$2 \times 7 =$ ____	$9 \times 2 =$ ____	$3 \times 7 =$ ____	$5 \times 3 =$ ____
$2 \times 0 =$ ____	$2 \times 4 =$ ____	$9 \times 3 =$ ____	$7 \times 3 =$ ____
$3 \times 2 =$ ____	$2 \times 2 =$ ____	$3 \times 3 =$ ____	$2 \times 8 =$ ____
$12 \times 3 =$ ____	$11 \times 2 =$ ____	$0 \times 2 =$ ____	$3 \times 10 =$ ____
$0 \times 3 =$ ____	$3 \times 10 =$ ____	$3 \times 11 =$ ____	$2 \times 0 =$ ____
$8 \times 3 =$ ____	$0 \times 2 =$ ____	$5 \times 3 =$ ____	$9 \times 2 =$ ____

TIME:

:

Day 9

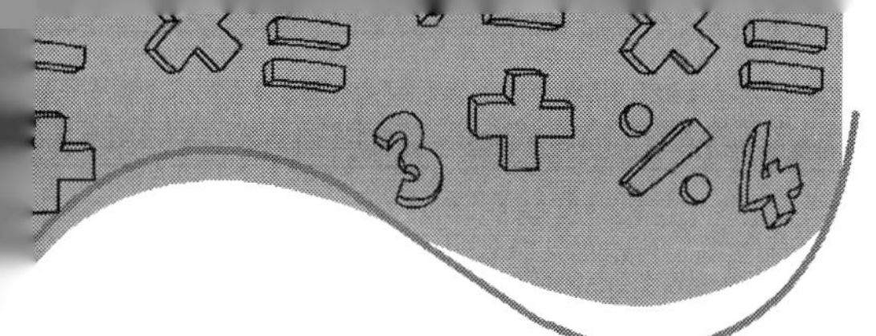

GOAL

8 years old – 12 minutes	9 years old – 9 minutes
10 years old – 6 minutes	11+ years old – 3 minutes

Multiplying by 4

$4 \times 3 =$ ____	$5 \times 4 =$ ____	$4 \times 9 =$ ____	$4 \times 4 =$ ____
$4 \times 8 =$ ____	$9 \times 4 =$ ____	$6 \times 4 =$ ____	$10 \times 4 =$ ____
$4 \times 7 =$ ____	$3 \times 4 =$ ____	$4 \times 2 =$ ____	$8 \times 4 =$ ____
$2 \times 4 =$ ____	$4 \times 8 =$ ____	$5 \times 4 =$ ____	$4 \times 1 =$ ____
$6 \times 4 =$ ____	$7 \times 4 =$ ____	$8 \times 4 =$ ____	$4 \times 5 =$ ____
$4 \times 9 =$ ____	$4 \times 6 =$ ____	$4 \times 0 =$ ____	$4 \times 7 =$ ____
$4 \times 7 =$ ____	$0 \times 4 =$ ____	$2 \times 4 =$ ____	$4 \times 8 =$ ____
$4 \times 1 =$ ____	$5 \times 4 =$ ____	$10 \times 4 =$ ____	$6 \times 4 =$ ____
$7 \times 4 =$ ____	$4 \times 9 =$ ____	$0 \times 4 =$ ____	$10 \times 4 =$ ____
$4 \times 10 =$ ____	$4 \times 2 =$ ____	$4 \times 8 =$ ____	$9 \times 4 =$ ____
$4 \times 3 =$ ____	$4 \times 10 =$ ____	$2 \times 4 =$ ____	$3 \times 4 =$ ____
$4 \times 4 =$ ____	$1 \times 4 =$ ____	$3 \times 4 =$ ____	$2 \times 4 =$ ____
$6 \times 4 =$ ____	$7 \times 4 =$ ____	$4 \times 5 =$ ____	$4 \times 9 =$ ____
$10 \times 4 =$ ____	$4 \times 3 =$ ____	$1 \times 4 =$ ____	$4 \times 4 =$ ____
$4 \times 5 =$ ____	$4 \times 8 =$ ____	$4 \times 6 =$ ____	$7 \times 4 =$ ____

TIME:

Day 10

GOAL

8 years old – 12 minutes	9 years old – 9 minutes
10 years old – 6 minutes	11+ years old – 3 minutes

Multiplying by 4

$5 \times 4 =$ _____	$4 \times 2 =$ _____	$10 \times 4 =$ _____	$4 \times 11 =$ _____
$8 \times 4 =$ _____	$9 \times 4 =$ _____	$2 \times 4 =$ _____	$7 \times 4 =$ _____
$4 \times 1 =$ _____	$7 \times 4 =$ _____	$4 \times 8 =$ _____	$6 \times 4 =$ _____
$10 \times 4 =$ _____	$4 \times 3 =$ _____	$1 \times 4 =$ _____	$4 \times 8 =$ _____
$11 \times 4 =$ _____	$0 \times 4 =$ _____	$3 \times 4 =$ _____	$5 \times 4 =$ _____
$4 \times 7 =$ _____	$4 \times 9 =$ _____	$8 \times 4 =$ _____	$4 \times 3 =$ _____
$4 \times 2 =$ _____	$10 \times 4 =$ _____	$4 \times 4 =$ _____	$2 \times 4 =$ _____
$4 \times 10 =$ _____	$4 \times 4 =$ _____	$4 \times 1 =$ _____	$4 \times 5 =$ _____
$7 \times 4 =$ _____	$4 \times 8 =$ _____	$11 \times 4 =$ _____	$4 \times 6 =$ _____
$4 \times 2 =$ _____	$4 \times 3 =$ _____	$4 \times 7 =$ _____	$9 \times 4 =$ _____
$4 \times 0 =$ _____	$4 \times 5 =$ _____	$4 \times 4 =$ _____	$2 \times 4 =$ _____
$4 \times 7 =$ _____	$6 \times 4 =$ _____	$10 \times 4 =$ _____	$4 \times 5 =$ _____
$9 \times 4 =$ _____	$1 \times 4 =$ _____	$4 \times 11 =$ _____	$4 \times 4 =$ _____
$5 \times 4 =$ _____	$4 \times 9 =$ _____	$8 \times 4 =$ _____	$10 \times 4 =$ _____
$7 \times 4 =$ _____	$4 \times 11 =$ _____	$3 \times 4 =$ _____	$0 \times 4 =$ _____

Day 11

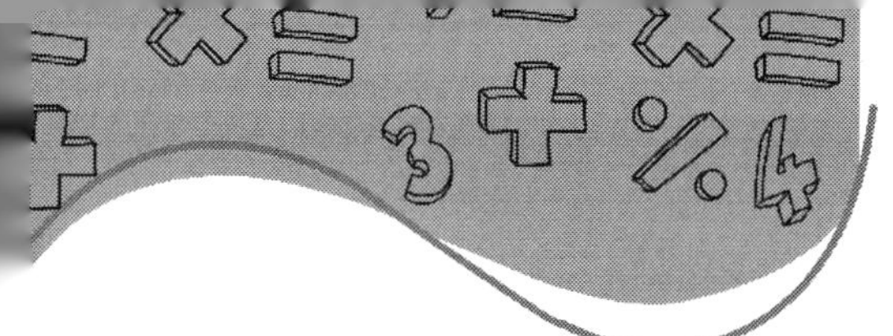

GOAL

8 years old – 12 minutes	9 years old – 9 minutes
10 years old – 6 minutes	11+ years old – 3 minutes

Multiplying by 4

$4 \times 2 =$ ____	$4 \times 6 =$ ____	$4 \times 4 =$ ____	$12 \times 4 =$ ____
$4 \times 3 =$ ____	$0 \times 4 =$ ____	$4 \times 12 =$ ____	$7 \times 4 =$ ____
$4 \times 5 =$ ____	$1 \times 4 =$ ____	$4 \times 0 =$ ____	$9 \times 4 =$ ____
$4 \times 7 =$ ____	$4 \times 9 =$ ____	$4 \times 11 =$ ____	$4 \times 2 =$ ____
$12 \times 4 =$ ____	$4 \times 3 =$ ____	$8 \times 4 =$ ____	$4 \times 7 =$ ____
$1 \times 4 =$ ____	$9 \times 4 =$ ____	$10 \times 4 =$ ____	$4 \times 3 =$ ____
$6 \times 4 =$ ____	$4 \times 11 =$ ____	$11 \times 4 =$ ____	$4 \times 10 =$ ____
$4 \times 2 =$ ____	$4 \times 0 =$ ____	$12 \times 4 =$ ____	$5 \times 4 =$ ____
$4 \times 7 =$ ____	$4 \times 6 =$ ____	$4 \times 8 =$ ____	$4 \times 12 =$ ____
$9 \times 4 =$ ____	$4 \times 1 =$ ____	$4 \times 4 =$ ____	$10 \times 4 =$ ____
$4 \times 6 =$ ____	$4 \times 4 =$ ____	$4 \times 5 =$ ____	$0 \times 4 =$ ____
$2 \times 4 =$ ____	$4 \times 9 =$ ____	$6 \times 4 =$ ____	$4 \times 4 =$ ____
$7 \times 4 =$ ____	$4 \times 10 =$ ____	$4 \times 2 =$ ____	$9 \times 4 =$ ____
$4 \times 11 =$ ____	$4 \times 3 =$ ____	$4 \times 10 -$ ____	$11 \times 4 =$ ____
$12 \times 4 =$ ____	$5 \times 4 =$ ____	$0 \times 4 =$ ____	$4 \times 8 =$ ____

TIME:

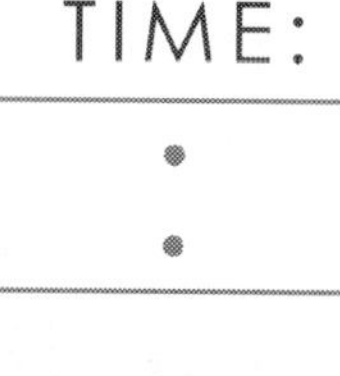
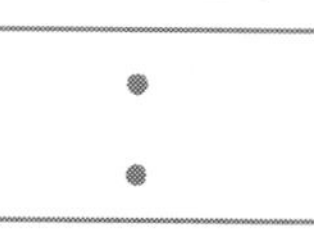

Day 12

GOAL

8 years old – 12 minutes	9 years old – 9 minutes
10 years old – 6 minutes	11+ years old – 3 minutes

Multiplying by 2, 3, & 4

$2 \times 4 =$ ____	$3 \times 4 =$ ____	$5 \times 3 =$ ____	$4 \times 12 =$ ____
$12 \times 4 =$ ____	$3 \times 9 =$ ____	$4 \times 3 =$ ____	$4 \times 5 =$ ____
$1 \times 3 =$ ____	$2 \times 0 =$ ____	$2 \times 4 =$ ____	$9 \times 2 =$ ____
$4 \times 9 =$ ____	$2 \times 12 =$ ____	$4 \times 4 =$ ____	$3 \times 1 =$ ____
$3 \times 2 =$ ____	$3 \times 8 =$ ____	$12 \times 3 =$ ____	$2 \times 7 =$ ____
$2 \times 9 =$ ____	$3 \times 10 =$ ____	$7 \times 3 =$ ____	$4 \times 1 =$ ____
$3 \times 3 =$ ____	$12 \times 2 =$ ____	$6 \times 3 =$ ____	$3 \times 10 =$ ____
$2 \times 0 =$ ____	$3 \times 3 =$ ____	$3 \times 1 =$ ____	$4 \times 4 =$ ____
$4 \times 1 =$ ____	$5 \times 4 =$ ____	$4 \times 8 =$ ____	$11 \times 3 =$ ____
$11 \times 3 =$ ____	$8 \times 3 =$ ____	$9 \times 4 =$ ____	$2 \times 3 =$ ____
$3 \times 8 =$ ____	$3 \times 12 =$ ____	$12 \times 4 =$ ____	$4 \times 5 =$ ____
$3 \times 9 =$ ____	$4 \times 2 =$ ____	$2 \times 6 =$ ____	$3 \times 3 =$ ____
$3 \times 5 =$ ____	$3 \times 8 =$ ____	$1 \times 2 =$ ____	$2 \times 9 =$ ____
$2 \times 1 =$ ____	$3 \times 2 =$ ____	$4 \times 8 =$ ____	$6 \times 3 =$ ____
$2 \times 10 =$ ____	$2 \times 2 =$ ____	$3 \times 5 =$ ____	$7 \times 4 =$ ____

TIME:

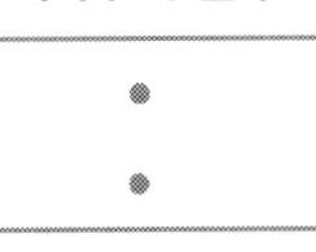

Day 13

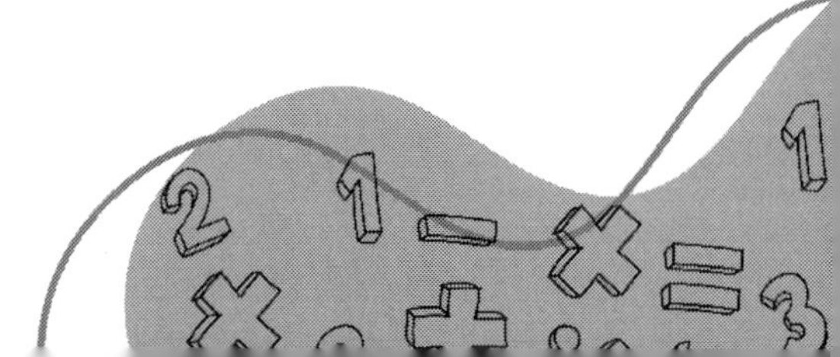

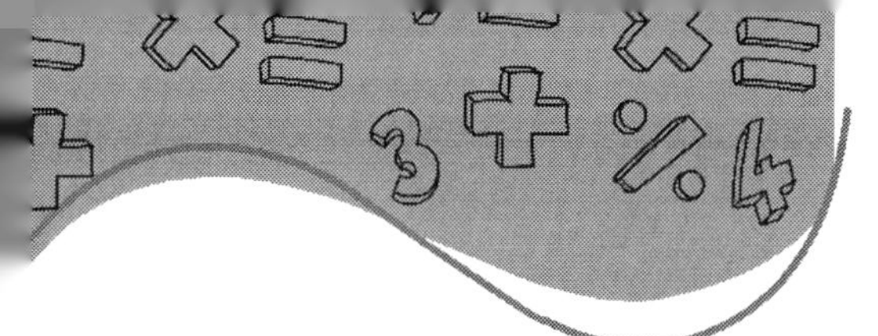

GOAL

8 years old – 12 minutes	9 years old – 9 minutes
10 years old – 6 minutes	11+ years old – 3 minutes

Multiplying by 2, 3, & 4

$4 \times 5 =$ ____	$1 \times 3 =$ ____	$0 \times 2 =$ ____	$6 \times 2 =$ ____
$10 \times 2 =$ ____	$0 \times 3 =$ ____	$4 \times 10 =$ ____	$3 \times 8 =$ ____
$5 \times 2 =$ ____	$2 \times 10 =$ ____	$4 \times 4 =$ ____	$3 \times 1 =$ ____
$8 \times 3 =$ ____	$3 \times 7 =$ ____	$10 \times 3 =$ ____	$2 \times 1 =$ ____
$4 \times 6 =$ ____	$4 \times 5 =$ ____	$11 \times 3 =$ ____	$2 \times 5 =$ ____
$4 \times 4 =$ ____	$4 \times 11 =$ ____	$10 \times 2 =$ ____	$4 \times 0 =$ ____
$4 \times 2 =$ ____	$2 \times 8 =$ ____	$9 \times 2 =$ ____	$7 \times 4 =$ ____
$2 \times 5 =$ ____	$4 \times 3 =$ ____	$5 \times 4 =$ ____	$4 \times 6 =$ ____
$4 \times 7 =$ ____	$10 \times 2 =$ ____	$9 \times 2 =$ ____	$3 \times 10 =$ ____
$6 \times 2 =$ ____	$2 \times 2 =$ ____	$9 \times 3 =$ ____	$4 \times 2 =$ ____
$3 \times 8 =$ ____	$3 \times 12 =$ ____	$7 \times 3 =$ ____	$2 \times 7 =$ ____
$4 \times 3 =$ ____	$3 \times 2 =$ ____	$4 \times 7 =$ ____	$2 \times 10 =$ ____
$9 \times 3 =$ ____	$2 \times 8 =$ ____	$4 \times 8 =$ ____	$2 \times 4 =$ ____
$12 \times 4 =$ ____	$4 \times 9 =$ ____	$3 \times 3 -$ ____	$2 \times 3 =$ ____
$2 \times 6 =$ ____	$4 \times 4 =$ ____	$3 \times 6 =$ ____	$2 \times 9 =$ ____

TIME:

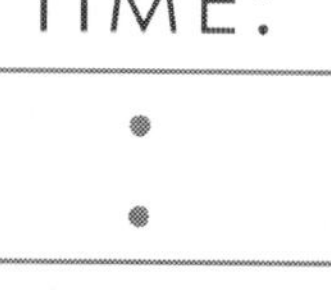

Day 14

Weekly Bonus # 2

Draw a rectangular array for each multiplication problem that is shown.
Two examples are given: 2×8 and 9×3.

2×7 10×4 2×6 3×11 4×5 3×3

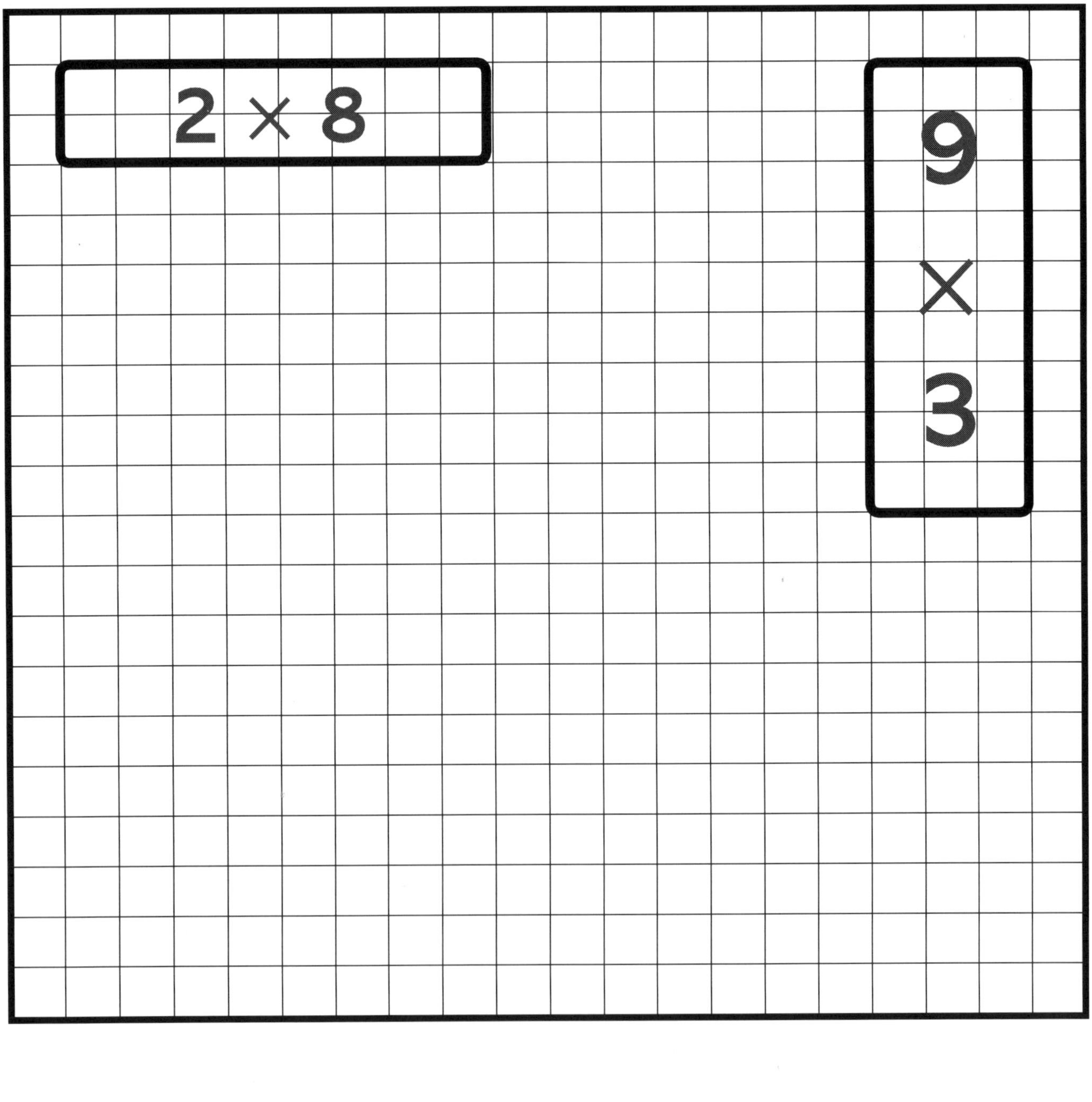

2 × 8

9 × 3

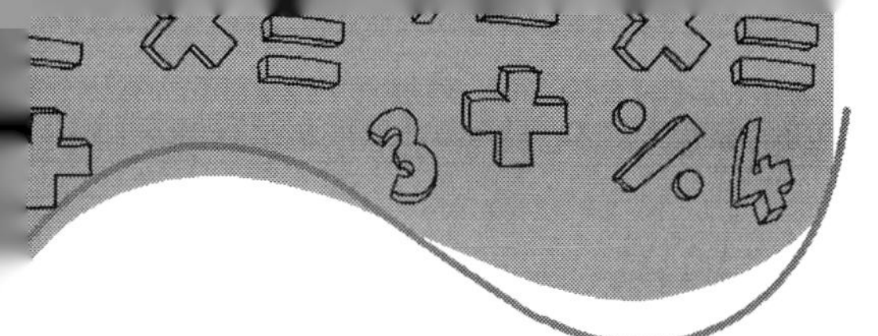

GOAL

8 years old – 12 minutes	9 years old – 9 minutes
10 years old – 6 minutes	11+ years old – 3 minutes

Multiplying by 2, 3, & 4

2 × 4 = ____	3 × 3 = ____	4 × 4 = ____	10 × 4 = ____
4 × 0 = ____	4 × 2 = ____	4 × 12 = ____	4 × 9 = ____
7 × 4 = ____	2 × 1 = ____	2 × 2 = ____	3 × 8 = ____
2 × 12 = ____	2 × 6 = ____	4 × 3 = ____	3 × 9 = ____
3 × 6 = ____	9 × 3 = ____	3 × 2 = ____	2 × 4 = ____
11 × 2 = ____	2 × 9 = ____	0 × 3 = ____	3 × 3 = ____
5 × 3 = ____	6 × 3 = ____	7 × 3 = ____	4 × 4 = ____
2 × 3 = ____	4 × 11 = ____	2 × 4 = ____	0 × 4 = ____
6 × 2 = ____	7 × 4 = ____	7 × 2 = ____	11 × 3 = ____
6 × 3 = ____	3 × 10 = ____	3 × 9 = ____	3 × 4 = ____
3 × 4 = ____	8 × 3 = ____	3 × 6 = ____	7 × 2 = ____
11 × 4 = ____	3 × 2 = ____	8 × 3 = ____	6 × 3 = ____
7 × 3 = ____	3 × 12 = ____	8 × 4 = ____	4 × 7 = ____
9 × 4 = ____	2 × 4 = ____	12 × 4 – ____	2 × 11 = ____
4 × 3 = ____	3 × 3 = ____	2 × 1 = ____	10 × 4 = ____

TIME:

:

Day 15

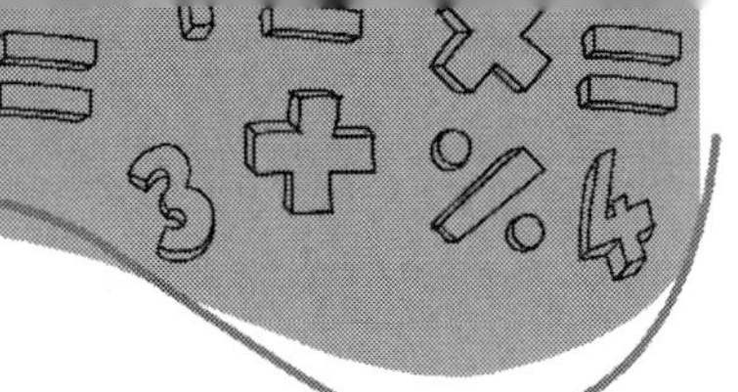

GOAL

8 years old – 8 minutes	9 years old – 5 minutes
10 years old – 4 minutes	11+ years old – 3 minutes

Multiplying by 5

$10 \times 5 =$ ______	$5 \times 6 =$ ______	$5 \times 3 =$ ______	$10 \times 5 =$ ______
$5 \times 0 =$ ______	$5 \times 1 =$ ______	$5 \times 10 =$ ______	$5 \times 5 =$ ______
$5 \times 9 =$ ______	$5 \times 4 =$ ______	$3 \times 5 =$ ______	$5 \times 4 =$ ______
$5 \times 2 =$ ______	$7 \times 5 =$ ______	$8 \times 5 =$ ______	$5 \times 9 =$ ______
$9 \times 5 =$ ______	$10 \times 5 =$ ______	$5 \times 9 =$ ______	$6 \times 5 =$ ______
$5 \times 2 =$ ______	$5 \times 7 =$ ______	$5 \times 0 =$ ______	$5 \times 1 =$ ______
$5 \times 3 =$ ______	$4 \times 5 =$ ______	$10 \times 5 =$ ______	$5 \times 2 =$ ______
$5 \times 6 =$ ______	$9 \times 5 =$ ______	$5 \times 8 =$ ______	$7 \times 5 =$ ______
$5 \times 5 =$ ______	$2 \times 5 =$ ______	$5 \times 9 =$ ______	$3 \times 5 =$ ______
$5 \times 10 =$ ______	$5 \times 6 =$ ______	$5 \times 4 =$ ______	$1 \times 5 =$ ______
$5 \times 7 =$ ______	$5 \times 5 =$ ______	$3 \times 5 =$ ______	$4 \times 5 =$ ______
$1 \times 5 =$ ______	$8 \times 5 =$ ______	$5 \times 5 =$ ______	$0 \times 5 =$ ______
$3 \times 5 =$ ______	$5 \times 6 =$ ______	$9 \times 5 =$ ______	$5 \times 6 =$ ______
$5 \times 5 =$ ______	$4 \times 5 =$ ______	$5 \times 10 =$ ______	$8 \times 5 =$ ______
$5 \times 8 =$ ______	$5 \times 2 =$ ______	$5 \times 1 =$ ______	$7 \times 5 =$ ______

TIME:

Day 16

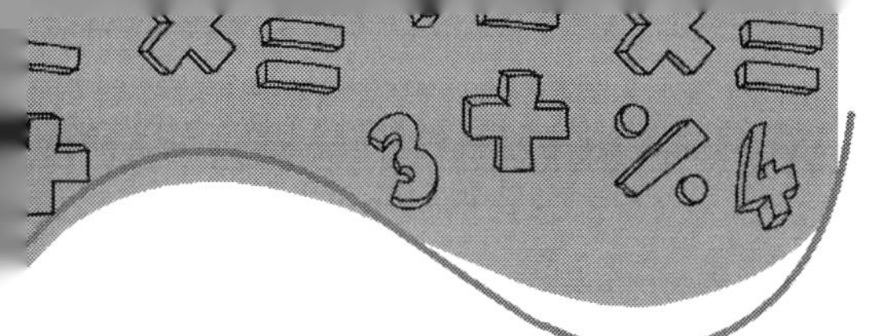

GOAL

8 years old – 8 minutes	9 years old – 5 minutes
10 years old – 4 minutes	11+ years old – 3 minutes

Multiplying by 5

$1 \times 5 =$ ____	$3 \times 5 =$ ____	$9 \times 5 =$ ____	$11 \times 5 =$ ____
$5 \times 4 =$ ____	$5 \times 5 =$ ____	$5 \times 2 =$ ____	$0 \times 5 =$ ____
$0 \times 5 =$ ____	$11 \times 5 =$ ____	$8 \times 5 =$ ____	$5 \times 9 =$ ____
$5 \times 5 =$ ____	$7 \times 5 =$ ____	$3 \times 5 =$ ____	$5 \times 11 =$ ____
$3 \times 5 =$ ____	$5 \times 8 =$ ____	$9 \times 5 =$ ____	$1 \times 5 =$ ____
$8 \times 5 =$ ____	$5 \times 10 =$ ____	$4 \times 5 =$ ____	$5 \times 5 =$ ____
$5 \times 2 =$ ____	$5 \times 4 =$ ____	$5 \times 5 =$ ____	$6 \times 5 =$ ____
$9 \times 5 =$ ____	$3 \times 5 =$ ____	$5 \times 7 =$ ____	$2 \times 5 =$ ____
$5 \times 6 =$ ____	$5 \times 1 =$ ____	$11 \times 5 =$ ____	$9 \times 5 =$ ____
$4 \times 5 =$ ____	$6 \times 5 =$ ____	$7 \times 5 =$ ____	$3 \times 5 =$ ____
$5 \times 3 =$ ____	$5 \times 7 =$ ____	$1 \times 5 =$ ____	$10 \times 5 =$ ____
$5 \times 5 =$ ____	$5 \times 11 =$ ____	$5 \times 4 =$ ____	$8 \times 5 =$ ____
$2 \times 5 =$ ____	$5 \times 8 =$ ____	$0 \times 5 =$ ____	$5 \times 6 =$ ____
$3 \times 5 =$ ____	$5 \times 6 =$ ____	$5 \times 5 =$ ____	$8 \times 5 =$ ____
$5 \times 0 =$ ____	$9 \times 5 =$ ____	$5 \times 6 =$ ____	$5 \times 4 =$ ____

TIME:

:

Day 17

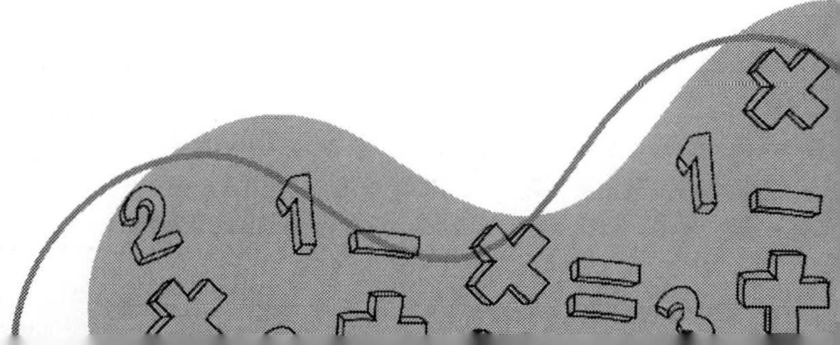

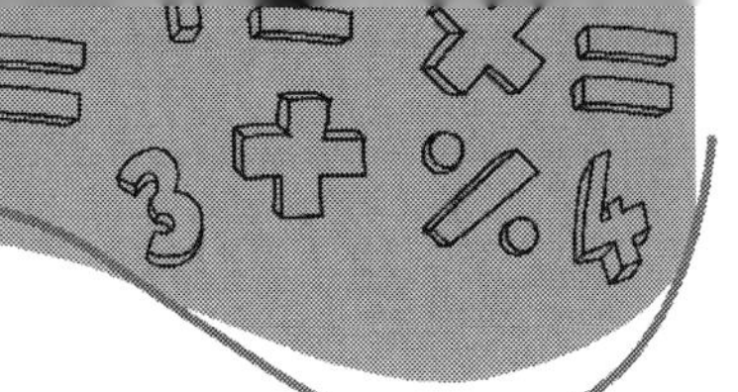

GOAL

8 years old – 8 minutes	9 years old – 5 minutes
10 years old – 4 minutes	11+ years old – 3 minutes

Multiplying by 5

5 × 8 = ____	6 × 5 = ____	5 × 1 = ____	0 × 5 = ____
5 × 3 = ____	9 × 5 = ____	8 × 5 = ____	7 × 5 = ____
5 × 0 = ____	11 × 5 = ____	5 × 2 = ____	5 × 8 = ____
5 × 5 = ____	5 × 8 = ____	3 × 5 = ____	5 × 10 = ____
9 × 5 = ____	5 × 2 = ____	4 × 5 = ____	5 × 5 = ____
1 × 5 = ____	5 × 10 = ____	11 × 5 = ____	5 × 9 = ____
5 × 7 = ____	5 × 5 = ____	2 × 5 = ____	4 × 5 = ____
12 × 5 = ____	3 × 5 = ____	1 × 5 = ____	5 × 2 = ____
5 × 5 = ____	5 × 6 = ____	5 × 7 = ____	5 × 12 = ____
2 × 5 = ____	4 × 5 = ____	5 × 3 = ____	6 × 5 = ____
3 × 5 = ____	5 × 7 = ____	6 × 5 = ____	2 × 5 = ____
11 × 5 = ____	5 × 8 = ____	5 × 2 = ____	5 × 4 = ____
5 × 12 = ____	5 × 9 = ____	5 × 1 = ____	5 × 5 = ____
5 × 4 = ____	8 × 5 = ____	3 × 5 = ____	5 × 6 = ____
5 × 1 = ____	5 × 2 = ____	11 × 5 = ____	12 × 5 = ____

TIME:

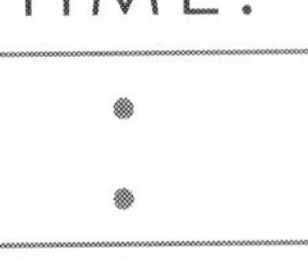

Day 18

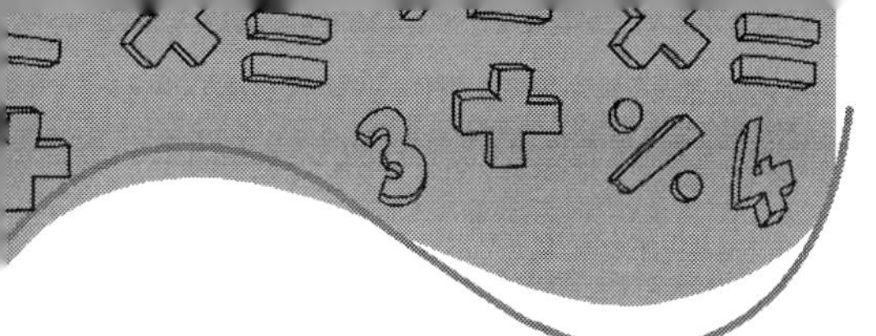

GOAL

8 years old – 12 minutes	9 years old – 9 minutes
10 years old – 6 minutes	11+ years old – 3 minutes

Mixed Multiplication

$5 \times 9 =$ _____	$8 \times 3 =$ _____	$3 \times 9 =$ _____	$11 \times 3 =$ _____
$3 \times 5 =$ _____	$7 \times 5 =$ _____	$12 \times 2 =$ _____	$7 \times 3 =$ _____
$4 \times 7 =$ _____	$1 \times 4 =$ _____	$7 \times 3 =$ _____	$4 \times 4 =$ _____
$2 \times 10 =$ _____	$3 \times 8 =$ _____	$4 \times 5 =$ _____	$2 \times 12 =$ _____
$9 \times 2 =$ _____	$2 \times 4 =$ _____	$9 \times 4 =$ _____	$5 \times 10 =$ _____
$9 \times 5 =$ _____	$2 \times 10 =$ _____	$9 \times 3 =$ _____	$2 \times 5 =$ _____
$5 \times 2 =$ _____	$4 \times 7 =$ _____	$3 \times 11 =$ _____	$12 \times 4 =$ _____
$5 \times 3 =$ _____	$2 \times 4 =$ _____	$1 \times 2 =$ _____	$10 \times 4 =$ _____
$4 \times 3 =$ _____	$5 \times 4 =$ _____	$4 \times 7 =$ _____	$4 \times 5 =$ _____
$2 \times 3 =$ _____	$4 \times 9 =$ _____	$12 \times 3 =$ _____	$7 \times 5 =$ _____
$4 \times 5 =$ _____	$4 \times 2 =$ _____	$3 \times 2 =$ _____	$5 \times 2 =$ _____
$1 \times 2 =$ _____	$5 \times 9 =$ _____	$4 \times 1 =$ _____	$9 \times 3 =$ _____
$2 \times 5 =$ _____	$5 \times 1 =$ _____	$5 \times 9 =$ _____	$3 \times 2 =$ _____
$4 \times 8 =$ _____	$6 \times 5 =$ _____	$8 \times 5 -$ _____	$3 \times 1 =$ _____
$3 \times 6 =$ _____	$4 \times 6 =$ _____	$7 \times 2 =$ _____	$10 \times 5 =$ _____

Day 19

TIME:

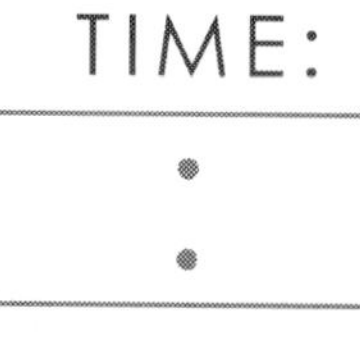

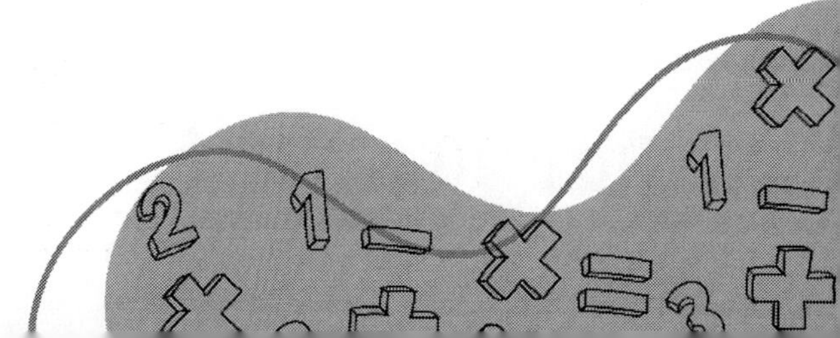

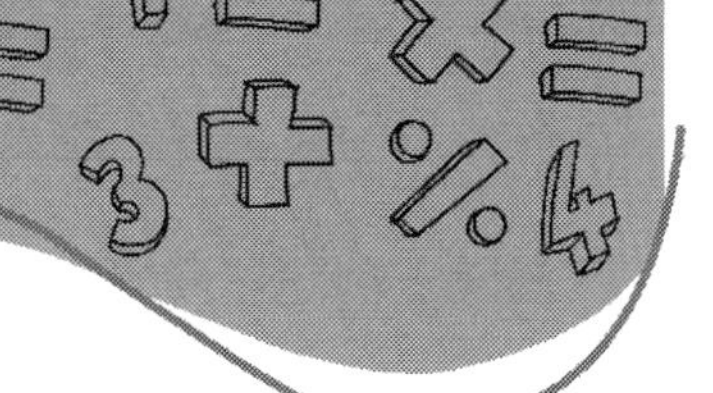

GOAL

8 years old – 12 minutes	9 years old – 9 minutes
10 years old – 6 minutes	11+ years old – 3 minutes

Mixed Multiplication

$2 \times 4 =$ ____	$4 \times 3 =$ ____	$1 \times 2 =$ ____	$12 \times 3 =$ ____
$5 \times 3 =$ ____	$12 \times 4 =$ ____	$8 \times 3 =$ ____	$4 \times 1 =$ ____
$2 \times 11 =$ ____	$2 \times 2 =$ ____	$5 \times 1 =$ ____	$10 \times 3 =$ ____
$10 \times 5 =$ ____	$2 \times 0 =$ ____	$3 \times 5 =$ ____	$4 \times 4 =$ ____
$2 \times 12 =$ ____	$2 \times 5 =$ ____	$3 \times 3 =$ ____	$5 \times 4 =$ ____
$4 \times 2 =$ ____	$8 \times 3 =$ ____	$2 \times 6 =$ ____	$5 \times 7 =$ ____
$4 \times 6 =$ ____	$4 \times 4 =$ ____	$6 \times 5 =$ ____	$5 \times 5 =$ ____
$12 \times 4 =$ ____	$3 \times 8 =$ ____	$2 \times 4 =$ ____	$6 \times 5 =$ ____
$5 \times 5 =$ ____	$6 \times 4 =$ ____	$4 \times 4 =$ ____	$4 \times 5 =$ ____
$7 \times 4 =$ ____	$3 \times 2 =$ ____	$8 \times 5 =$ ____	$5 \times 9 =$ ____
$4 \times 0 =$ ____	$3 \times 6 =$ ____	$3 \times 11 =$ ____	$11 \times 5 =$ ____
$6 \times 2 =$ ____	$5 \times 3 =$ ____	$5 \times 8 =$ ____	$7 \times 2 =$ ____
$10 \times 3 =$ ____	$5 \times 4 =$ ____	$5 \times 2 =$ ____	$2 \times 3 =$ ____
$2 \times 7 =$ ____	$4 \times 8 =$ ____	$3 \times 8 =$ ____	$8 \times 2 =$ ____
$5 \times 6 =$ ____	$2 \times 11 =$ ____	$4 \times 11 =$ ____	$8 \times 5 =$ ____

Day 20

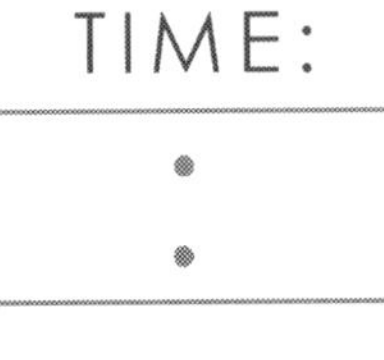

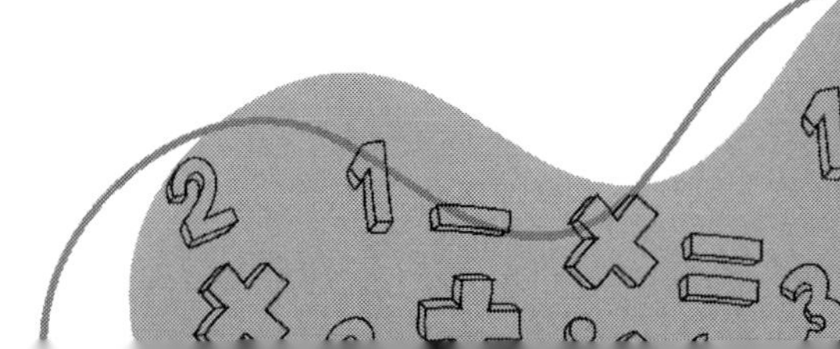

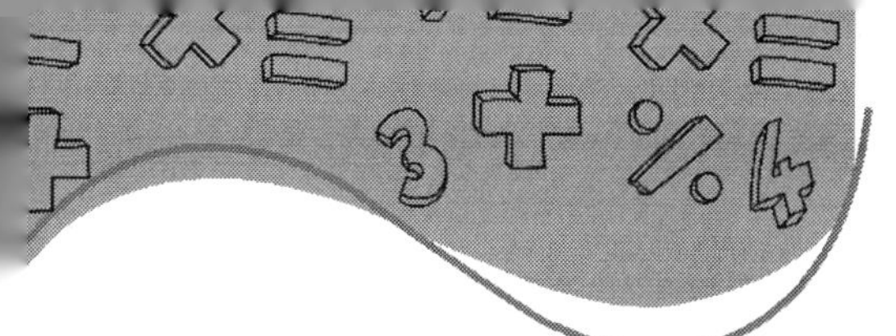

GOAL

8 years old – 12 minutes	9 years old – 9 minutes
10 years old – 6 minutes	11+ years old – 3 minutes

Mixed Multiplication

$5 \times 8 =$ ____	$4 \times 2 =$ ____	$8 \times 3 =$ ____	$0 \times 4 =$ ____
$2 \times 3 =$ ____	$12 \times 4 =$ ____	$5 \times 3 =$ ____	$3 \times 7 =$ ____
$4 \times 10 =$ ____	$2 \times 0 =$ ____	$4 \times 4 =$ ____	$8 \times 2 =$ ____
$6 \times 3 =$ ____	$2 \times 2 =$ ____	$4 \times 5 =$ ____	$3 \times 4 =$ ____
$4 \times 3 =$ ____	$2 \times 5 =$ ____	$0 \times 3 =$ ____	$4 \times 5 =$ ____
$5 \times 11 =$ ____	$1 \times 2 =$ ____	$3 \times 2 =$ ____	$5 \times 5 =$ ____
$2 \times 10 =$ ____	$3 \times 9 =$ ____	$4 \times 5 =$ ____	$4 \times 3 =$ ____
$12 \times 5 =$ ____	$4 \times 11 =$ ____	$2 \times 2 =$ ____	$6 \times 5 =$ ____
$3 \times 12 =$ ____	$2 \times 4 =$ ____	$6 \times 2 =$ ____	$6 \times 4 =$ ____
$12 \times 2 =$ ____	$11 \times 3 =$ ____	$10 \times 3 =$ ____	$5 \times 8 =$ ____
$11 \times 4 =$ ____	$5 \times 10 =$ ____	$8 \times 5 =$ ____	$3 \times 3 =$ ____
$3 \times 5 =$ ____	$2 \times 12 =$ ____	$3 \times 1 =$ ____	$9 \times 4 =$ ____
$0 \times 4 =$ ____	$3 \times 2 =$ ____	$7 \times 3 =$ ____	$1 \times 4 =$ ____
$5 \times 8 =$ ____	$5 \times 7 =$ ____	$2 \times 3 =$ ____	$3 \times 5 =$ ____
$3 \times 8 =$ ____	$4 \times 10 =$ ____	$4 \times 8 =$ ____	$2 \times 5 =$ ____

TIME:

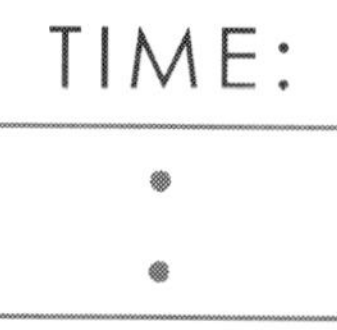

Day 21

Weekly Bonus # 3

Multiplication Squares

Below are empty 2 by 2 squares. Each square has 4 empty spaces. Notice there are numbers written at the end of each row and beneath each column.

Fill in the empty spaces so that the numbers in each row multiply to the number at the end of the row and the numbers in each column multiply to the number at the bottom of the column. The first box is completed as an example.

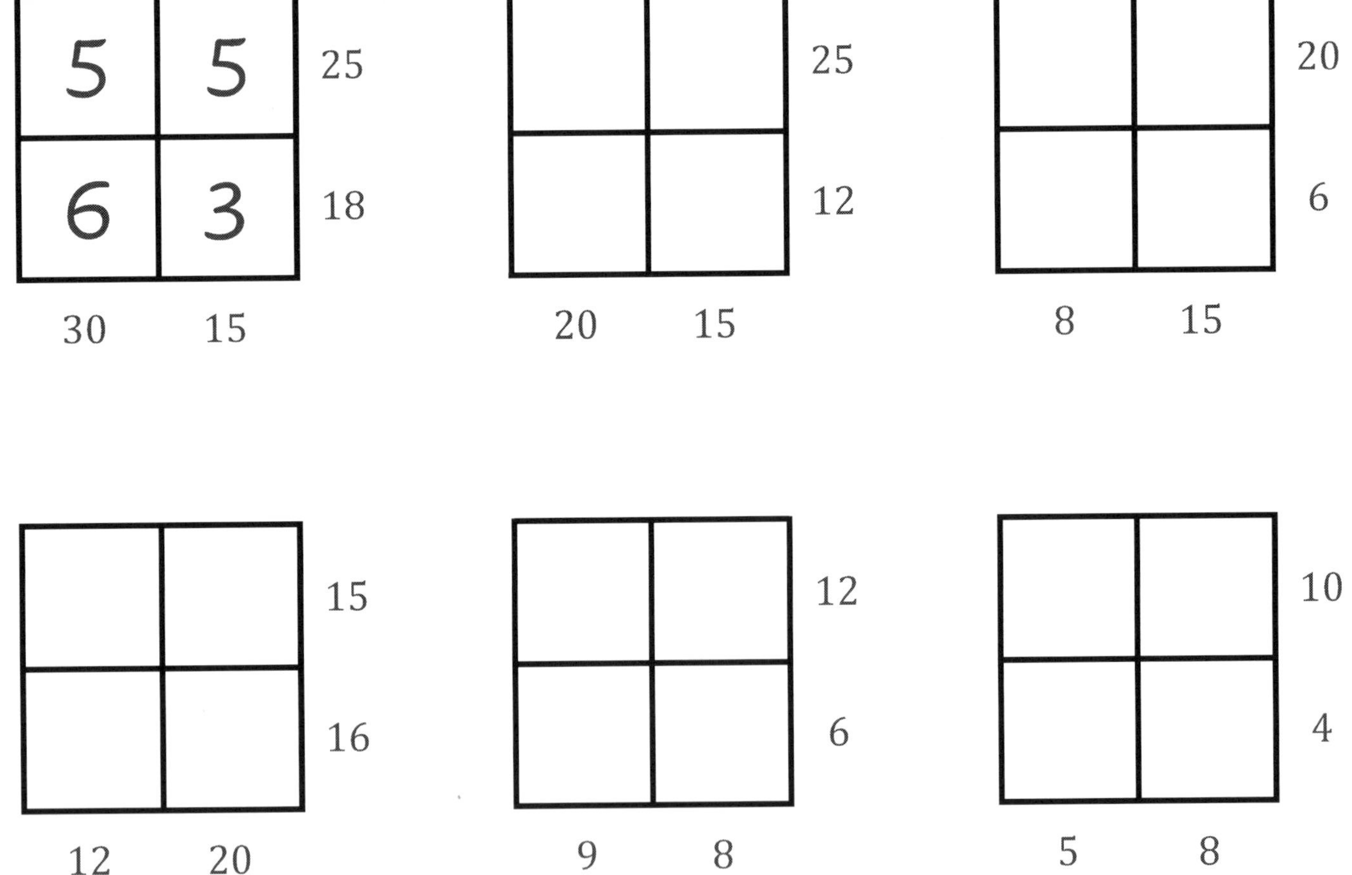

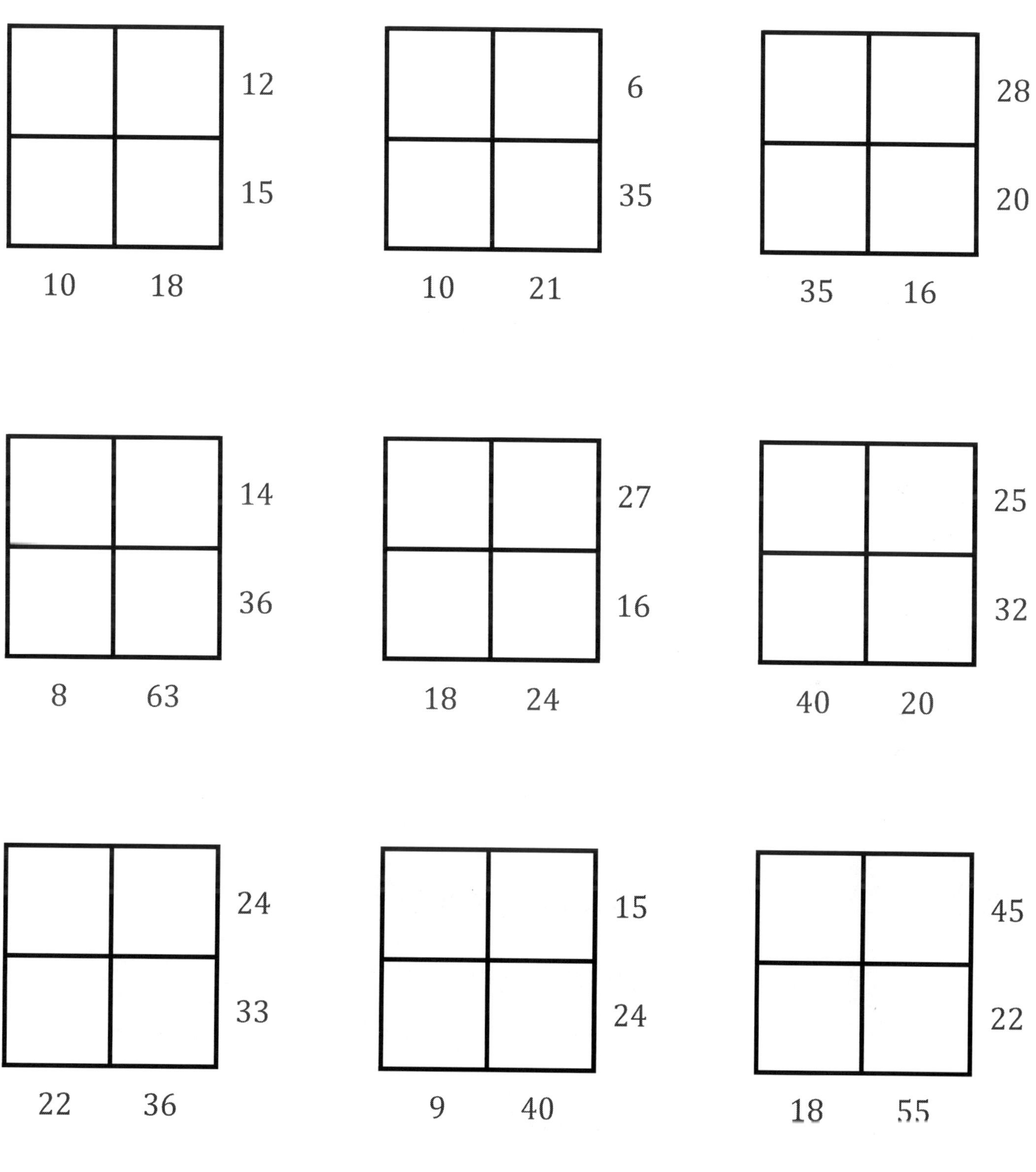
12
15
10 18
6
35
10 21
28
20
35 16
14
36
8 63
27
16
18 24
25
32
40 20
24
33
22 36
15
24
9 40
45
22
18 55

GOAL

8 years old – 13 minutes	9 years old – 10 minutes
10 years old – 6 minutes	11+ years old – 3 minutes

Multiplying by 6

$1 \times 6 =$ ______	$6 \times 3 =$ ______	$6 \times 6 =$ ______	$10 \times 6 =$ ______
$6 \times 9 =$ ______	$5 \times 6 =$ ______	$10 \times 6 =$ ______	$3 \times 6 =$ ______
$2 \times 6 =$ ______	$6 \times 7 =$ ______	$6 \times 1 =$ ______	$6 \times 2 =$ ______
$6 \times 0 =$ ______	$3 \times 6 =$ ______	$6 \times 5 =$ ______	$6 \times 10 =$ ______
$7 \times 6 =$ ______	$6 \times 6 =$ ______	$2 \times 6 =$ ______	$8 \times 6 =$ ______
$6 \times 10 =$ ______	$1 \times 6 =$ ______	$6 \times 0 =$ ______	$6 \times 6 =$ ______
$6 \times 1 =$ ______	$8 \times 6 =$ ______	$6 \times 4 =$ ______	$6 \times 7 =$ ______
$6 \times 4 =$ ______	$2 \times 6 =$ ______	$6 \times 3 =$ ______	$6 \times 0 =$ ______
$10 \times 6 =$ ______	$3 \times 6 =$ ______	$8 \times 6 =$ ______	$4 \times 6 =$ ______
$6 \times 3 =$ ______	$6 \times 0 =$ ______	$2 \times 6 =$ ______	$5 \times 6 =$ ______
$9 \times 6 =$ ______	$6 \times 1 =$ ______	$6 \times 4 =$ ______	$6 \times 9 =$ ______
$6 \times 2 =$ ______	$9 \times 6 =$ ______	$0 \times 6 =$ ______	$6 \times 8 =$ ______
$6 \times 7 =$ ______	$6 \times 6 =$ ______	$6 \times 10 =$ ______	$6 \times 7 =$ ______
$6 \times 8 =$ ______	$6 \times 4 =$ ______	$6 \times 0 =$ ______	$6 \times 4 =$ ______
$9 \times 6 =$ ______	$5 \times 6 =$ ______	$6 \times 6 =$ ______	$6 \times 10 =$ ______

Day 22

TIME:

:

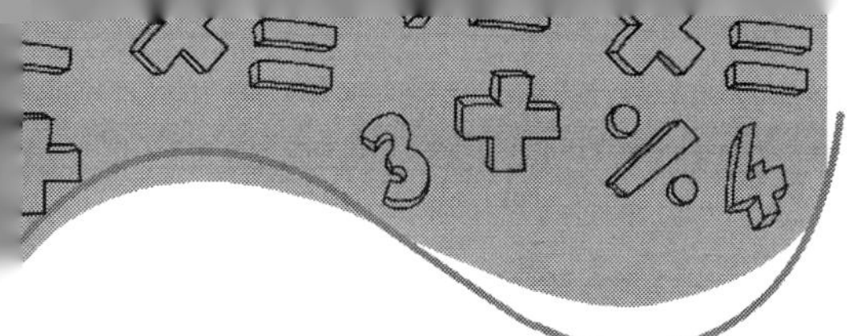

GOAL

8 years old – 13 minutes	9 years old – 10 minutes
10 years old – 6 minutes	11+ years old – 3 minutes

Multiplying by 6

$6 \times 0 =$ ____	$5 \times 6 =$ ____	$6 \times 3 =$ ____	$2 \times 6 =$ ____
$6 \times 11 =$ ____	$10 \times 6 =$ ____	$6 \times 1 =$ ____	$0 \times 6 =$ ____
$5 \times 6 =$ ____	$0 \times 6 =$ ____	$11 \times 6 =$ ____	$6 \times 4 =$ ____
$6 \times 8 =$ ____	$7 \times 6 =$ ____	$6 \times 5 =$ ____	$6 \times 6 =$ ____
$6 \times 3 =$ ____	$6 \times 10 =$ ____	$6 \times 4 =$ ____	$6 \times 9 =$ ____
$0 \times 6 =$ ____	$6 \times 2 =$ ____	$3 \times 6 =$	$6 \times 11 =$ ____
$1 \times 6 =$ ____	$3 \times 6 =$ ____	$6 \times 8 =$ ____	$5 \times 6 =$ ____
$4 \times 6 =$ ____	$6 \times 6 =$ ____	$1 \times 6 =$ ____	$8 \times 6 =$ ____
$9 \times 6 =$ ____	$2 \times 6 =$ ____	$10 \times 6 =$ ____	$7 \times 6 =$ ____
$6 \times 10 =$ ____	$9 \times 6 =$ ____	$6 \times 11 =$ ____	$0 \times 6 =$ ____
$2 \times 6 =$ ____	$6 \times 5 =$ ____	$6 \times 2 =$ ____	$8 \times 6 =$ ____
$8 \times 6 =$ ____	$6 \times 6 =$ ____	$6 \times 4 =$ ____	$10 \times 6 =$ ____
$10 \times 6 =$ ____	$6 \times 7 =$ ____	$6 \times 6 =$ ____	$9 \times 6 =$ ____
$7 \times 6 =$ ____	$0 \times 6 =$ ____	$9 \times 6 =$ ____	$6 \times 6 =$ ____
$6 \times 8 =$ ____	$5 \times 6 =$ ____	$6 \times 3 =$ ____	$8 \times 6 =$ ____

TIME:

:

Day 23

GOAL

8 years old – 13 minutes	9 years old – 10 minutes
10 years old – 6 minutes	11+ years old – 3 minutes

Multiplying by 6

$6 \times 10 =$ ____	$6 \times 8 =$ ____	$1 \times 6 =$ ____	$0 \times 6 =$ ____
$6 \times 4 =$ ____	$3 \times 6 =$ ____	$6 \times 7 =$ ____	$12 \times 6 =$ ____
$9 \times 6 =$ ____	$6 \times 0 =$ ____	$8 \times 6 =$ ____	$2 \times 6 =$ ____
$1 \times 6 =$ ____	$10 \times 6 =$ ____	$6 \times 2 =$ ____	$6 \times 4 =$ ____
$6 \times 8 =$ ____	$2 \times 6 =$ ____	$3 \times 6 =$ ____	$10 \times 6 =$ ____
$12 \times 6 =$ ____	$11 \times 6 =$ ____	$4 \times 6 =$ ____	$8 \times 6 =$ ____
$6 \times 6 =$ ____	$6 \times 4 =$ ____	$6 \times 1 =$ ____	$6 \times 9 =$ ____
$0 \times 6 =$ ____	$1 \times 6 =$ ____	$5 \times 6 =$ ____	$6 \times 6 =$ ____
$6 \times 11 =$ ____	$6 \times 5 =$ ____	$6 \times 0 =$ ____	$6 \times 2 =$ ____
$4 \times 6 =$ ____	$6 \times 2 =$ ____	$9 \times 6 =$ ____	$6 \times 10 =$ ____
$6 \times 7 =$ ____	$6 \times 8 =$ ____	$6 \times 6 =$ ____	$6 \times 11 =$ ____
$6 \times 3 =$ ____	$6 \times 6 =$ ____	$6 \times 12 =$ ____	$7 \times 6 =$ ____
$0 \times 6 =$ ____	$6 \times 4 =$ ____	$11 \times 6 =$ ____	$9 \times 6 =$ ____
$6 \times 7 =$ ____	$5 \times 6 =$ ____	$6 \times 6 =$ ____	$11 \times 6 =$ ____
$1 \times 6 =$ ____	$9 \times 6 =$ ____	$6 \times 8 =$ ____	$10 \times 6 =$ ____

TIME:

:

Day 24

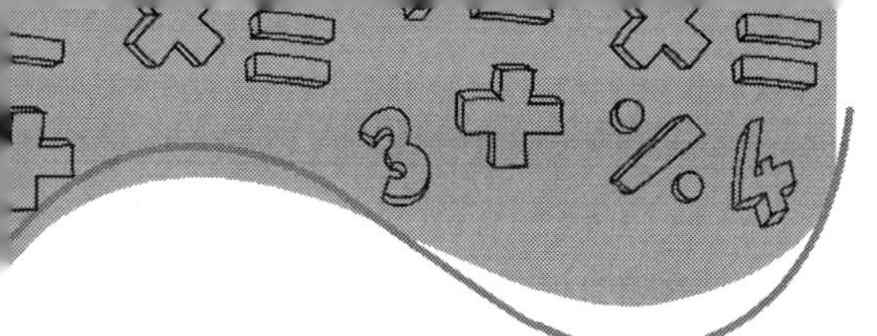

GOAL

8 years old – 13 minutes	9 years old – 10 minutes
10 years old – 6 minutes	11+ years old – 3 minutes

Mixed Multiplication

$6 \times 0 =$ ____	$6 \times 7 =$ ____	$2 \times 5 =$ ____	$4 \times 2 =$ ____
$10 \times 3 =$ ____	$12 \times 5 =$ ____	$2 \times 10 =$ ____	$2 \times 2 =$ ____
$5 \times 2 =$ ____	$5 \times 4 =$ ____	$4 \times 12 =$ ____	$4 \times 7 =$ ____
$3 \times 1 =$ ____	$4 \times 1 =$ ____	$6 \times 6 =$ ____	$12 \times 4 =$ ____
$2 \times 12 =$ ____	$0 \times 3 =$ ____	$3 \times 7 =$ ____	$3 \times 8 =$ ____
$2 \times 2 =$ ____	$10 \times 4 =$ ____	$12 \times 2 =$ ____	$6 \times 5 =$ ____
$6 \times 1 =$ ____	$6 \times 2 =$ ____	$3 \times 5 =$ ____	$11 \times 6 =$ ____
$6 \times 10 =$ ____	$4 \times 6 =$ ____	$6 \times 7 =$ ____	$3 \times 10 =$ ____
$6 \times 6 =$ ____	$2 \times 8 =$ ____	$2 \times 4 =$ ____	$5 \times 6 =$ ____
$0 \times 2 =$ ____	$6 \times 5 =$ ____	$7 \times 2 =$ ____	$6 \times 4 =$ ____
$2 \times 9 =$ ____	$5 \times 10 =$ ____	$5 \times 0 =$ ____	$1 \times 5 =$ ____
$4 \times 6 =$ ____	$6 \times 3 =$ ____	$8 \times 3 =$ ____	$2 \times 11 =$ ____
$8 \times 4 =$ ____	$7 \times 6 =$ ____	$6 \times 9 =$ ____	$1 \times 6 =$ ____
$3 \times 3 =$ ____	$5 \times 6 =$ ____	$2 \times 3 =$ ____	$12 \times 2 =$ ____
$3 \times 6 =$ ____	$10 \times 2 =$ ____	$4 \times 2 =$ ____	$6 \times 4 =$ ____

TIME:

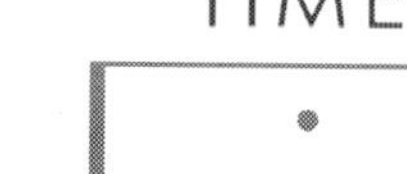

Day 25

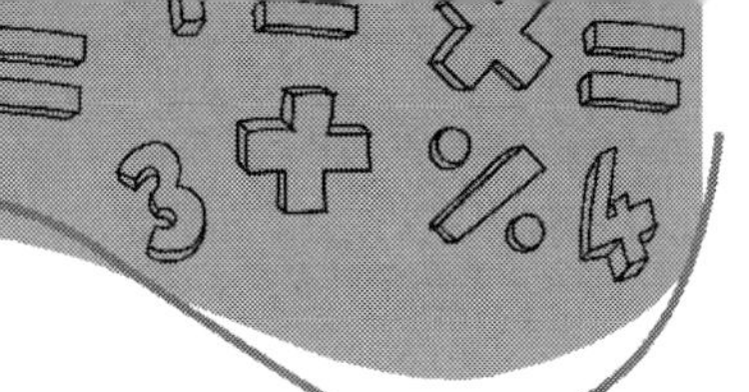

GOAL

8 years old – 13 minutes	9 years old – 10 minutes
10 years old – 6 minutes	11+ years old – 3 minutes

Mixed Multiplication

$3 \times 7 =$ ____	$2 \times 9 =$ ____	$5 \times 3 =$ ____	$3 \times 0 =$ ____
$11 \times 2 =$ ____	$0 \times 6 =$ ____	$6 \times 1 =$ ____	$6 \times 6 =$ ____
$4 \times 10 =$ ____	$4 \times 11 =$ ____	$5 \times 10 =$ ____	$6 \times 7 =$ ____
$4 \times 4 =$ ____	$2 \times 1 =$ ____	$8 \times 4 =$ ____	$7 \times 4 =$ ____
$4 \times 12 =$ ____	$3 \times 4 =$ ____	$5 \times 2 =$ ____	$3 \times 5 =$ ____
$10 \times 2 =$ ____	$10 \times 3 =$ ____	$11 \times 2 =$ ____	$10 \times 5 =$ ____
$6 \times 4 =$ ____	$2 \times 2 =$ ____	$6 \times 6 =$ ____	$0 \times 4 =$ ____
$5 \times 11 =$ ____	$7 \times 3 =$ ____	$6 \times 11 =$ ____	$6 \times 8 =$ ____
$6 \times 7 =$ ____	$4 \times 11 =$ ____	$1 \times 6 =$ ____	$6 \times 3 =$ ____
$6 \times 10 =$ ____	$6 \times 9 =$ ____	$12 \times 4 =$ ____	$3 \times 7 =$ ____
$6 \times 11 =$ ____	$5 \times 10 =$ ____	$3 \times 9 =$ ____	$8 \times 2 =$ ____
$2 \times 3 =$ ____	$6 \times 1 =$ ____	$10 \times 3 =$ ____	$5 \times 10 =$ ____
$2 \times 9 =$ ____	$0 \times 4 =$ ____	$2 \times 1 =$ ____	$10 \times 6 =$ ____
$0 \times 6 =$ ____	$3 \times 7 =$ ____	$5 \times 8 =$ ____	$7 \times 5 =$ ____
$2 \times 4 =$ ____	$10 \times 4 =$ ____	$2 \times 11 =$ ____	$4 \times 11 =$ ____

TIME:

Day 26

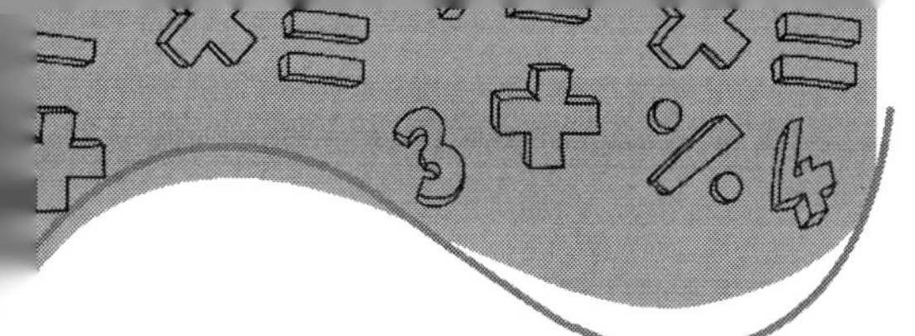

GOAL

8 years old – 13 minutes	9 years old – 10 minutes
10 years old – 6 minutes	11+ years old – 3 minutes

SCORE: /60

Mixed Multiplication

$4 \times 3 =$ ____	$5 \times 10 =$ ____	$10 \times 2 =$ ____	$0 \times 3 =$ ____
$6 \times 1 =$ ____	$8 \times 6 =$ ____	$5 \times 1 =$ ____	$7 \times 6 =$ ____
$0 \times 5 =$ ____	$4 \times 4 =$ ____	$8 \times 4 =$ ____	$4 \times 7 =$ ____
$4 \times 6 =$ ____	$10 \times 3 =$ ____	$4 \times 4 =$ ____	$2 \times 11 =$ ____
$1 \times 4 =$ ____	$3 \times 8 =$ ____	$5 \times 12 =$ ____	$2 \times 4 =$ ____
$4 \times 7 =$ ____	$4 \times 3 =$ ____	$4 \times 6 =$ ____	$10 \times 5 =$ ____
$4 \times 0 =$ ____	$6 \times 10 =$ ____	$6 \times 12 =$ ____	$4 \times 2 =$ ____
$5 \times 5 =$ ____	$6 \times 6 =$ ____	$0 \times 5 =$ ____	$7 \times 4 =$ ____
$2 \times 8 =$ ____	$9 \times 5 =$ ____	$3 \times 10 =$ ____	$10 \times 4 =$ ____
$12 \times 5 =$ ____	$6 \times 6 =$ ____	$6 \times 3 =$ ____	$2 \times 10 =$ ____
$10 \times 3 =$ ____	$1 \times 4 =$ ____	$5 \times 5 =$ ____	$6 \times 6 =$ ____
$6 \times 7 =$ ____	$5 \times 7 =$ ____	$1 \times 5 =$ ____	$11 \times 2 =$ ____
$3 \times 11 =$ ____	$3 \times 5 =$ ____	$3 \times 2 =$ ____	$2 \times 7 =$ ____
$6 \times 4 =$ ____	$6 \times 3 =$ ____	$6 \times 11 =$ ____	$6 \times 2 =$ ____
$6 \times 5 =$ ____	$8 \times 3 =$ ____	$9 \times 4 =$ ____	$0 \times 3 =$ ____

TIME:

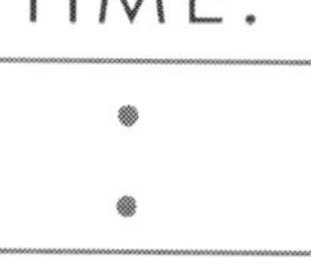

Day 27

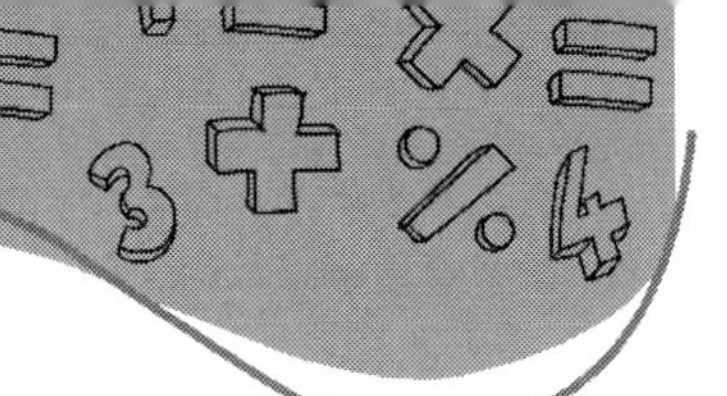

GOAL

8 years old – 13 minutes	9 years old – 10 minutes
10 years old – 6 minutes	11+ years old – 3 minutes

SCORE: /60

Mixed Multiplication

$8 \times 5 =$ ____	$0 \times 2 =$ ____	$8 \times 6 =$ ____	$8 \times 4 =$ ____
$6 \times 2 =$ ____	$6 \times 1 =$ ____	$3 \times 4 =$ ____	$10 \times 6 =$ ____
$0 \times 4 =$ ____	$8 \times 3 =$ ____	$6 \times 4 =$ ____	$11 \times 4 =$ ____
$3 \times 3 =$ ____	$12 \times 6 =$ ____	$7 \times 4 =$ ____	$3 \times 12 =$ ____
$11 \times 4 =$ ____	$5 \times 9 =$ ____	$2 \times 9 =$ ____	$7 \times 2 =$ ____
$3 \times 12 =$ ____	$5 \times 5 =$ ____	$8 \times 6 =$ ____	$11 \times 4 =$ ____
$10 \times 4 =$ ____	$11 \times 3 =$ ____	$0 \times 5 =$ ____	$6 \times 7 =$ ____
$3 \times 7 =$ ____	$5 \times 8 =$ ____	$7 \times 6 =$ ____	$9 \times 6 =$ ____
$7 \times 4 =$ ____	$3 \times 3 =$ ____	$3 \times 10 =$ ____	$2 \times 2 =$ ____
$9 \times 3 =$ ____	$8 \times 6 =$ ____	$3 \times 12 =$ ____	$8 \times 3 =$ ____
$9 \times 4 =$ ____	$4 \times 4 =$ ____	$4 \times 1 =$ ____	$4 \times 11 =$ ____
$2 \times 5 =$ ____	$12 \times 2 =$ ____	$0 \times 2 =$ ____	$10 \times 2 =$ ____
$3 \times 7 =$ ____	$3 \times 8 =$ ____	$3 \times 9 =$ ____	$3 \times 5 =$ ____
$6 \times 9 =$ ____	$6 \times 5 =$ ____	$6 \times 2 =$ ____	$6 \times 8 =$ ____
$6 \times 0 =$ ____	$9 \times 3 =$ ____	$12 \times 5 =$ ____	$5 \times 2 =$ ____

TIME:

Day 28

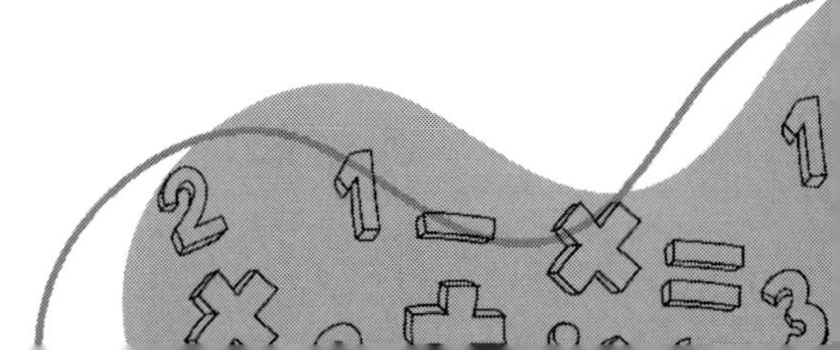

Weekly Bonus # 4

Find the Path

Begin with the "Start" number and highlight the correct path to reach the "End" number.

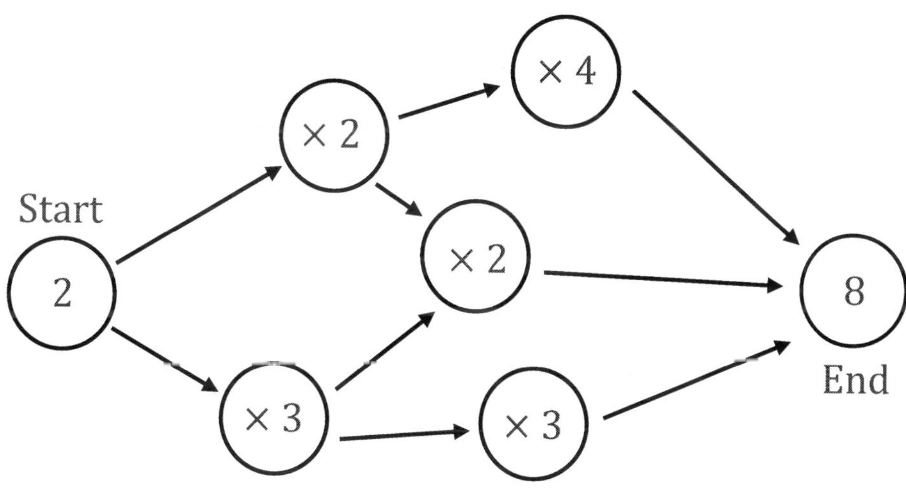

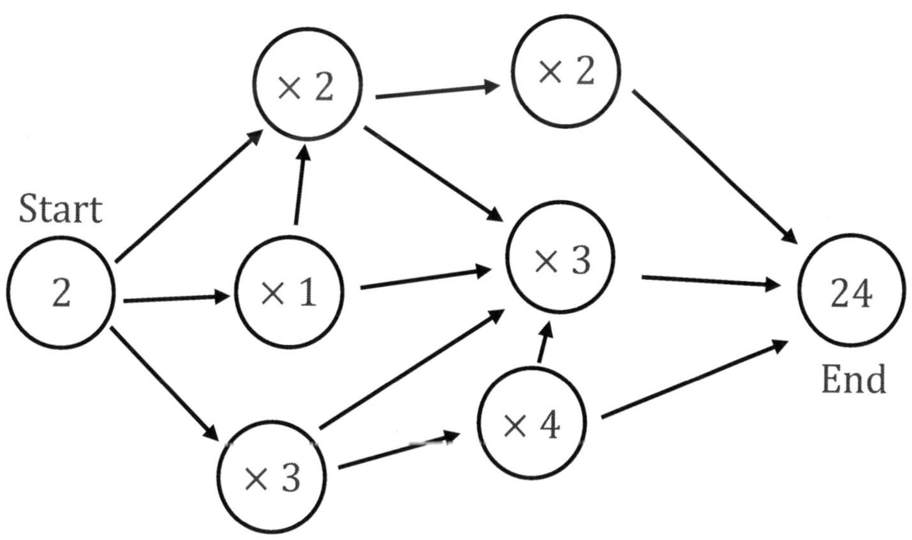

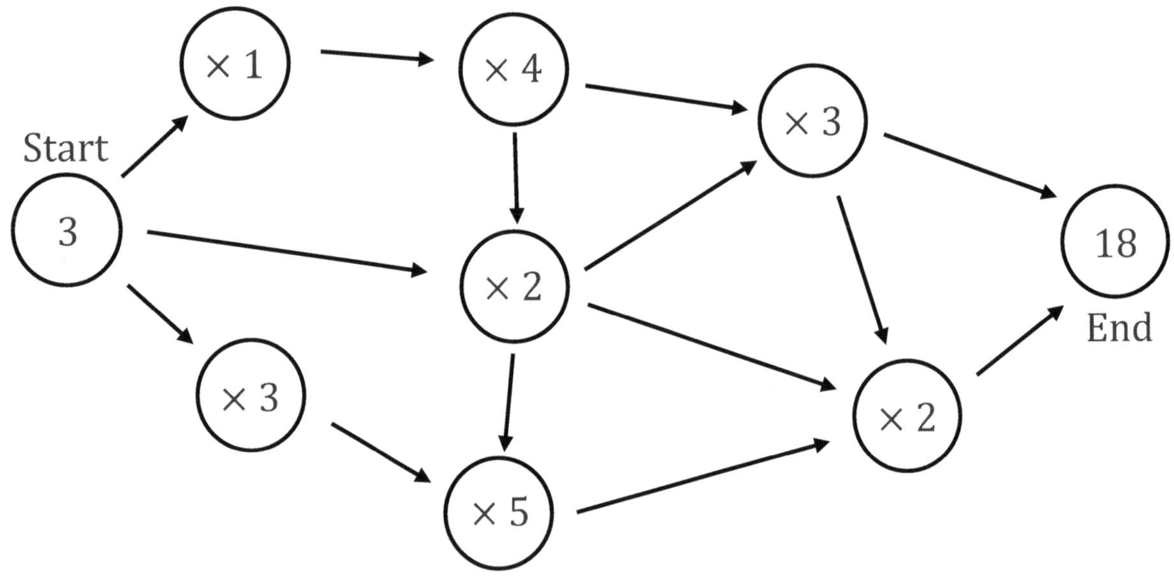
Start
3
× 1
× 4
× 3
× 2
× 3
× 5
× 2
18
End

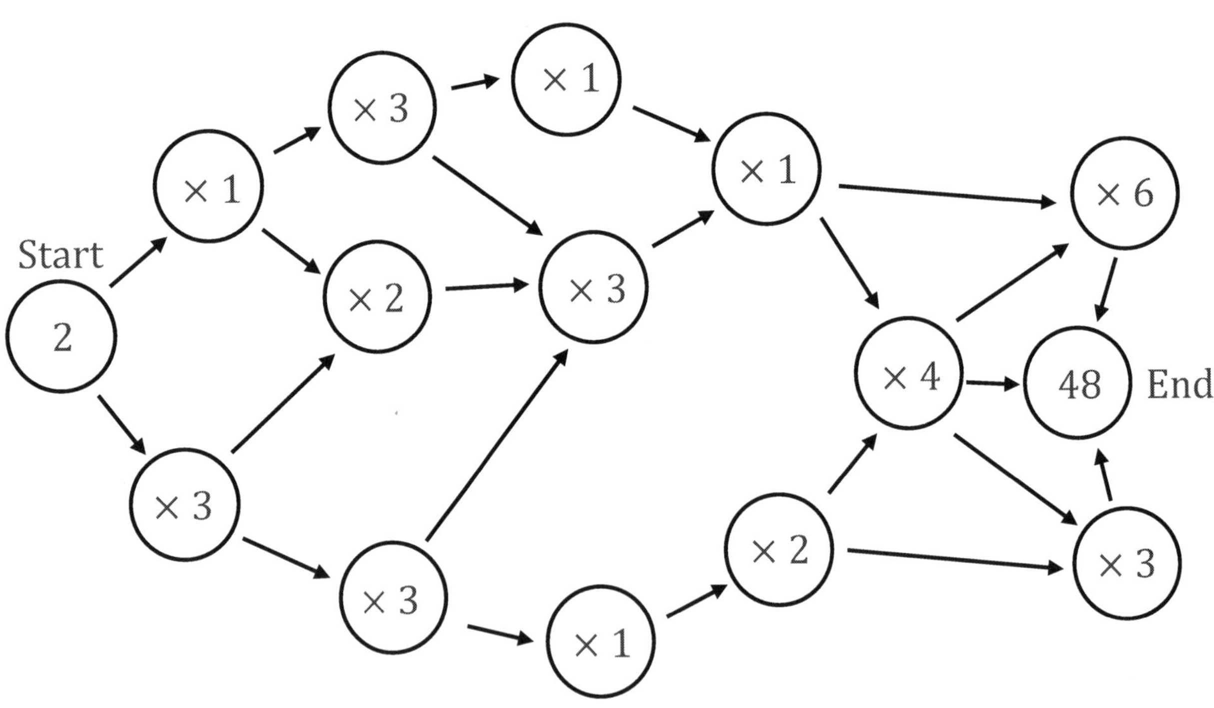
Start
2
× 1
× 3
× 1
× 2
× 3
× 1
× 6
× 3
× 3
× 4
48
End
× 2
× 1
× 3

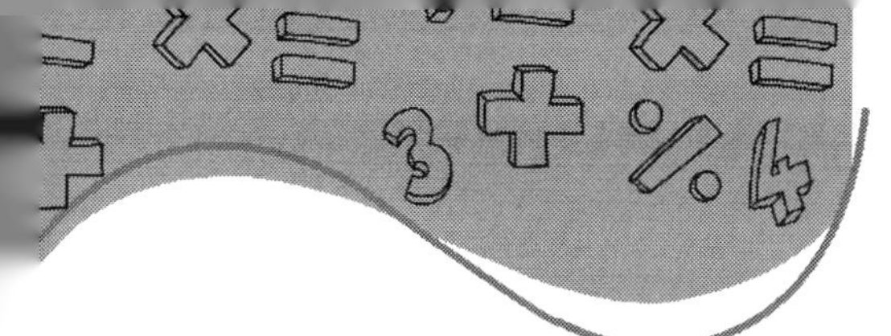

GOAL

8 years old – 13 minutes	9 years old – 10 minutes
10 years old – 6 minutes	11+ years old – 3 minutes

Multiplying by 7

$7 \times 0 =$ ____	$5 \times 7 =$ ____	$7 \times 10 =$ ____	$7 \times 3 =$ ____
$1 \times 7 =$ ____	$7 \times 4 =$ ____	$3 \times 7 =$ ____	$5 \times 7 =$ ____
$10 \times 7 =$ ____	$7 \times 3 =$ ____	$6 \times 7 =$ ____	$7 \times 7 =$ ____
$4 \times 7 =$ ____	$6 \times 7 =$ ____	$7 \times 10 =$ ____	$7 \times 2 =$ ____
$0 \times 7 =$ ____	$7 \times 1 =$ ____	$2 \times 7 =$ ____	$7 \times 4 =$ ____
$7 \times 3 =$ ____	$7 \times 8 =$ ____	$1 \times 7 =$ ____	$3 \times 7 =$ ____
$2 \times 7 =$ ____	$0 \times 7 =$ ____	$8 \times 7 =$ ____	$9 \times 7 =$ ____
$10 \times 7 =$ ____	$7 \times 2 =$ ____	$7 \times 5 =$ ____	$6 \times 7 =$ ____
$7 \times 6 =$ ____	$7 \times 7 =$ ____	$7 \times 4 =$ ____	$7 \times 7 =$ ____
$3 \times 7 =$ ____	$7 \times 8 =$ ____	$7 \times 7 =$ ____	$7 \times 5 =$ ____
$6 \times 7 =$ ____	$7 \times 9 =$ ____	$10 \times 7 =$ ____	$7 \times 2 =$ ____
$7 \times 2 =$ ____	$7 \times 3 =$ ____	$5 \times 7 =$ ____	$10 \times 7 =$ ____
$4 \times 7 =$ ____	$2 \times 7 =$ ____	$9 \times 7 =$ ____	$6 \times 7 =$ ____
$7 \times 9 =$ ____	$8 \times 7 =$ ____	$7 \times 10 =$ ____	$8 \times 7 =$ ____
$7 \times 0 =$ ____	$10 \times 7 =$ ____	$7 \times 7 =$ ____	$7 \times 9 =$ ____

Day 29

TIME:

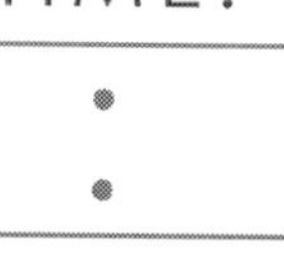

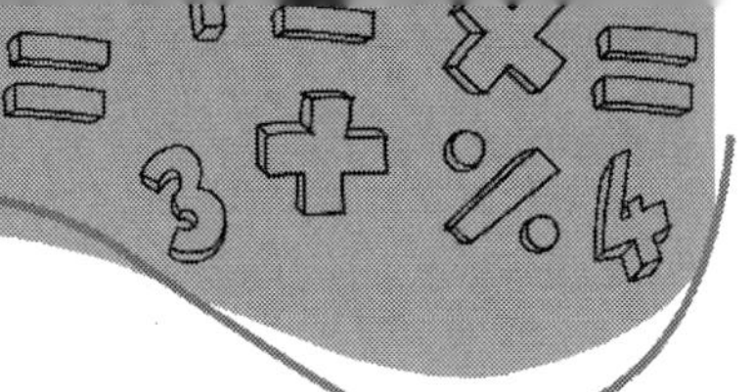

GOAL

8 years old – 13 minutes	9 years old – 10 minutes
10 years old – 6 minutes	11+ years old – 3 minutes

Multiplying by 7

$7 \times 7 =$ ______	$2 \times 7 =$ ______	$7 \times 10 =$ ______	$7 \times 8 =$ ______
$4 \times 7 =$ ______	$7 \times 11 =$ ______	$0 \times 7 =$ ______	$7 \times 1 =$ ______
$7 \times 2 =$ ______	$10 \times 7 =$ ______	$7 \times 3 =$ ______	$7 \times 6 =$ ______
$11 \times 7 =$ ______	$7 \times 7 =$ ______	$9 \times 7 =$ ______	$3 \times 7 =$ ______
$6 \times 7 =$ ______	$7 \times 2 =$ ______	$0 \times 7 =$ ______	$7 \times 4 =$ ______
$7 \times 7 =$ ______	$3 \times 7 =$ ______	$7 \times 4 =$ ______	$2 \times 7 =$ ______
$7 \times 5 =$ ______	$8 \times 7 =$ ______	$11 \times 7 =$ ______	$6 \times 7 =$ ______
$2 \times 7 =$ ______	$5 \times 7 =$ ______	$7 \times 6 =$ ______	$7 \times 8 =$ ______
$7 \times 1 =$ ______	$0 \times 7 =$ ______	$7 \times 3 =$ ______	$7 \times 11 =$ ______
$7 \times 10 =$ ______	$9 \times 7 =$ ______	$8 \times 7 =$ ______	$6 \times 7 =$ ______
$7 \times 4 =$ ______	$7 \times 7 =$ ______	$7 \times 11 =$ ______	$7 \times 5 =$ ______
$7 \times 11 =$ ______	$5 \times 7 =$ ______	$3 \times 7 =$ ______	$8 \times 7 =$ ______
$1 \times 7 =$ ______	$2 \times 7 =$ ______	$7 \times 10 =$ ______	$11 \times 7 =$ ______
$7 \times 4 =$ ______	$1 \times 7 =$ ______	$5 \times 7 =$ ______	$7 \times 9 =$ ______
$7 \times 7 =$ ______	$7 \times 6 =$ ______	$8 \times 7 =$ ______	$7 \times 0 =$ ______

TIME:

Day 30

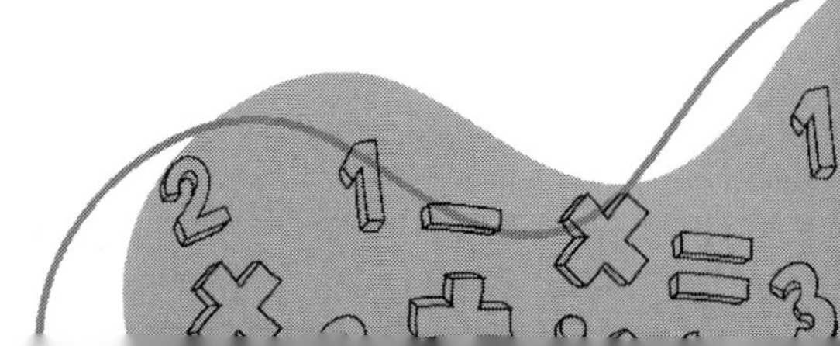

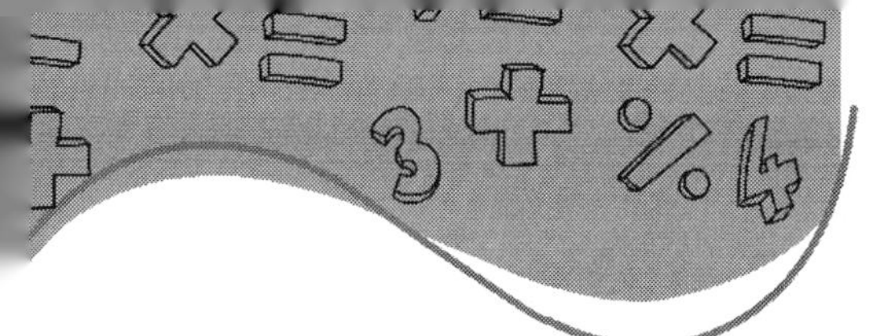

GOAL

8 years old – 13 minutes	9 years old – 10 minutes
10 years old – 6 minutes	11+ years old – 3 minutes

Multiplying by 7

$7 \times 10 =$ ______	$7 \times 7 =$ ______	$7 \times 11 =$ ______	$5 \times 7 =$ ______
$0 \times 7 =$ ______	$7 \times 2 =$ ______	$3 \times 7 =$ ______	$11 \times 7 =$ ______
$7 \times 4 =$ ______	$12 \times 7 =$ ______	$7 \times 4 =$ ______	$7 \times 1 =$ ______
$2 \times 7 =$ ______	$7 \times 6 =$ ______	$7 \times 0 =$ ______	$7 \times 12 =$ ______
$1 \times 7 =$ ______	$7 \times 7 =$ ______	$7 \times 5 =$ ______	$4 \times 7 =$ ______
$7 \times 3 =$ ______	$6 \times 7 =$ ______	$11 \times 7 =$ ______	$7 \times 10 =$ ______
$7 \times 0 =$ ______	$7 \times 12 =$ ______	$7 \times 10 =$ ______	$7 \times 8 =$ ______
$7 \times 7 =$ ______	$8 \times 7 =$ ______	$7 \times 5 =$ ______	$7 \times 9 =$ ______
$5 \times 7 =$ ______	$7 \times 6 =$ ______	$9 \times 7 =$ ______	$10 \times 7 =$ ______
$6 \times 7 =$ ______	$3 \times 7 =$ ______	$7 \times 7 =$ ______	$5 \times 7 =$ ______
$7 \times 12 =$ ______	$7 \times 10 =$ ______	$7 \times 11 =$ ______	$9 \times 7 =$ ______
$7 \times 8 =$ ______	$7 \times 7 =$ ______	$6 \times 7 =$ ______	$4 \times 7 =$ ______
$0 \times 7 =$ ______	$11 \times 7 =$ ______	$7 \times 4 =$ ______	$3 \times 7 =$ ______
$7 \times 5 =$ ______	$10 \times 7 =$ ______	$7 \times 7 =$ ______	$7 \times 1 -$ ______
$2 \times 7 =$ ______	$6 \times 7 =$ ______	$7 \times 10 =$ ______	$12 \times 7 =$ ______

TIME:

Day 31

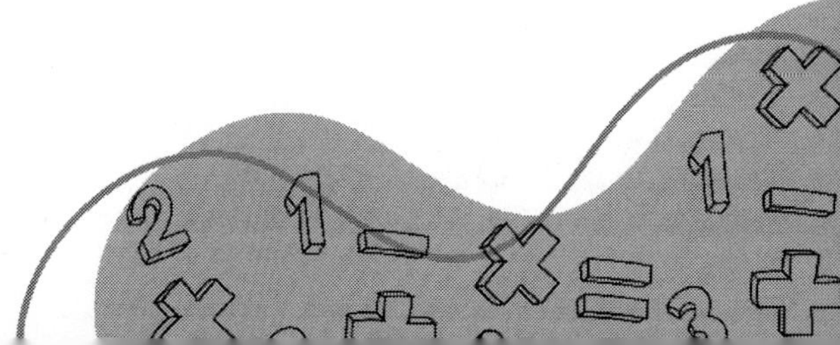

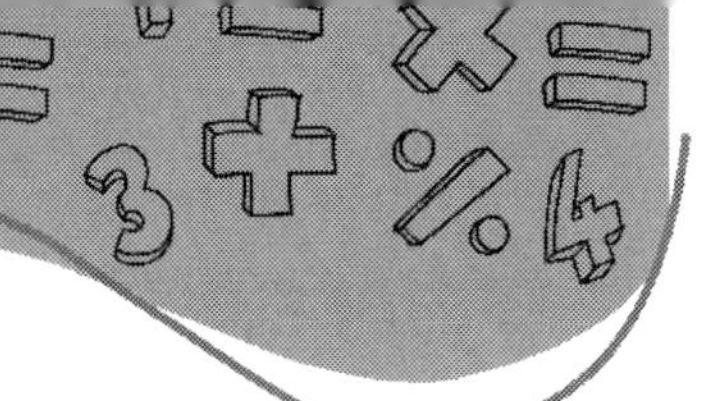

GOAL

8 years old – 13 minutes	9 years old – 10 minutes
10 years old – 6 minutes	11+ years old – 3 minutes

SCORE: /60

Mixed Multiplication

$5 \times 12 =$ ______	$5 \times 0 =$ ______	$12 \times 6 =$ ______	$10 \times 3 =$ ______
$6 \times 3 =$ ______	$9 \times 7 =$ ______	$5 \times 9 =$ ______	$8 \times 7 =$ ______
$7 \times 8 =$ ______	$11 \times 5 =$ ______	$5 \times 5 =$ ______	$2 \times 8 =$ ______
$7 \times 5 =$ ______	$6 \times 5 =$ ______	$4 \times 3 =$ ______	$6 \times 9 =$ ______
$6 \times 7 =$ ______	$10 \times 7 =$ ______	$4 \times 6 =$ ______	$5 \times 3 =$ ______
$7 \times 0 =$ ______	$2 \times 3 =$ ______	$4 \times 2 =$ ______	$3 \times 11 =$ ______
$2 \times 12 =$ ______	$3 \times 1 =$ ______	$5 \times 3 =$ ______	$2 \times 10 =$ ______
$6 \times 6 =$ ______	$2 \times 7 =$ ______	$4 \times 5 =$ ______	$7 \times 9 =$ ______
$7 \times 11 =$ ______	$9 \times 7 =$ ______	$1 \times 7 =$ ______	$8 \times 6 =$ ______
$11 \times 4 =$ ______	$2 \times 2 =$ ______	$9 \times 5 =$ ______	$5 \times 0 =$ ______
$7 \times 8 =$ ______	$4 \times 12 =$ ______	$4 \times 0 =$ ______	$6 \times 6 =$ ______
$4 \times 8 =$ ______	$9 \times 5 =$ ______	$8 \times 6 =$ ______	$11 \times 7 =$ ______
$2 \times 3 =$ ______	$11 \times 2 =$ ______	$3 \times 7 =$ ______	$7 \times 4 =$ ______
$0 \times 2 =$ ______	$8 \times 4 =$ ______	$7 \times 11 =$ ______	$4 \times 12 =$ ______
$2 \times 9 =$ ______	$7 \times 7 =$ ______	$6 \times 4 =$ ______	$8 \times 7 =$ ______

TIME: :

Day 32

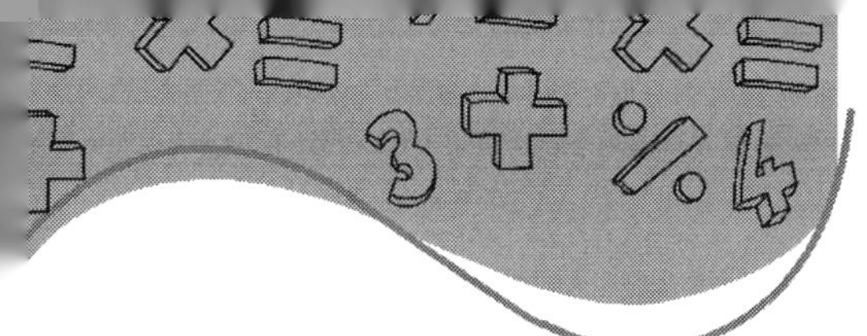

GOAL

8 years old – 13 minutes	9 years old – 10 minutes
10 years old – 6 minutes	11+ years old – 3 minutes

Mixed Multiplication

$5 \times 3 =$ ______	$12 \times 2 =$ ______	$1 \times 2 =$ ______	$6 \times 7 =$ ______
$6 \times 3 =$ ______	$11 \times 4 =$ ______	$2 \times 12 =$ ______	$11 \times 6 =$ ______
$7 \times 5 =$ ______	$4 \times 8 =$ ______	$3 \times 5 =$ ______	$2 \times 2 =$ ______
$7 \times 10 =$ ______	$4 \times 1 =$ ______	$7 \times 7 =$ ______	$8 \times 4 =$ ______
$2 \times 4 =$ ______	$10 \times 3 =$ ______	$7 \times 8 =$ ______	$1 \times 6 =$ ______
$7 \times 0 =$ ______	$3 \times 6 =$ ______	$6 \times 11 =$ ______	$6 \times 6 =$ ______
$6 \times 6 =$ ______	$5 \times 12 =$ ______	$4 \times 2 =$ ______	$7 \times 9 =$ ______
$7 \times 11 =$ ______	$6 \times 5 =$ ______	$3 \times 1 =$ ______	$2 \times 11 =$ ______
$7 \times 3 =$ ______	$8 \times 7 =$ ______	$6 \times 9 =$ ______	$5 \times 4 =$ ______
$2 \times 2 =$ ______	$6 \times 4 =$ ______	$7 \times 5 =$ ______	$4 \times 3 =$ ______
$2 \times 0 =$ ______	$7 \times 2 =$ ______	$5 \times 1 =$ ______	$4 \times 4 =$ ______
$12 \times 7 =$ ______	$5 \times 6 =$ ______	$7 \times 10 =$ ______	$1 \times 4 =$ ______
$5 \times 5 =$ ______	$10 \times 4 =$ ______	$4 \times 7 =$ ______	$6 \times 3 =$ ______
$8 \times 3 =$ ______	$9 \times 6 =$ ______	$4 \times 11 -$ ______	$6 \times 6 =$ ______
$2 \times 9 =$ ______	$11 \times 2 =$ ______	$2 \times 6 =$ ______	$3 \times 5 =$ ______

TIME: :

Day 33

GOAL

8 years old – 13 minutes	9 years old – 10 minutes
10 years old – 6 minutes	11+ years old – 3 minutes

Mixed Multiplication

$3 \times 3 =$ ______	$10 \times 6 =$ ______	$5 \times 11 =$ ______	$12 \times 7 =$ ______
$2 \times 11 =$ ______	$11 \times 7 =$ ______	$5 \times 8 =$ ______	$5 \times 6 =$ ______
$11 \times 6 =$ ______	$3 \times 1 =$ ______	$3 \times 5 =$ ______	$8 \times 2 =$ ______
$5 \times 7 =$ ______	$7 \times 10 =$ ______	$4 \times 4 =$ ______	$5 \times 4 =$ ______
$2 \times 5 =$ ______	$10 \times 5 =$ ______	$12 \times 7 =$ ______	$7 \times 2 =$ ______
$5 \times 10 =$ ______	$7 \times 8 =$ ______	$7 \times 5 =$ ______	$7 \times 0 =$ ______
$6 \times 2 =$ ______	$4 \times 5 =$ ______	$9 \times 5 =$ ______	$3 \times 10 =$ ______
$7 \times 10 =$ ______	$2 \times 7 =$ ______	$3 \times 11 =$ ______	$7 \times 6 =$ ______
$0 \times 7 =$ ______	$6 \times 12 =$ ______	$4 \times 3 =$ ______	$2 \times 5 =$ ______
$3 \times 3 =$ ______	$12 \times 7 =$ ______	$4 \times 4 =$ ______	$3 \times 6 =$ ______
$7 \times 6 =$ ______	$5 \times 9 =$ ______	$4 \times 7 =$ ______	$11 \times 3 =$ ______
$5 \times 4 =$ ______	$2 \times 1 =$ ______	$4 \times 11 =$ ______	$2 \times 7 =$ ______
$2 \times 12 =$ ______	$6 \times 7 =$ ______	$3 \times 9 =$ ______	$7 \times 9 =$ ______
$10 \times 7 =$ ______	$9 \times 4 =$ ______	$7 \times 3 =$ ______	$3 \times 11 =$ ______
$6 \times 0 =$ ______	$10 \times 6 =$ ______	$5 \times 9 =$ ______	$7 \times 6 =$ ______

TIME:

:

Day 34

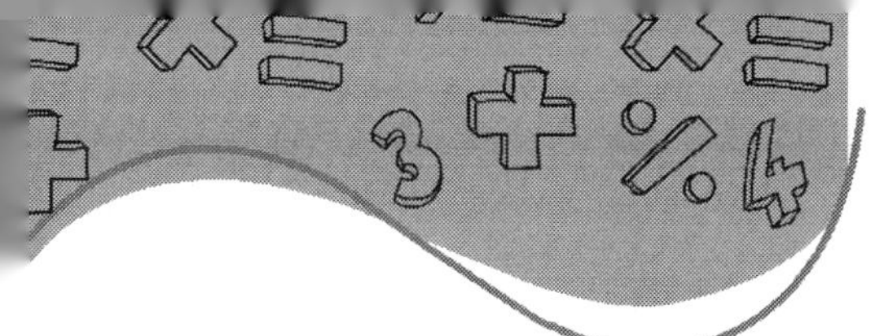

GOAL

8 years old – 13 minutes	9 years old – 10 minutes
10 years old – 6 minutes	11+ years old – 3 minutes

Mixed Multiplication

$2 \times 3 =$ ____	$6 \times 3 =$ ____	$7 \times 1 =$ ____	$11 \times 5 =$ ____
$7 \times 8 =$ ____	$4 \times 7 =$ ____	$1 \times 5 =$ ____	$5 \times 9 =$ ____
$8 \times 3 =$ ____	$4 \times 6 =$ ____	$2 \times 10 =$ ____	$6 \times 8 =$ ____
$3 \times 3 =$ ____	$3 \times 4 =$ ____	$4 \times 4 =$ ____	$4 \times 10 =$ ____
$5 \times 9 =$ ____	$5 \times 5 =$ ____	$6 \times 3 =$ ____	$7 \times 11 =$ ____
$4 \times 12 =$ ____	$5 \times 6 =$ ____	$7 \times 4 =$ ____	$6 \times 1 =$ ____
$2 \times 7 =$ ____	$3 \times 3 =$ ____	$4 \times 5 =$ ____	$4 \times 8 =$ ____
$7 \times 10 =$ ____	$5 \times 7 =$ ____	$4 \times 12 =$ ____	$6 \times 3 =$ ____
$5 \times 12 =$ ____	$4 \times 10 =$ ____	$0 \times 4 =$ ____	$10 \times 6 =$ ____
$7 \times 3 =$ ____	$11 \times 6 =$ ____	$12 \times 2 =$ ____	$11 \times 6 =$ ____
$6 \times 0 =$ ____	$7 \times 7 =$ ____	$3 \times 7 =$ ____	$2 \times 7 =$ ____
$8 \times 6 =$ ____	$2 \times 4 =$ ____	$8 \times 4 =$ ____	$4 \times 0 =$ ____
$4 \times 12 =$ ____	$6 \times 7 =$ ____	$7 \times 9 =$ ____	$9 \times 4 =$ ____
$11 \times 7 =$ ____	$7 \times 4 =$ ____	$2 \times 11 -$ ____	$3 \times 9 =$ ____
$7 \times 6 =$ ____	$8 \times 7 =$ ____	$5 \times 1 =$ ____	$5 \times 5 =$ ____

TIME:

:

Day 35

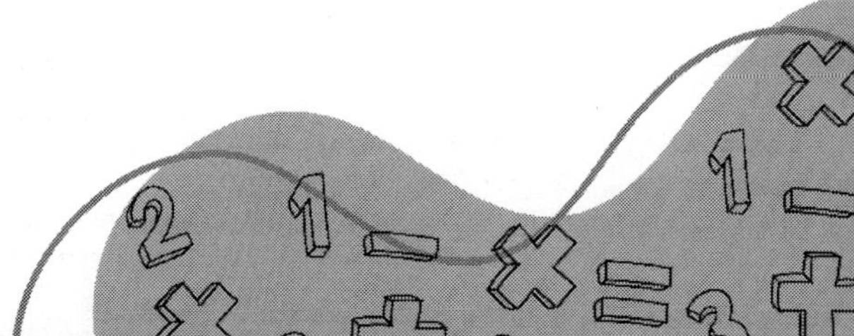

Weekly Bonus # 5

Multiplication Crossword

Fill in the empty squares with numbers so that the equations in each row and column are correct.

2				6	×	3	=					10	×		=	40
×				×		×						×				
	×	6	=				×	2	=							
=		×		=		=		×				=		=		×
4							×		=	45		30	=	6	×	
		=						=						×		=
6	×	12	=			3	×	10	=			10	×		=	60
×						×						=				
					×		=	20			×		=	40		
=				×		=		=				×				
30			=	4	×			2	×		=	2				
=				=				×		×						
	×	2	=	20					×		=	70				
×		×								=						
3	×		=								×	6	=			
		=														
		16														

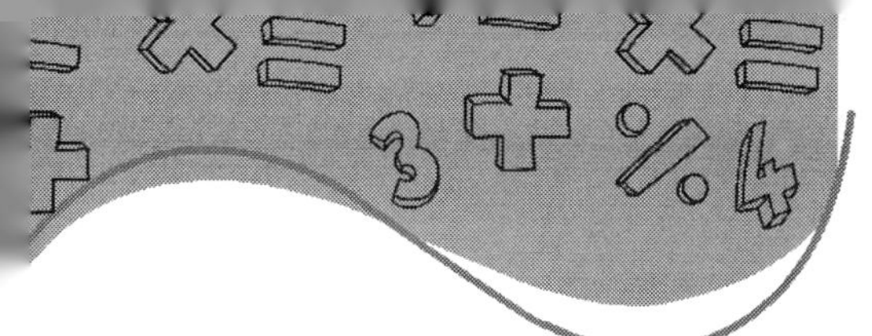

GOAL

8 years old – 13 minutes	9 years old – 10 minutes
10 years old – 6 minutes	11+ years old – 3 minutes

Multiplying by 8

$8 \times 5 =$ ____	$2 \times 8 =$ ____	$8 \times 10 =$ ____	$0 \times 8 =$ ____
$8 \times 1 =$ ____	$9 \times 8 =$ ____	$8 \times 8 =$ ____	$7 \times 8 =$ ____
$10 \times 8 =$ ____	$2 \times 8 =$ ____	$8 \times 11 =$ ____	$8 \times 9 =$ ____
$8 \times 8 =$ ____	$1 \times 8 =$ ____	$2 \times 8 =$ ____	$8 \times 8 =$ ____
$7 \times 8 =$ ____	$8 \times 6 =$ ____	$1 \times 8 =$ ____	$8 \times 10 =$ ____
$4 \times 8 =$ ____	$8 \times 9 =$ ____	$8 \times 8 =$	$8 \times 5 =$ ____
$11 \times 8 =$ ____	$7 \times 8 =$ ____	$8 \times 9 =$ ____	$3 \times 8 =$ ____
$8 \times 6 =$ ____	$3 \times 8 =$ ____	$11 \times 8 =$ ____	$8 \times 2 =$ ____
$8 \times 8 =$ ____	$8 \times 4 =$ ____	$5 \times 8 =$ ____	$8 \times 8 =$ ____
$3 \times 8 =$ ____	$0 \times 8 =$ ____	$8 \times 4 =$ ____	$5 \times 8 =$ ____
$2 \times 8 =$ ____	$8 \times 7 =$ ____	$0 \times 8 =$ ____	$10 \times 8 =$ ____
$8 \times 11 =$ ____	$8 \times 3 =$ ____	$8 \times 2 =$ ____	$8 \times 4 =$ ____
$1 \times 8 =$ ____	$5 \times 8 =$ ____	$6 \times 8 =$ ____	$0 \times 8 =$ ____
$8 \times 9 =$ ____	$8 \times 4 =$ ____	$8 \times 10 =$ ____	$8 \times 7 =$ ____
$8 \times 6 =$ ____	$11 \times 8 =$ ____	$8 \times 7 =$ ____	$8 \times 3 =$ ____

Day 36

TIME:
 :

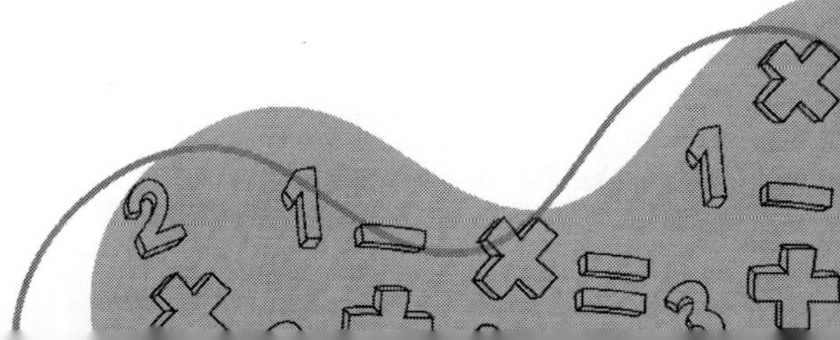

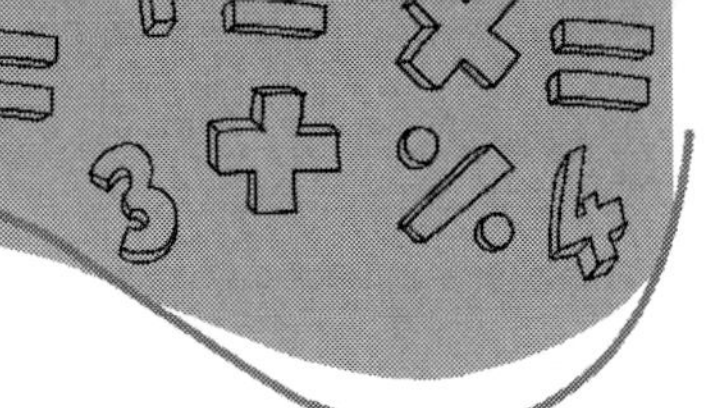

GOAL

8 years old – 13 minutes	9 years old – 10 minutes
10 years old – 6 minutes	11+ years old – 3 minutes

Multiplying by 8

$8 \times 10 =$ ____	$8 \times 8 =$ ____	$12 \times 8 =$ ____	$10 \times 8 =$ ____
$8 \times 0 =$ ____	$11 \times 8 =$ ____	$8 \times 1 =$ ____	$8 \times 12 =$ ____
$7 \times 8 =$ ____	$8 \times 9 =$ ____	$8 \times 10 =$ ____	$3 \times 8 =$ ____
$8 \times 4 =$ ____	$6 \times 8 =$ ____	$0 \times 8 =$ ____	$8 \times 2 =$ ____
$11 \times 8 =$ ____	$8 \times 10 =$ ____	$8 \times 6 =$ ____	$8 \times 11 =$ ____
$1 \times 8 =$ ____	$12 \times 8 =$ ____	$3 \times 8 =$ ____	$8 \times 6 =$ ____
$8 \times 2 =$ ____	$8 \times 5 =$ ____	$2 \times 8 =$ ____	$8 \times 1 =$ ____
$8 \times 12 =$ ____	$10 \times 8 =$ ____	$5 \times 8 =$ ____	$8 \times 0 =$ ____
$8 \times 3 =$ ____	$4 \times 8 =$ ____	$8 \times 0 =$ ____	$11 \times 8 =$ ____
$8 \times 9 =$ ____	$8 \times 3 =$ ____	$8 \times 4 =$ ____	$12 \times 8 =$ ____
$8 \times 8 =$ ____	$8 \times 7 =$ ____	$11 \times 8 =$ ____	$9 \times 8 =$ ____
$8 \times 6 =$ ____	$5 \times 8 =$ ____	$8 \times 7 =$ ____	$0 \times 8 =$ ____
$8 \times 4 =$ ____	$8 \times 9 =$ ____	$8 \times 2 =$ ____	$6 \times 8 =$ ____
$9 \times 8 =$ ____	$7 \times 8 =$ ____	$8 \times 6 =$ ____	$4 \times 8 =$ ____
$8 \times 12 =$ ____	$8 \times 5 =$ ____	$8 \times 9 =$ ____	$8 \times 11 =$ ____

TIME:

:

Day 37

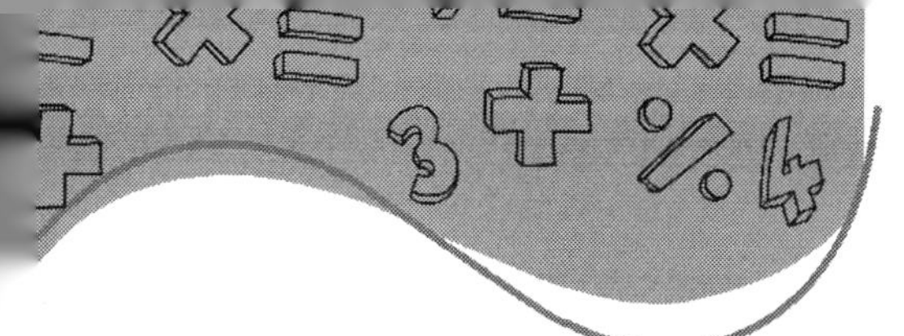

GOAL

8 years old – 13 minutes	9 years old – 10 minutes
10 years old – 6 minutes	11+ years old – 3 minutes

Multiplying by 8

$12 \times 8 =$ ____	$8 \times 1 =$ ____	$8 \times 0 =$ ____	$8 \times 3 =$ ____
$5 \times 8 =$ ____	$8 \times 11 =$ ____	$7 \times 8 =$ ____	$8 \times 10 =$ ____
$3 \times 8 =$ ____	$8 \times 8 =$ ____	$6 \times 8 =$ ____	$9 \times 8 =$ ____
$8 \times 6 =$ ____	$4 \times 8 =$ ____	$8 \times 3 =$ ____	$8 \times 2 =$ ____
$8 \times 9 =$ ____	$5 \times 8 =$ ____	$11 \times 8 =$ ____	$8 \times 6 =$ ____
$7 \times 8 =$ ____	$8 \times 9 =$ ____	$1 \times 8 =$ ____	$8 \times 8 =$ ____
$8 \times 2 =$ ____	$8 \times 11 =$ ____	$5 \times 8 =$ ____	$10 \times 8 =$ ____
$11 \times 8 =$ ____	$8 \times 8 =$ ____	$8 \times 11 =$ ____	$8 \times 9 =$ ____
$8 \times 5 =$ ____	$7 \times 8 =$ ____	$8 \times 2 =$ ____	$8 \times 1 =$ ____
$8 \times 0 =$ ____	$10 \times 8 =$ ____	$8 \times 3 =$ ____	$12 \times 8 =$ ____
$3 \times 8 =$ ____	$2 \times 8 =$ ____	$11 \times 8 =$ ____	$8 \times 10 =$ ____
$8 \times 12 =$ ____	$5 \times 8 =$ ____	$8 \times 7 =$ ____	$8 \times 8 =$ ____
$7 \times 8 =$ ____	$9 \times 8 =$ ____	$2 \times 8 =$ ____	$8 \times 12 =$ ____
$8 \times 4 =$ ____	$8 \times 6 =$ ____	$8 \times 5 =$ ____	$9 \times 8 =$ ____
$8 \times 8 =$ ____	$12 \times 8 =$ ____	$8 \times 4 =$ ____	$8 \times 3 =$ ____

TIME:

[:]

Day 38

GOAL

8 years old – 13 minutes	9 years old – 10 minutes
10 years old – 6 minutes	11+ years old – 3 minutes

Multiplying by 6, 7, & 8

$2 \times 6 =$ ____	$6 \times 12 =$ ____	$8 \times 4 =$ ____	$6 \times 11 =$ ____
$7 \times 3 =$ ____	$8 \times 12 =$ ____	$5 \times 8 =$ ____	$7 \times 2 =$ ____
$9 \times 6 =$ ____	$6 \times 8 =$ ____	$7 \times 4 =$ ____	$7 \times 7 =$ ____
$8 \times 4 =$ ____	$8 \times 5 =$ ____	$10 \times 8 =$ ____	$3 \times 8 =$ ____
$2 \times 8 =$ ____	$7 \times 3 =$ ____	$2 \times 6 =$ ____	$8 \times 9 =$ ____
$7 \times 5 =$ ____	$7 \times 10 =$ ____	$7 \times 12 =$ ____	$8 \times 2 =$ ____
$7 \times 8 =$ ____	$6 \times 6 =$ ____	$6 \times 3 =$ ____	$11 \times 8 =$ ____
$2 \times 7 =$ ____	$8 \times 2 =$ ____	$8 \times 1 =$ ____	$9 \times 8 =$ ____
$8 \times 9 =$ ____	$7 \times 0 =$ ____	$11 \times 7 =$ ____	$7 \times 3 =$ ____
$0 \times 6 =$ ____	$8 \times 2 =$ ____	$7 \times 3 =$ ____	$12 \times 7 =$ ____
$6 \times 4 =$ ____	$9 \times 8 =$ ____	$12 \times 8 =$ ____	$6 \times 5 =$ ____
$8 \times 8 =$ ____	$8 \times 6 =$ ____	$8 \times 7 =$ ____	$8 \times 6 =$ ____
$6 \times 10 =$ ____	$6 \times 7 =$ ____	$4 \times 7 =$ ____	$3 \times 8 =$ ____
$6 \times 6 =$ ____	$12 \times 8 =$ ____	$6 \times 3 =$ ____	$8 \times 2 =$ ____
$3 \times 8 =$ ____	$7 \times 4 =$ ____	$7 \times 6 =$ ____	$6 \times 10 =$ ____

TIME:

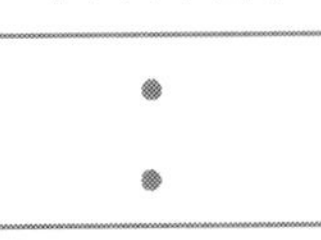

Day 39

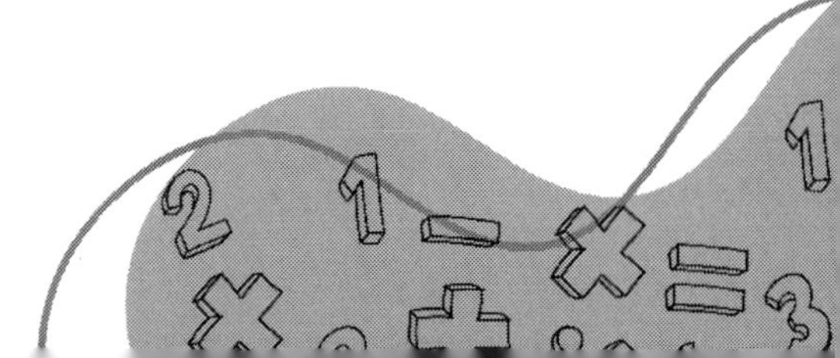

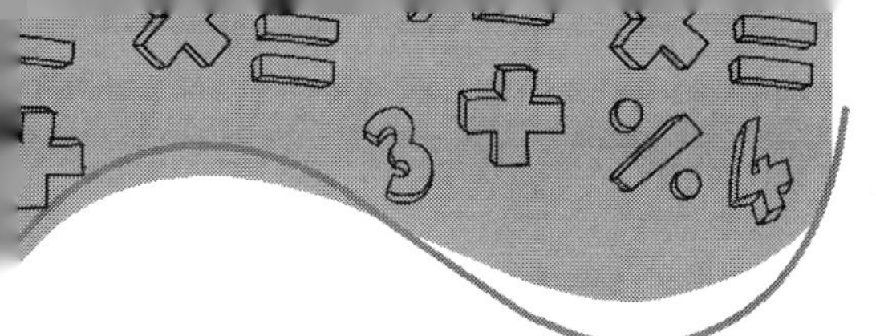

GOAL

8 years old – 13 minutes	9 years old – 10 minutes
10 years old – 6 minutes	11+ years old – 3 minutes

Multiplying by 6, 7, & 8

$8 \times 12 =$ ____	$9 \times 8 =$ ____	$8 \times 4 =$ ____	$5 \times 8 =$ ____
$0 \times 8 =$ ____	$6 \times 4 =$ ____	$7 \times 5 =$ ____	$7 \times 8 =$ ____
$7 \times 8 =$ ____	$6 \times 7 =$ ____	$7 \times 9 =$ ____	$7 \times 1 =$ ____
$6 \times 11 =$ ____	$7 \times 8 =$ ____	$8 \times 6 =$ ____	$7 \times 10 =$ ____
$10 \times 7 =$ ____	$8 \times 10 =$ ____	$6 \times 3 =$ ____	$7 \times 6 =$ ____
$8 \times 1 =$ ____	$6 \times 2 =$ ____	$6 \times 0 =$ ____	$8 \times 2 =$ ____
$6 \times 11 =$ ____	$7 \times 3 =$ ____	$8 \times 3 =$ ____	$8 \times 6 =$ ____
$7 \times 6 =$ ____	$8 \times 7 =$ ____	$12 \times 8 =$ ____	$6 \times 9 =$ ____
$7 \times 7 =$ ____	$10 \times 8 =$ ____	$7 \times 8 =$ ____	$8 \times 5 =$ ____
$12 \times 6 =$ ____	$8 \times 6 =$ ____	$11 \times 7 =$ ____	$12 \times 8 =$ ____
$8 \times 8 =$ ____	$6 \times 12 =$ ____	$11 \times 6 =$ ____	$10 \times 8 =$ ____
$8 \times 9 =$ ____	$6 \times 7 =$ ____	$10 \times 6 =$ ____	$7 \times 9 =$ ____
$8 \times 12 =$ ____	$8 \times 11 =$ ____	$7 \times 10 =$ ____	$7 \times 12 =$ ____
$6 \times 9 =$ ____	$10 \times 6 =$ ____	$7 \times 7 =$ ____	$7 \times 8 =$ ____
$9 \times 8 =$ ____	$7 \times 6 =$ ____	$10 \times 6 =$ ____	$7 \times 11 =$ ____

TIME:

Day 40

GOAL

8 years old – 13 minutes	9 years old – 10 minutes
10 years old – 6 minutes	11+ years old – 3 minutes

Multiplying by 6, 7, & 8

$6 \times 8 =$ ____	$7 \times 2 =$ ____	$6 \times 11 =$ ____	$6 \times 9 =$ ____
$6 \times 11 =$ ____	$7 \times 10 =$ ____	$11 \times 7 =$ ____	$7 \times 10 =$ ____
$8 \times 8 =$ ____	$8 \times 12 =$ ____	$6 \times 8 =$ ____	$8 \times 9 =$ ____
$7 \times 9 =$ ____	$6 \times 8 =$ ____	$10 \times 8 =$ ____	$7 \times 11 =$ ____
$10 \times 6 =$ ____	$8 \times 10 =$ ____	$7 \times 12 =$ ____	$6 \times 7 =$ ____
$8 \times 12 =$ ____	$7 \times 8 =$ ____	$8 \times 11 =$ ____	$6 \times 6 =$ ____
$8 \times 8 =$ ____	$7 \times 7 =$ ____	$7 \times 6 =$ ____	$9 \times 8 =$ ____
$6 \times 10 =$ ____	$8 \times 6 =$ ____	$12 \times 6 =$ ____	$7 \times 6 =$ ____
$9 \times 7 =$ ____	$11 \times 8 =$ ____	$8 \times 9 =$ ____	$6 \times 8 =$ ____
$8 \times 7 =$ ____	$8 \times 12 =$ ____	$9 \times 6 =$ ____	$8 \times 5 =$ ____
$10 \times 8 =$ ____	$7 \times 12 =$ ____	$7 \times 7 =$ ____	$11 \times 7 =$ ____
$8 \times 4 =$ ____	$8 \times 3 =$ ____	$6 \times 7 =$ ____	$7 \times 10 =$ ____
$7 \times 6 =$ ____	$8 \times 7 =$ ____	$7 \times 3 =$ ____	$6 \times 6 =$ ____
$7 \times 8 =$ ____	$6 \times 7 =$ ____	$3 \times 8 =$ ____	$7 \times 2 =$ ____
$3 \times 6 =$ ____	$7 \times 2 =$ ____	$8 \times 6 =$ ____	$6 \times 10 =$ ____

Day 41

TIME:

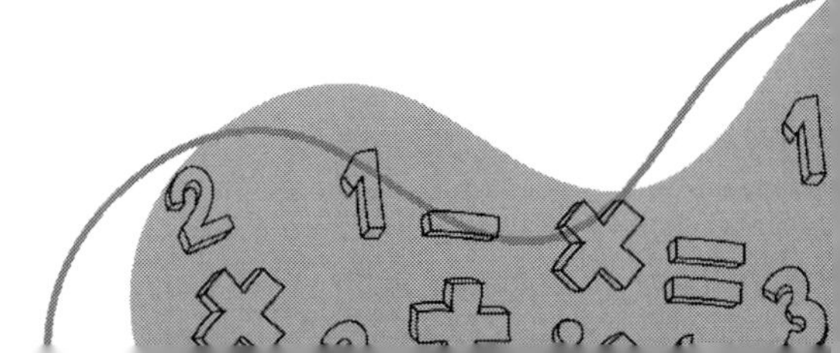

GOAL

8 years old – 13 minutes	9 years old – 10 minutes
10 years old – 6 minutes	11+ years old – 3 minutes

Mixed Multiplication

$2 \times 10 =$ ______	$8 \times 0 =$ ______	$8 \times 11 =$ ______	$5 \times 3 =$ ______
$5 \times 2 =$ ______	$3 \times 8 =$ ______	$6 \times 6 =$ ______	$8 \times 10 =$ ______
$7 \times 9 =$ ______	$4 \times 12 =$ ______	$10 \times 8 =$ ______	$6 \times 5 =$ ______
$4 \times 7 =$ ______	$6 \times 2 =$ ______	$4 \times 4 =$ ______	$3 \times 10 =$ ______
$2 \times 3 =$ ______	$8 \times 7 =$ ______	$5 \times 11 =$ ______	$4 \times 8 =$ ______
$8 \times 11 =$ ______	$9 \times 7 =$ ______	$3 \times 1 =$ ______	$12 \times 8 =$ ______
$3 \times 12 =$ ______	$6 \times 6 =$ ______	$8 \times 8 =$ ______	$8 \times 1 =$ ______
$6 \times 3 =$ ______	$11 \times 6 =$ ______	$3 \times 2 =$ ______	$5 \times 5 =$ ______
$4 \times 1 =$ ______	$3 \times 5 =$ ______	$8 \times 9 =$ ______	$3 \times 12 =$ ______
$5 \times 4 =$ ______	$7 \times 8 =$ ______	$7 \times 4 =$ ______	$8 \times 8 =$ ______
$4 \times 3 =$ ______	$5 \times 0 =$ ______	$11 \times 8 =$ ______	$6 \times 8 =$ ______
$8 \times 2 =$ ______	$3 \times 3 =$ ______	$7 \times 12 =$ ______	$8 \times 5 =$ ______
$1 \times 5 =$ ______	$6 \times 3 =$ ______	$2 \times 2 =$ ______	$8 \times 12 =$ ______
$12 \times 2 =$ ______	$2 \times 4 =$ ______	$1 \times 8 =$ ______	$12 \times 4 =$ ______
$4 \times 4 =$ ______	$6 \times 4 =$ ______	$5 \times 10 =$ ______	$7 \times 5 =$ ______

TIME:

:

Day 42

Weekly Bonus # 6

Number Bonds

Look at each number bond below. The numbers in the two bottom circles multiply together to make the number in the top circle. Fill in the missing numbers.

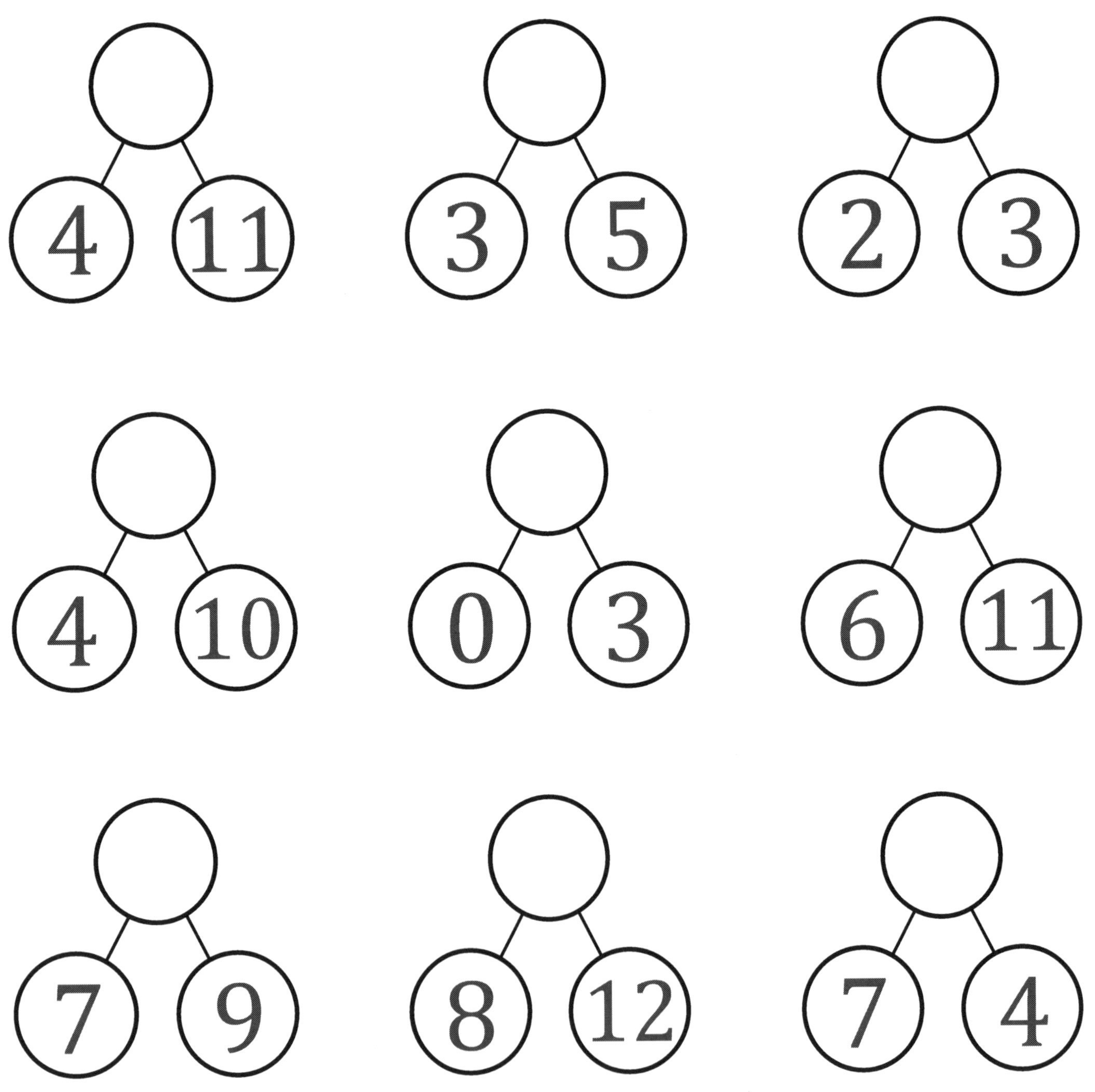

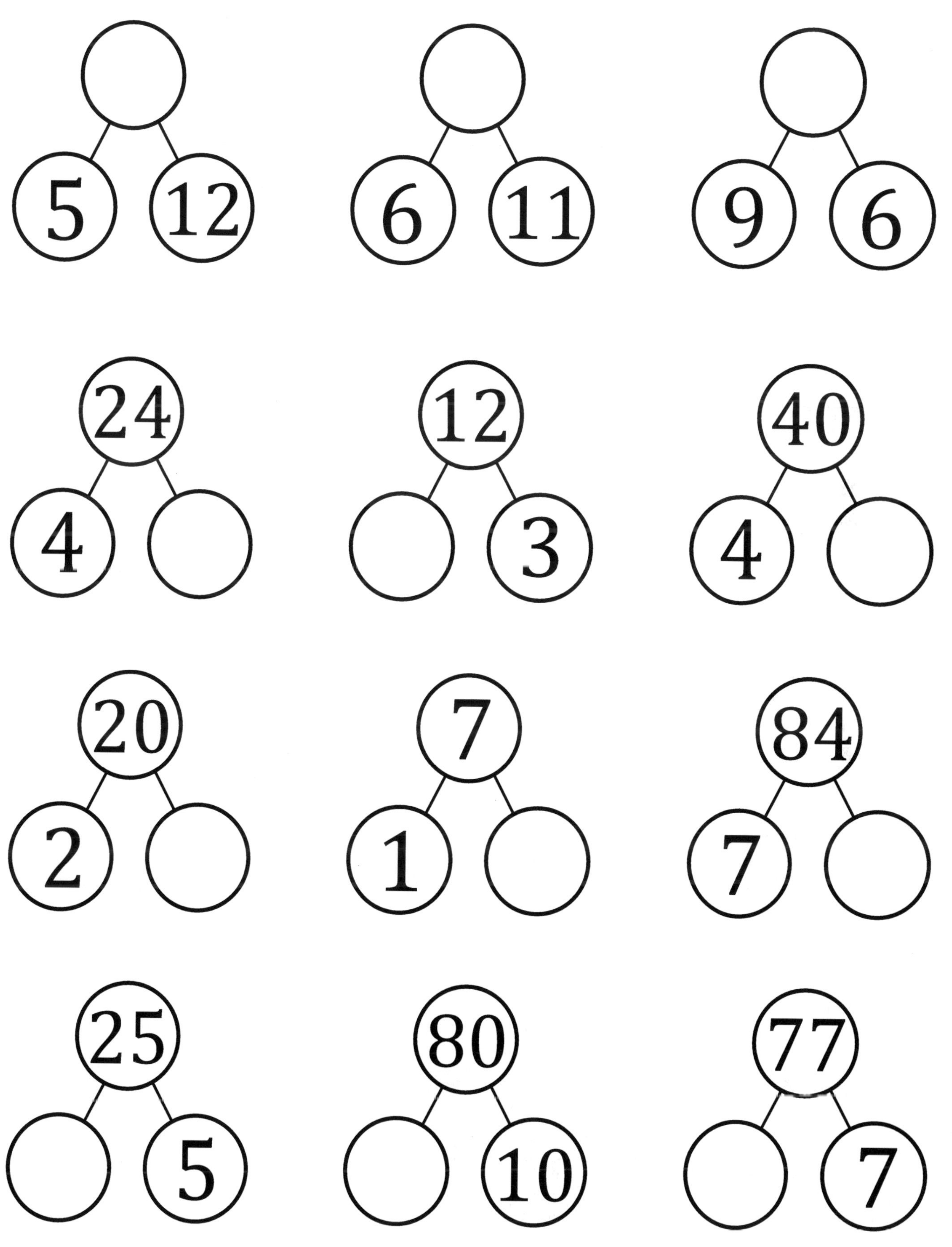
5
12
6
11
9
6
24
4
12
3
40
4
20
2
7
1
84
7
25
5
80
10
77
7

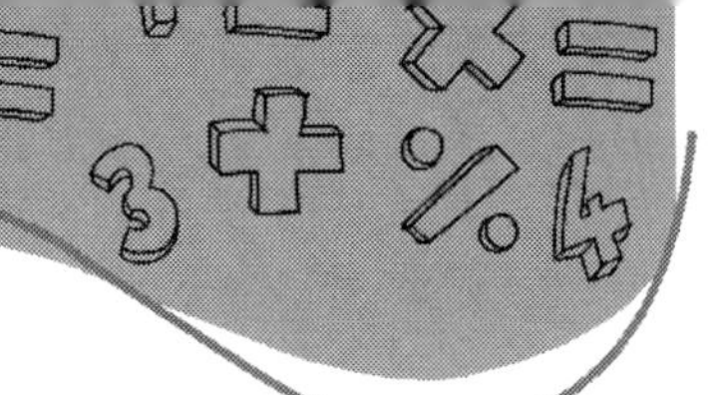

GOAL

8 years old – 13 minutes	9 years old – 10 minutes
10 years old – 6 minutes	11+ years old – 3 minutes

Mixed Multiplication

$7 \times 9 =$ ____	$2 \times 6 =$ ____	$2 \times 1 =$ ____	$4 \times 12 =$ ____
$5 \times 10 =$ ____	$7 \times 5 =$ ____	$7 \times 8 =$ ____	$4 \times 0 =$ ____
$6 \times 7 =$ ____	$8 \times 4 =$ ____	$0 \times 8 =$ ____	$5 \times 6 =$ ____
$6 \times 4 =$ ____	$4 \times 10 =$ ____	$4 \times 9 =$ ____	$4 \times 2 =$ ____
$4 \times 7 =$ ____	$6 \times 5 =$ ____	$9 \times 2 =$ ____	$11 \times 8 =$ ____
$7 \times 5 =$ ____	$2 \times 5 =$ ____	$4 \times 7 =$ ____	$8 \times 1 =$ ____
$2 \times 12 =$ ____	$7 \times 3 =$ ____	$8 \times 6 =$ ____	$4 \times 11 =$ ____
$4 \times 4 =$ ____	$11 \times 5 =$ ____	$2 \times 2 =$ ____	$5 \times 10 =$ ____
$3 \times 7 =$ ____	$8 \times 10 =$ ____	$4 \times 1 =$ ____	$5 \times 5 =$ ____
$5 \times 3 =$ ____	$5 \times 7 =$ ____	$3 \times 7 =$ ____	$8 \times 12 =$ ____
$3 \times 12 =$ ____	$10 \times 4 =$ ____	$2 \times 6 =$ ____	$3 \times 4 =$ ____
$7 \times 7 =$ ____	$9 \times 6 =$ ____	$5 \times 11 =$ ____	$4 \times 9 =$ ____
$8 \times 3 =$ ____	$8 \times 1 =$ ____	$5 \times 10 =$ ____	$8 \times 6 =$ ____
$2 \times 4 =$ ____	$8 \times 0 =$ ____	$8 \times 4 =$ ____	$12 \times 4 =$ ____
$9 \times 4 =$ ____	$3 \times 6 =$ ____	$12 \times 5 =$ ____	$7 \times 9 =$ ____

TIME:

Day 43

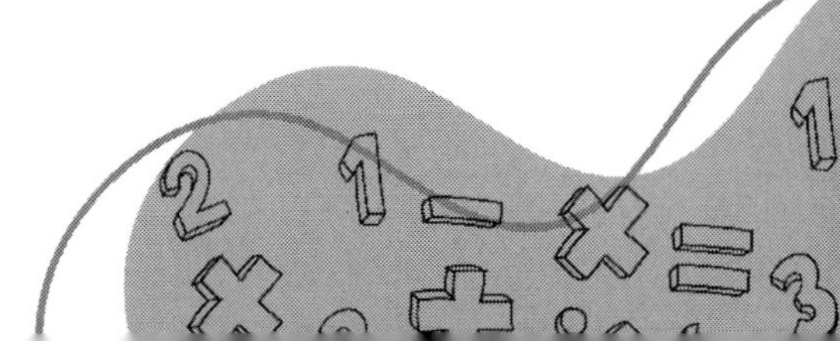

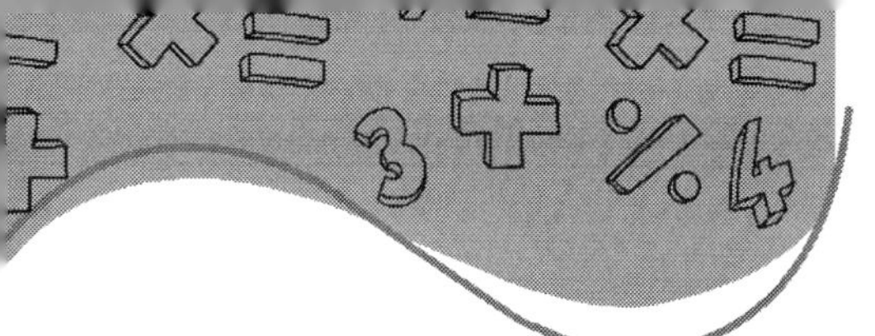

GOAL

8 years old – 13 minutes	9 years old – 10 minutes
10 years old – 6 minutes	11+ years old – 3 minutes

Mixed Multiplication

$8 \times 5 =$ ____	$5 \times 10 =$ ____	$3 \times 2 =$ ____	$5 \times 9 =$ ____
$2 \times 0 =$ ____	$3 \times 4 =$ ____	$5 \times 5 =$ ____	$5 \times 7 =$ ____
$4 \times 12 =$ ____	$4 \times 5 =$ ____	$7 \times 2 =$ ____	$8 \times 10 =$ ____
$8 \times 9 =$ ____	$7 \times 9 =$ ____	$7 \times 3 =$ ____	$6 \times 6 =$ ____
$6 \times 7 =$ ____	$5 \times 11 =$ ____	$5 \times 4 =$ ____	$4 \times 1 =$ ____
$4 \times 0 =$ ____	$3 \times 7 =$ ____	$2 \times 3 =$ ____	$2 \times 5 =$ ____
$11 \times 3 =$ ____	$8 \times 6 =$ ____	$5 \times 8 =$ ____	$10 \times 2 =$ ____
$7 \times 9 =$ ____	$11 \times 8 =$ ____	$3 \times 12 =$ ____	$6 \times 10 =$ ____
$2 \times 2 =$ ____	$3 \times 3 =$ ____	$6 \times 4 =$ ____	$8 \times 5 =$ ____
$8 \times 6 =$ ____	$3 \times 7 =$ ____	$2 \times 9 =$ ____	$8 \times 9 =$ ____
$7 \times 10 =$ ____	$6 \times 11 =$ ____	$7 \times 12 =$ ____	$12 \times 6 =$ ____
$7 \times 11 =$ ____	$8 \times 4 =$ ____	$4 \times 3 =$ ____	$8 \times 11 =$ ____
$2 \times 8 =$ ____	$7 \times 3 =$ ____	$8 \times 1 =$ ____	$0 \times 8 =$ ____
$5 \times 12 =$ ____	$6 \times 5 =$ ____	$2 \times 7 =$ ____	$7 \times 4 =$ ____
$4 \times 3 =$ ____	$3 \times 11 =$ ____	$8 \times 7 =$ ____	$12 \times 4 =$ ____

TIME:

Day 44

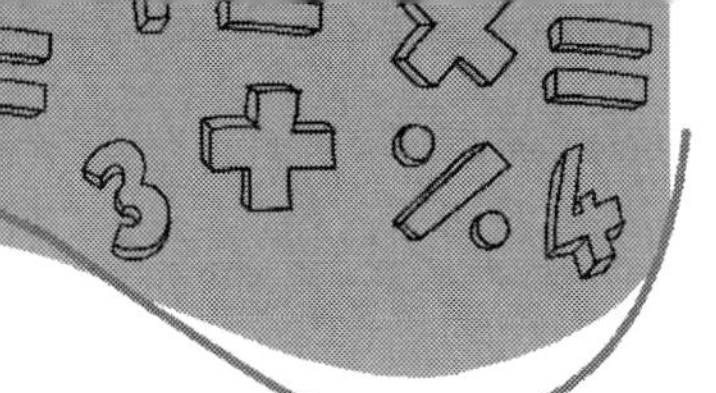

GOAL

8 years old – 13 minutes	9 years old – 10 minutes
10 years old – 6 minutes	11+ years old – 3 minutes

Multiplying by 9

$2 \times 9 =$ ____	$9 \times 9 =$ ____	$9 \times 12 =$ ____	$5 \times 9 =$ ____
$8 \times 9 =$ ____	$6 \times 9 =$ ____	$9 \times 9 =$ ____	$9 \times 10 =$ ____
$4 \times 9 =$ ____	$1 \times 9 =$ ____	$9 \times 6 =$ ____	$9 \times 2 =$ ____
$10 \times 9 =$ ____	$9 \times 8 =$ ____	$5 \times 9 =$ ____	$12 \times 9 =$ ____
$9 \times 9 =$ ____	$9 \times 3 =$ ____	$9 \times 11 =$ ____	$10 \times 9 =$ ____
$9 \times 2 =$ ____	$9 \times 4 =$ ____	$6 \times 9 =$ ____	$9 \times 0 =$ ____
$12 \times 9 =$ ____	$11 \times 9 =$ ____	$9 \times 7 =$ ____	$9 \times 9 =$ ____
$7 \times 9 =$ ____	$9 \times 6 =$ ____	$9 \times 5 =$ ____	$3 \times 9 =$ ____
$0 \times 9 =$ ____	$2 \times 9 =$ ____	$9 \times 4 =$ ____	$9 \times 1 =$ ____
$5 \times 9 =$ ____	$9 \times 12 =$ ____	$9 \times 3 =$ ____	$9 \times 4 =$ ____
$9 \times 11 =$ ____	$9 \times 10 =$ ____	$9 \times 12 =$ ____	$9 \times 8 =$ ____
$8 \times 9 =$ ____	$4 \times 9 =$ ____	$5 \times 9 =$ ____	$9 \times 3 =$ ____
$9 \times 7 =$ ____	$9 \times 11 =$ ____	$9 \times 9 =$ ____	$9 \times 6 =$ ____
$9 \times 3 =$ ____	$0 \times 9 =$ ____	$2 \times 9 =$ ____	$9 \times 7 =$ ____
$9 \times 10 =$ ____	$9 \times 9 =$ ____	$8 \times 9 =$ ____	$9 \times 12 =$ ____

Day 45

TIME:

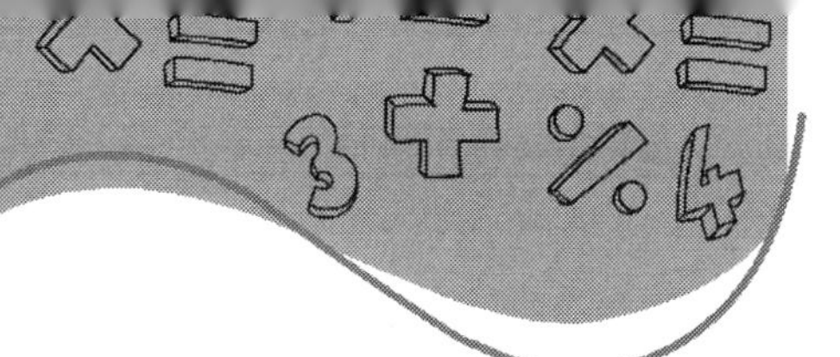

GOAL

8 years old – 13 minutes	9 years old – 10 minutes
10 years old – 6 minutes	11+ years old – 3 minutes

Multiplying by 9

$9 \times 8 =$ ____	$9 \times 6 =$ ____	$7 \times 9 =$ ____	$12 \times 9 =$ ____
$9 \times 1 =$ ____	$11 \times 9 =$ ____	$5 \times 9 =$ ____	$6 \times 9 =$ ____
$9 \times 10 =$ ____	$4 \times 9 =$ ____	$9 \times 9 =$ ____	$8 \times 9 =$ ____
$2 \times 9 =$ ____	$9 \times 12 =$ ____	$8 \times 9 =$ ____	$9 \times 12 =$ ____
$9 \times 0 =$ ____	$9 \times 7 =$ ____	$9 \times 1 =$ ____	$9 \times 3 =$ ____
$9 \times 9 =$ ____	$9 \times 4 =$ ____	$9 \times 7 =$ ____	$9 \times 6 =$ ____
$9 \times 3 =$ ____	$12 \times 9 =$ ____	$9 \times 11 =$ ____	$9 \times 10 =$ ____
$1 \times 9 =$ ____	$9 \times 2 =$ ____	$9 \times 3 =$ ____	$4 \times 9 =$ ____
$5 \times 9 =$ ____	$6 \times 9 =$ ____	$9 \times 5 =$ ____	$9 \times 8 =$ ____
$9 \times 9 =$ ____	$9 \times 10 =$ ____	$11 \times 9 =$ ____	$12 \times 9 =$ ____
$9 \times 6 =$ ____	$1 \times 9 =$ ____	$9 \times 10 =$ ____	$9 \times 5 =$ ____
$2 \times 9 =$ ____	$8 \times 9 =$ ____	$9 \times 9 =$ ____	$9 \times 7 =$ ____
$4 \times 9 =$ ____	$3 \times 9 =$ ____	$9 \times 6 =$ ____	$9 \times 11 =$ ____
$9 \times 7 =$ ____	$5 \times 9 =$ ____	$8 \times 9 =$ ____	$9 \times 2 =$ ____
$9 \times 3 =$ ____	$9 \times 11 =$ ____	$12 \times 9 =$ ____	$9 \times 9 =$ ____

TIME:

Day 46

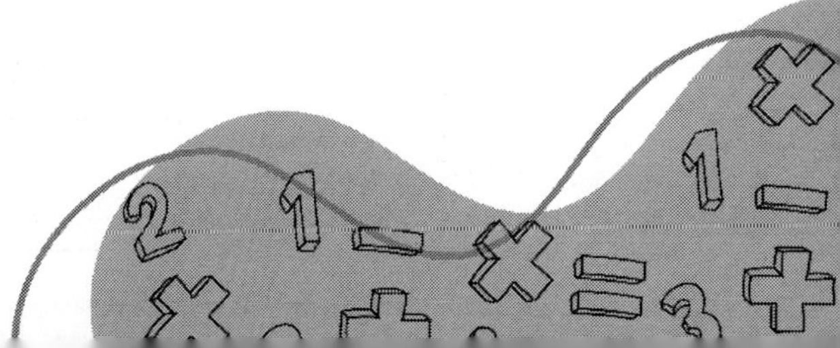

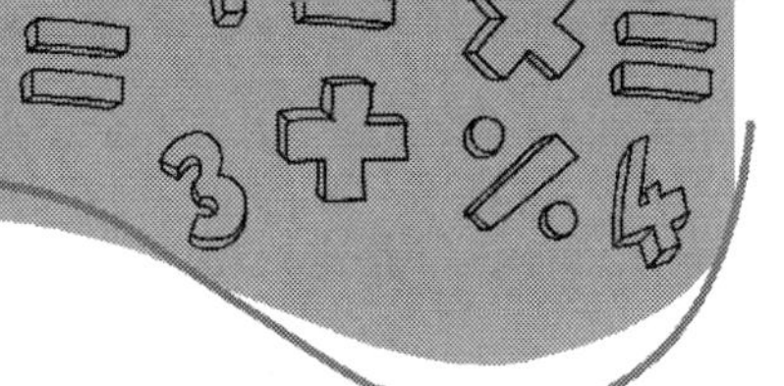

GOAL

8 years old – 13 minutes	9 years old – 10 minutes
10 years old – 6 minutes	11+ years old – 3 minutes

Multiplying by 9

$9 \times 4 =$ _____	$9 \times 1 =$ _____	$9 \times 6 =$ _____	$0 \times 9 =$ _____
$11 \times 9 =$ _____	$3 \times 9 =$ _____	$5 \times 9 =$ _____	$9 \times 9 =$ _____
$8 \times 9 =$ _____	$12 \times 9 =$ _____	$11 \times 9 =$ _____	$6 \times 9 =$ _____
$1 \times 9 =$ _____	$9 \times 8 =$ _____	$9 \times 10 =$ _____	$3 \times 9 =$ _____
$9 \times 3 =$ _____	$2 \times 9 =$ _____	$4 \times 9 =$ _____	$5 \times 9 =$ _____
$0 \times 9 =$ _____	$9 \times 9 =$ _____	$9 \times 7 =$ _____	$4 \times 9 =$ _____
$9 \times 8 =$ _____	$9 \times 4 =$ _____	$3 \times 9 =$ _____	$9 \times 11 =$ _____
$9 \times 9 =$ _____	$9 \times 12 =$ _____	$9 \times 2 =$ _____	$7 \times 9 =$ _____
$3 \times 9 =$ _____	$8 \times 9 =$ _____	$9 \times 5 =$ _____	$10 \times 9 =$ _____
$9 \times 2 =$ _____	$11 \times 9 =$ _____	$9 \times 4 =$ _____	$1 \times 9 =$ _____
$5 \times 9 =$ _____	$9 \times 9 =$ _____	$9 \times 12 =$ _____	$9 \times 9 =$ _____
$9 \times 6 =$ _____	$12 \times 9 =$ _____	$9 \times 7 =$ _____	$9 \times 3 =$ _____
$9 \times 12 =$ _____	$9 \times 9 =$ _____	$0 \times 9 =$ _____	$9 \times 6 =$ _____
$7 \times 9 =$ _____	$9 \times 0 =$ _____	$9 \times 1 =$ _____	$2 \times 9 =$ _____
$6 \times 9 =$ _____	$9 \times 10 =$ _____	$7 \times 9 =$ _____	$9 \times 8 =$ _____

TIME:

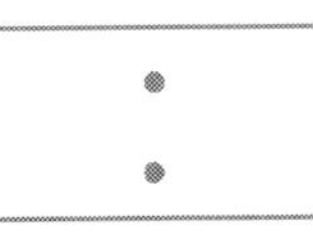

Day 47

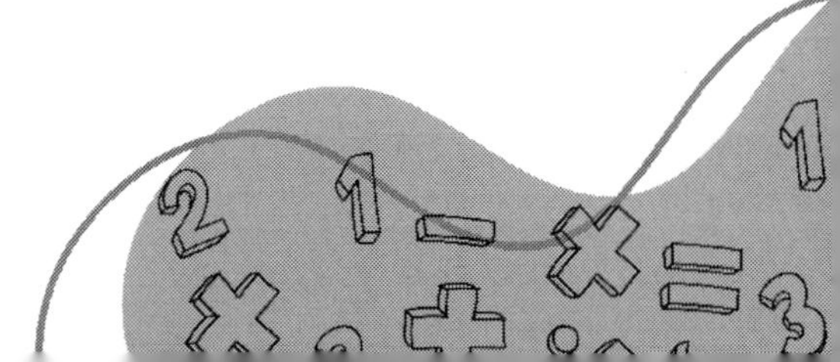

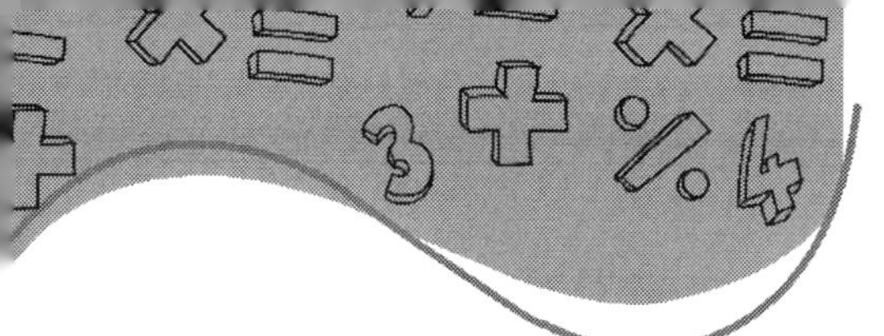

GOAL

8 years old – 13 minutes	9 years old – 10 minutes
10 years old – 6 minutes	11+ years old – 3 minutes

Mixed Multiplication

$6 \times 0 =$ ____	$6 \times 4 =$ ____	$3 \times 6 =$ ____	$8 \times 10 =$ ____
$1 \times 9 =$ ____	$4 \times 9 =$ ____	$11 \times 5 =$ ____	$0 \times 0 =$ ____
$3 \times 12 =$ ____	$5 \times 4 =$ ____	$2 \times 12 =$ ____	$7 \times 5 =$ ____
$12 \times 5 =$ ____	$3 \times 2 =$ ____	$6 \times 4 =$ ____	$7 \times 8 =$ ____
$6 \times 7 =$ ____	$12 \times 9 =$ ____	$4 \times 5 =$ ____	$9 \times 3 =$ ____
$2 \times 9 =$ ____	$7 \times 5 =$ ____	$8 \times 7 =$ ____	$3 \times 11 =$ ____
$10 \times 7 =$ ____	$3 \times 9 =$ ____	$5 \times 3 =$ ____	$5 \times 10 =$ ____
$2 \times 3 =$ ____	$8 \times 12 =$ ____	$9 \times 5 =$ ____	$2 \times 5 =$ ____
$11 \times 5 =$ ____	$8 \times 7 =$ ____	$7 \times 11 =$ ____	$3 \times 12 =$ ____
$4 \times 3 =$ ____	$12 \times 2 =$ ____	$12 \times 7 =$ ____	$6 \times 5 =$ ____
$6 \times 8 =$ ____	$7 \times 1 =$ ____	$10 \times 6 =$ ____	$8 \times 2 =$ ____
$5 \times 5 =$ ____	$2 \times 2 =$ ____	$4 \times 4 =$ ____	$6 \times 6 =$ ____
$9 \times 5 =$ ____	$1 \times 2 =$ ____	$11 \times 6 =$ ____	$9 \times 4 =$ ____
$9 \times 7 =$ ____	$11 \times 9 =$ ____	$4 \times 6 =$ ____	$9 \times 9 =$ ____
$9 \times 12 =$ ____	$12 \times 7 =$ ____	$8 \times 9 =$ ____	$5 \times 12 =$ ____

TIME:

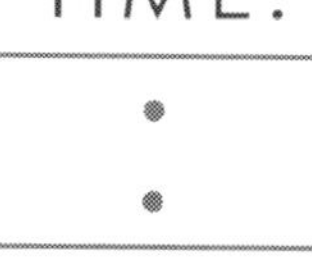

Day 48

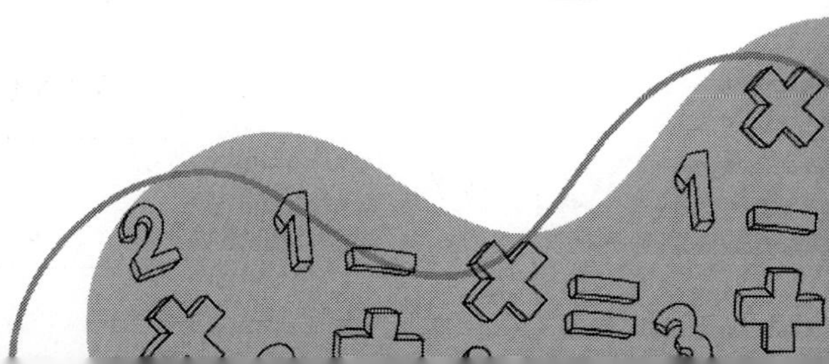

GOAL

8 years old – 13 minutes	9 years old – 10 minutes
10 years old – 6 minutes	11+ years old – 3 minutes

Mixed Multiplication

$4 \times 11 =$ ____	$7 \times 7 =$ ____	$8 \times 8 =$ ____	$1 \times 5 =$ ____
$11 \times 6 =$ ____	$12 \times 4 =$ ____	$8 \times 6 =$ ____	$2 \times 5 =$ ____
$5 \times 12 =$ ____	$3 \times 9 =$ ____	$12 \times 8 =$ ____	$3 \times 2 =$ ____
$5 \times 2 =$ ____	$1 \times 2 =$ ____	$11 \times 6 =$ ____	$2 \times 10 =$ ____
$6 \times 3 =$ ____	$8 \times 10 =$ ____	$3 \times 12 =$ ____	$7 \times 4 =$ ____
$7 \times 5 =$ ____	$12 \times 6 =$ ____	$0 \times 2 =$ ____	$2 \times 3 =$ ____
$2 \times 7 =$ ____	$10 \times 2 =$ ____	$8 \times 1 =$ ____	$2 \times 2 =$ ____
$5 \times 5 =$ ____	$9 \times 3 =$ ____	$6 \times 7 =$ ____	$2 \times 12 =$ ____
$0 \times 8 =$ ____	$11 \times 9 =$ ____	$11 \times 7 =$ ____	$3 \times 4 =$ ____
$9 \times 9 =$ ____	$4 \times 0 =$ ____	$3 \times 6 =$ ____	$9 \times 6 =$ ____
$11 \times 7 =$ ____	$8 \times 1 =$ ____	$4 \times 6 =$ ____	$8 \times 2 =$ ____
$4 \times 5 =$ ____	$2 \times 3 =$ ____	$7 \times 12 =$ ____	$12 \times 5 =$ ____
$5 \times 9 =$ ____	$5 \times 4 =$ ____	$5 \times 6 =$ ____	$6 \times 4 =$ ____
$7 \times 10 =$ ____	$5 \times 11 =$ ____	$10 \times 8 =$ ____	$6 \times 9 =$ ____
$8 \times 10 =$ ____	$9 \times 12 =$ ____	$8 \times 11 =$ ____	$11 \times 9 =$ ____

TIME:

Day 49

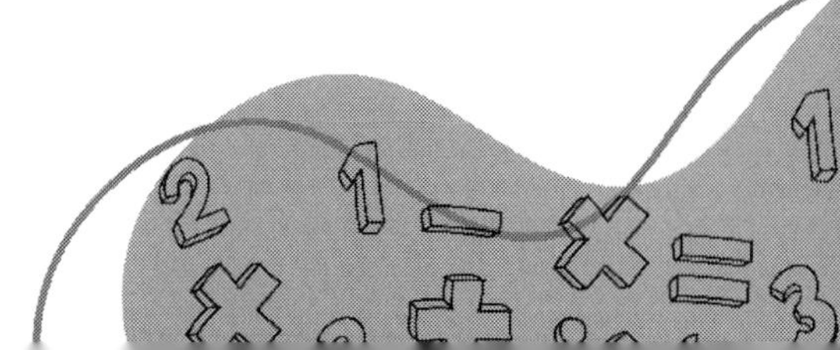

Weekly Bonus # 7

Arrays

Draw a rectangular array for each multiplication problem that is shown.
The example for 10 × 3 is provided.

5 × 10 4 × 2 12 × 7 9 × 4 3 × 6 8 × 1

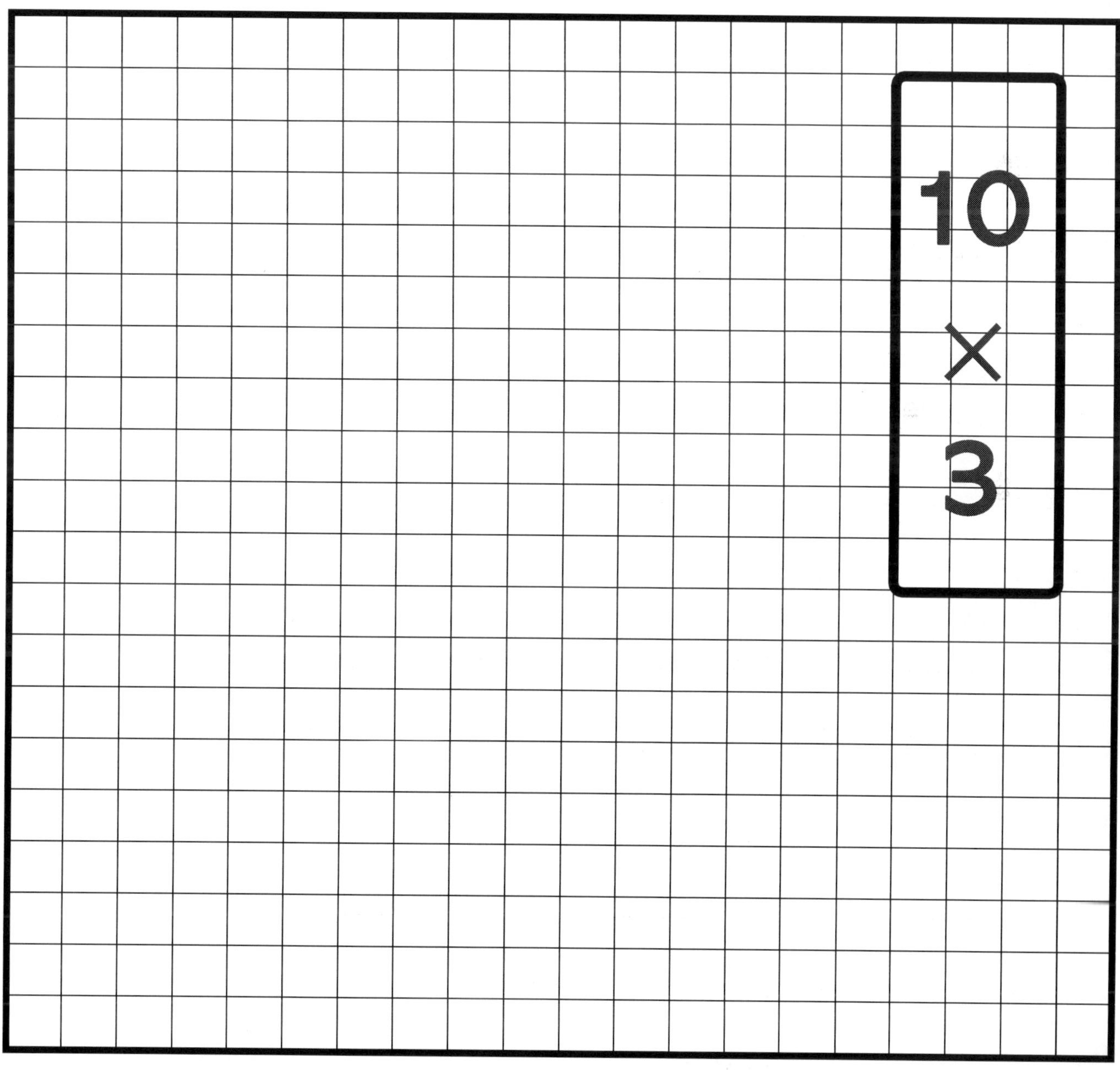

GOAL

8 years old – 13 minutes	9 years old – 10 minutes
10 years old – 6 minutes	11+ years old – 3 minutes

Mixed Multiplication

$8 \times 3 =$ ______	$0 \times 4 =$ ______	$9 \times 9 =$ ______	$1 \times 3 =$ ______
$8 \times 1 =$ ______	$10 \times 6 =$ ______	$2 \times 2 =$ ______	$12 \times 7 =$ ______
$12 \times 4 =$ ______	$7 \times 5 =$ ______	$8 \times 12 =$ ______	$10 \times 4 =$ ______
$10 \times 6 =$ ______	$4 \times 5 =$ ______	$9 \times 2 =$ ______	$10 \times 7 =$ ______
$2 \times 10 =$ ______	$7 \times 1 =$ ______	$6 \times 7 =$ ______	$4 \times 6 =$ ______
$3 \times 5 =$ ______	$10 \times 3 =$ ______	$8 \times 8 =$ ______	$8 \times 0 =$ ______
$4 \times 12 =$ ______	$8 \times 6 =$ ______	$2 \times 1 =$ ______	$8 \times 5 =$ ______
$0 \times 7 =$ ______	$6 \times 5 =$ ______	$4 \times 10 =$ ______	$5 \times 2 =$ ______
$6 \times 4 =$ ______	$2 \times 8 =$ ______	$3 \times 3 =$ ______	$8 \times 3 =$ ______
$5 \times 9 =$ ______	$1 \times 6 =$ ______	$7 \times 6 =$ ______	$11 \times 6 =$ ______
$6 \times 2 =$ ______	$2 \times 12 =$ ______	$4 \times 8 =$ ______	$4 \times 10 =$ ______
$9 \times 3 =$ ______	$7 \times 9 =$ ______	$5 \times 10 =$ ______	$2 \times 12 =$ ______
$10 \times 8 =$ ______	$3 \times 0 =$ ______	$10 \times 3 =$ ______	$5 \times 9 =$ ______
$12 \times 6 =$ ______	$11 \times 9 =$ ______	$2 \times 4 =$ ______	$10 \times 4 =$ ______
$12 \times 8 =$ ______	$9 \times 12 =$ ______	$9 \times 4 =$ ______	$2 \times 3 =$ ______

TIME:

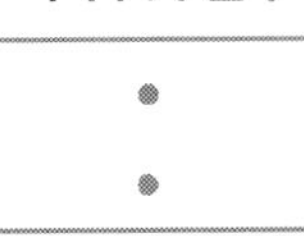

Day 50

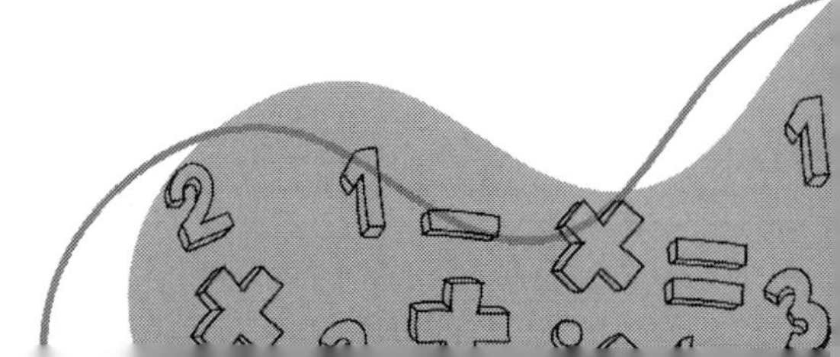

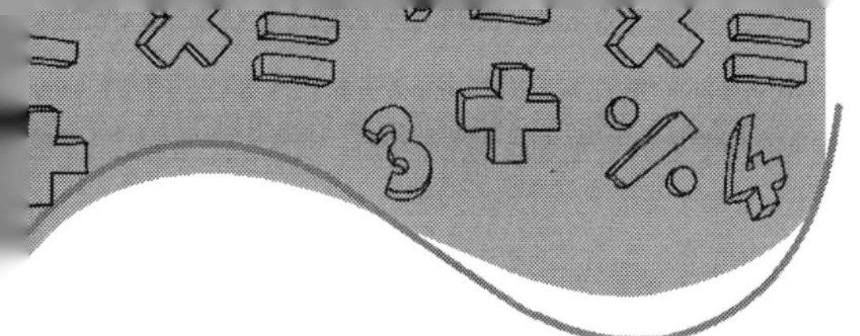

GOAL

8 years old – 7 minutes	9 years old – 4 minutes
10 years old – 3 minutes	11+ years old – 2 minutes

Multiplying by 10

10 × 6 = ______	7 × 10 = ______	9 × 10 = ______	12 × 10 = ______
10 × 3 = ______	6 × 10 = ______	5 × 10 = ______	10 × 8 = ______
2 × 10 = ______	0 × 10 = ______	10 × 12 = ______	10 × 10 = ______
10 × 10 = ______	10 × 4 = ______	11 × 10 = ______	10 × 2 = ______
12 × 10 = ______	2 × 10 = ______	10 × 3 = ______	6 × 10 = ______
3 × 10 = ______	8 × 10 = ______	10 × 10 = ______	10 × 3 = ______
6 × 10 = ______	9 × 10 = ______	10 × 1 = ______	10 × 5 = ______
10 × 0 = ______	10 × 10 = ______	2 × 10 = ______	10 × 9 = ______
10 × 12 = ______	4 × 10 = ______	8 × 10 = ______	0 × 10 = ______
10 × 7 = ______	10 × 3 = ______	9 × 10 = ______	10 × 10 = ______
5 × 10 = ______	1 × 10 = ______	12 × 10 = ______	10 × 11 = ______
10 × 11 = ______	9 × 10 = ______	10 × 4 = ______	2 × 10 = ______
4 × 10 = ______	10 × 5 = ______	10 × 6 = ______	7 × 10 = ______
10 × 8 = ______	10 × 10 = ______	10 × 9 = ______	3 × 10 – ______
7 × 10 = ______	11 × 10 = ______	10 × 7 = ______	10 × 4 = ______

TIME:

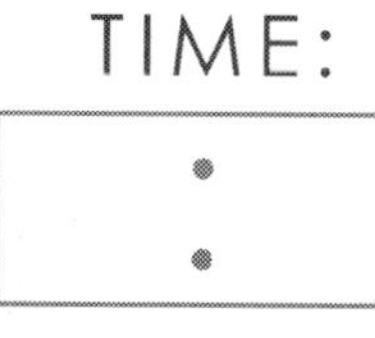

Day 51

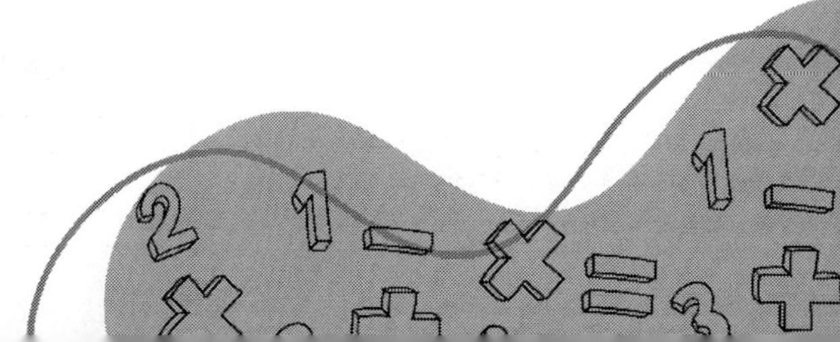

GOAL

8 years old – 7 minutes	9 years old – 4 minutes
10 years old – 3 minutes	11+ years old – 2 minutes

Multiplying by 10

$5 \times 10 =$ ______	$4 \times 10 =$ ______	$10 \times 9 =$ ______	$10 \times 7 =$ ______
$10 \times 11 =$ ______	$8 \times 10 =$ ______	$10 \times 3 =$ ______	$10 \times 0 =$ ______
$10 \times 6 =$ ______	$10 \times 10 =$ ______	$12 \times 10 =$ ______	$5 \times 10 =$ ______
$10 \times 12 =$ ______	$3 \times 10 =$ ______	$10 \times 11 =$ ______	$6 \times 10 =$ ______
$9 \times 10 =$ ______	$0 \times 10 =$ ______	$10 \times 2 =$ ______	$7 \times 10 =$ ______
$10 \times 10 =$ ______	$10 \times 12 =$ ______	$10 \times 9 =$ ______	$10 \times 8 =$ ______
$3 \times 10 =$ ______	$2 \times 10 =$ ______	$1 \times 10 =$ ______	$4 \times 10 =$ ______
$11 \times 10 =$ ______	$10 \times 8 =$ ______	$6 \times 10 =$ ______	$10 \times 10 =$ ______
$10 \times 1 =$ ______	$12 \times 10 =$ ______	$0 \times 10 =$ ______	$10 \times 2 =$ ______
$10 \times 5 =$ ______	$9 \times 10 =$ ______	$11 \times 10 =$ ______	$10 \times 1 =$ ______
$10 \times 12 =$ ______	$4 \times 10 =$ ______	$5 \times 10 =$ ______	$11 \times 10 =$ ______
$10 \times 3 =$ ______	$6 \times 10 =$ ______	$10 \times 10 =$ ______	$10 \times 9 =$ ______
$11 \times 10 =$ ______	$8 \times 10 =$ ______	$10 \times 4 =$ ______	$10 \times 10 =$ ______
$10 \times 7 =$ ______	$10 \times 5 =$ ______	$9 \times 10 =$ ______	$10 \times 12 =$ ______
$2 \times 10 =$ ______	$10 \times 6 =$ ______	$7 \times 10 =$ ______	$3 \times 10 =$ ______

TIME:

:

Day 52

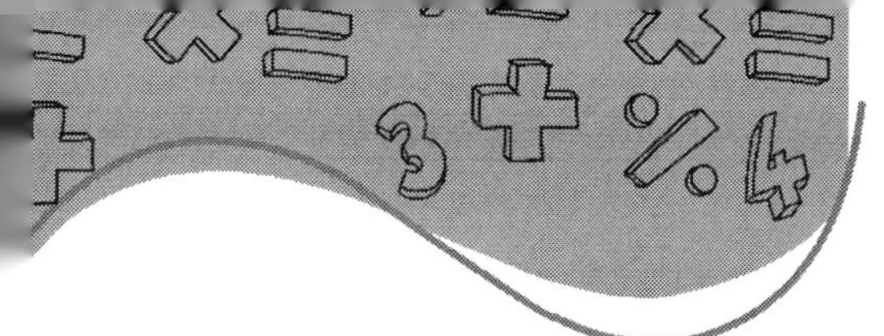

GOAL

8 years old – 7 minutes	9 years old – 4 minutes
10 years old – 3 minutes	11+ years old – 2 minutes

Multiplying by 10

$10 \times 3 =$ ______

$2 \times 10 =$ ______

$1 \times 10 =$ ______

$10 \times 0 =$ ______

$10 \times 10 =$ ______

$6 \times 10 =$ ______

$8 \times 10 =$ ______

$10 \times 11 =$ ______

$10 \times 7 =$ ______

$4 \times 10 =$ ______

$10 \times 11 =$ ______

$10 \times 10 =$ ______

$10 \times 4 =$ ______

$10 \times 9 =$ ______

$5 \times 10 =$ ______

$8 \times 10 =$ ______

$5 \times 10 =$ ______

$4 \times 10 =$ ______

$10 \times 12 =$ ______

$10 \times 2 =$ ______

$10 \times 5 =$ ______

$1 \times 10 =$ ______

$10 \times 10 =$ ______

$10 \times 0 =$ ______

$12 \times 10 =$ ______

$10 \times 10 =$ ______

$6 \times 10 =$ ______

$7 \times 10 =$ ______

$10 \times 3 =$ ______

$10 \times 8 =$ ______

$10 \times 1 =$ ______

$10 \times 10 =$ ______

$10 \times 3 =$ ______

$10 \times 9 =$ ______

$10 \times 5 =$ ______

$10 \times 0 =$ ______

$10 \times 4 =$ ______

$3 \times 10 =$ ______

$6 \times 10 =$ ______

$10 \times 11 =$ ______

$10 \times 8 =$ ______

$9 \times 10 =$ ______

$10 \times 10 =$ ______

$10 \times 12 =$ ______

$2 \times 10 =$ ______

$11 \times 10 =$ ______

$10 \times 12 =$ ______

$6 \times 10 =$ ______

$10 \times 8 =$ ______

$4 \times 10 =$ ______

$9 \times 10 =$ ______

$12 \times 10 =$ ______

$10 \times 2 =$ ______

$10 \times 5 =$ ______

$10 \times 6 =$ ______

$10 \times 3 =$ ______

$2 \times 10 =$ ______

$10 \times 1 =$ ______

$10 \times 7 =$ ______

$10 \times 11 =$ ______

TIME:

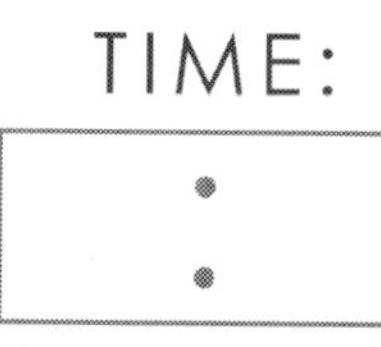

Day 53

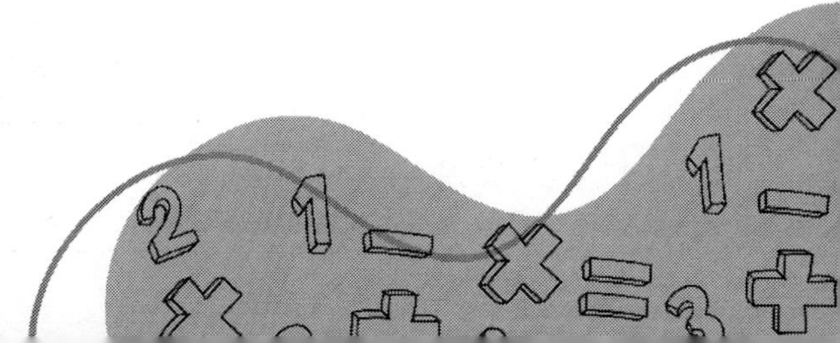

GOAL

8 years old – 13 minutes	9 years old – 10 minutes
10 years old – 6 minutes	11+ years old – 3 minutes

Mixed Multiplication

$10 \times 3 =$ ______	$8 \times 7 =$ ______	$11 \times 9 =$ ______	$5 \times 5 =$ ______
$12 \times 10 =$ ______	$9 \times 10 =$ ______	$3 \times 3 =$ ______	$6 \times 9 =$ ______
$0 \times 6 =$ ______	$8 \times 2 =$ ______	$11 \times 7 =$ ______	$6 \times 8 =$ ______
$3 \times 3 =$ ______	$9 \times 1 =$ ______	$2 \times 8 =$ ______	$12 \times 5 =$ ______
$4 \times 2 =$ ______	$5 \times 6 =$ ______	$9 \times 9 =$ ______	$12 \times 2 =$ ______
$12 \times 8 =$ ______	$2 \times 3 =$ ______	$2 \times 6 =$ ______	$7 \times 11 =$ ______
$6 \times 5 =$ ______	$7 \times 5 =$ ______	$8 \times 5 =$ ______	$7 \times 3 =$ ______
$9 \times 10 =$ ______	$5 \times 2 =$ ______	$10 \times 7 =$ ______	$12 \times 4 =$ ______
$3 \times 4 =$ ______	$3 \times 9 =$ ______	$11 \times 3 =$ ______	$9 \times 2 =$ ______
$9 \times 9 =$ ______	$1 \times 8 =$ ______	$6 \times 11 =$ ______	$2 \times 3 =$ ______
$4 \times 5 =$ ______	$10 \times 11 =$ ______	$8 \times 4 =$ ______	$10 \times 6 =$ ______
$7 \times 4 =$ ______	$3 \times 5 =$ ______	$3 \times 6 =$ ______	$5 \times 8 =$ ______
$9 \times 5 =$ ______	$7 \times 7 =$ ______	$5 \times 7 =$ ______	$0 \times 4 =$ ______
$9 \times 4 =$ ______	$10 \times 5 =$ ______	$8 \times 8 =$ ______	$10 \times 6 =$ ______
$12 \times 9 =$ ______	$2 \times 6 =$ ______	$7 \times 3 =$ ______	$7 \times 12 =$ ______

TIME:

Day 54

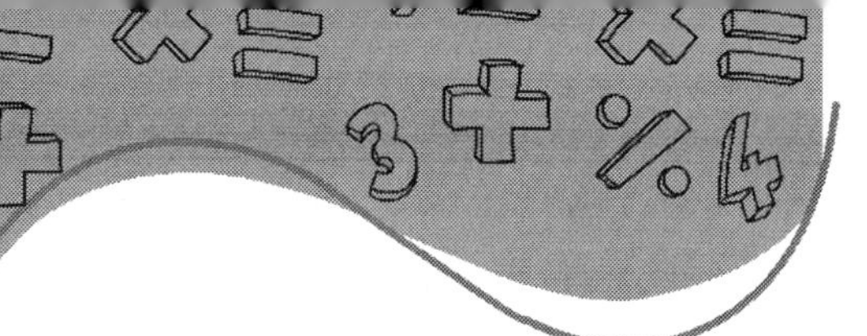

GOAL

8 years old – 13 minutes	9 years old – 10 minutes
10 years old – 6 minutes	11+ years old – 3 minutes

Mixed Multiplication

12 × 2 = ______	12 × 9 = ______	5 × 2 = ______	4 × 12 = ______
7 × 2 = ______	7 × 9 = ______	9 × 11 = ______	4 × 9 = ______
4 × 8 = ______	4 × 9 = ______	12 × 10 = ______	8 × 2 = ______
8 × 2 = ______	10 × 6 = ______	8 × 7 = ______	0 × 4 = ______
7 × 5 = ______	7 × 6 = ______	12 × 2 = ______	9 × 3 = ______
10 × 8 = ______	3 × 0 = ______	5 × 8 = ______	7 × 9 = ______
3 × 7 = ______	10 × 4 = ______	9 × 8 = ______	10 × 2 = ______
11 × 10 = ______	8 × 8 = ______	8 × 10 = ______	12 × 4 = ______
6 × 5 = ______	10 × 5 = ______	4 × 11 = ______	3 × 10 = ______
4 × 7 = ______	6 × 9 = ______	6 × 11 = ______	4 × 4 = ______
10 × 10 = ______	8 × 9 = ______	6 × 8 = ______	8 × 4 = ______
7 × 9 = ______	5 × 5 = ______	8 × 5 = ______	9 × 10 = ______
10 × 12 = ______	9 × 5 = ______	1 × 10 = ______	11 × 5 = ______
0 × 10 = ______	10 × 11 = ______	12 × 5 = ______	10 × 6 = ______
1 × 5 = ______	8 × 4 = ______	4 × 5 = ______	4 × 11 = ______

TIME:

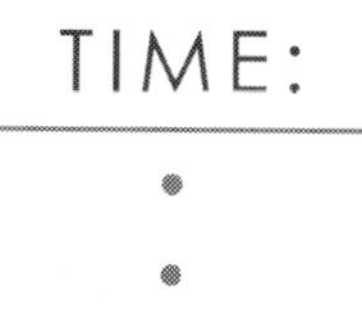

Day 55

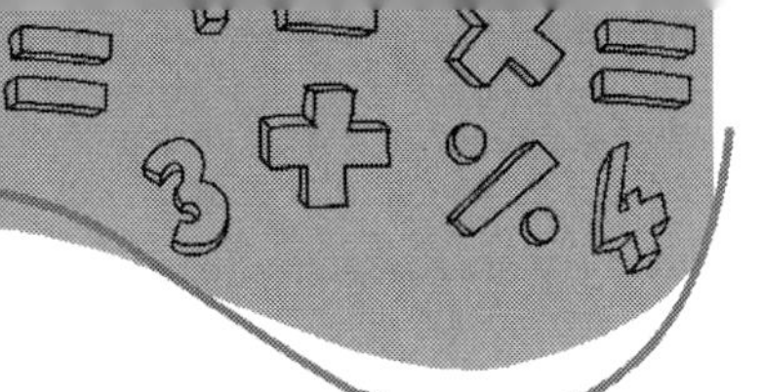

GOAL

8 years old – 13 minutes	9 years old – 10 minutes
10 years old – 6 minutes	11+ years old – 3 minutes

Mixed Multiplication

SCORE: /60

$9 \times 4 =$ ______	$1 \times 5 =$ ______	$10 \times 10 =$ ______	$9 \times 2 =$ ______
$11 \times 8 =$ ______	$2 \times 3 =$ ______	$10 \times 4 =$ ______	$7 \times 0 =$ ______
$3 \times 4 =$ ______	$3 \times 6 =$ ______	$12 \times 2 =$ ______	$3 \times 5 =$ ______
$0 \times 10 =$ ______	$10 \times 6 =$ ______	$9 \times 7 =$ ______	$9 \times 2 =$ ______
$5 \times 11 =$ ______	$9 \times 2 =$ ______	$9 \times 3 =$ ______	$4 \times 6 =$ ______
$10 \times 1 =$ ______	$6 \times 12 =$ ______	$11 \times 8 =$ ______	$7 \times 11 =$ ______
$12 \times 8 =$ ______	$11 \times 7 =$ ______	$10 \times 6 =$ ______	$9 \times 5 =$ ______
$7 \times 2 =$ ______	$3 \times 0 =$ ______	$12 \times 7 =$ ______	$9 \times 3 =$ ______
$6 \times 12 =$ ______	$2 \times 12 =$ ______	$10 \times 4 =$ ______	$6 \times 9 =$ ______
$3 \times 4 =$ ______	$7 \times 6 =$ ______	$11 \times 6 =$ ______	$8 \times 0 =$ ______
$3 \times 6 =$ ______	$2 \times 6 =$ ______	$4 \times 9 =$ ______	$12 \times 9 =$ ______
$9 \times 10 =$ ______	$0 \times 3 =$ ______	$10 \times 5 =$ ______	$3 \times 7 =$ ______
$7 \times 9 =$ ______	$10 \times 11 =$ ______	$9 \times 1 =$ ______	$2 \times 3 =$ ______
$6 \times 7 =$ ______	$8 \times 10 =$ ______	$7 \times 4 =$ ______	$1 \times 10 =$ ______
$8 \times 11 =$ ______	$5 \times 4 =$ ______	$10 \times 7 =$ ______	$2 \times 11 =$ ______

TIME:

Day 56

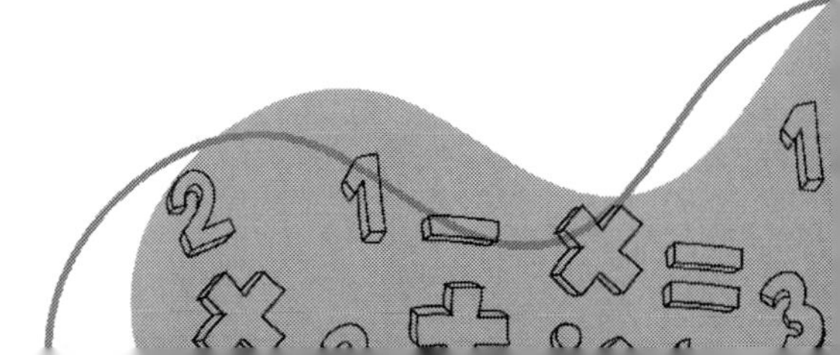

Weekly Bonus # 8

Multiplication Squares

Below are empty 2 by 2 squares. Each square has 4 empty spaces. Notice there are numbers written at the end of each row and beneath each column.

Fill in the empty spaces so that the numbers in each row multiply to the number at the end of the row and the numbers in each column multiply to the number at the bottom of the column. The first box is completed as an example.

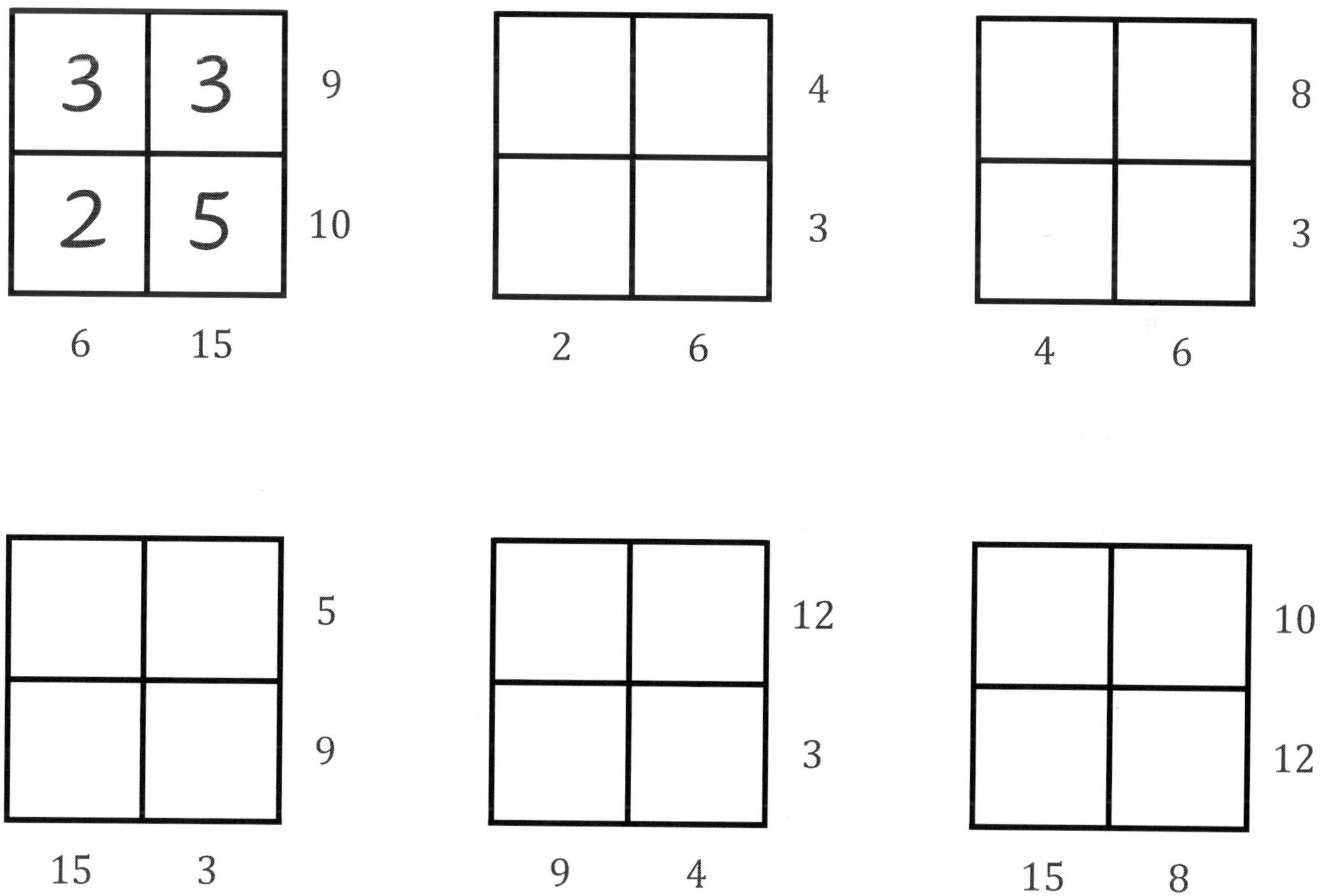

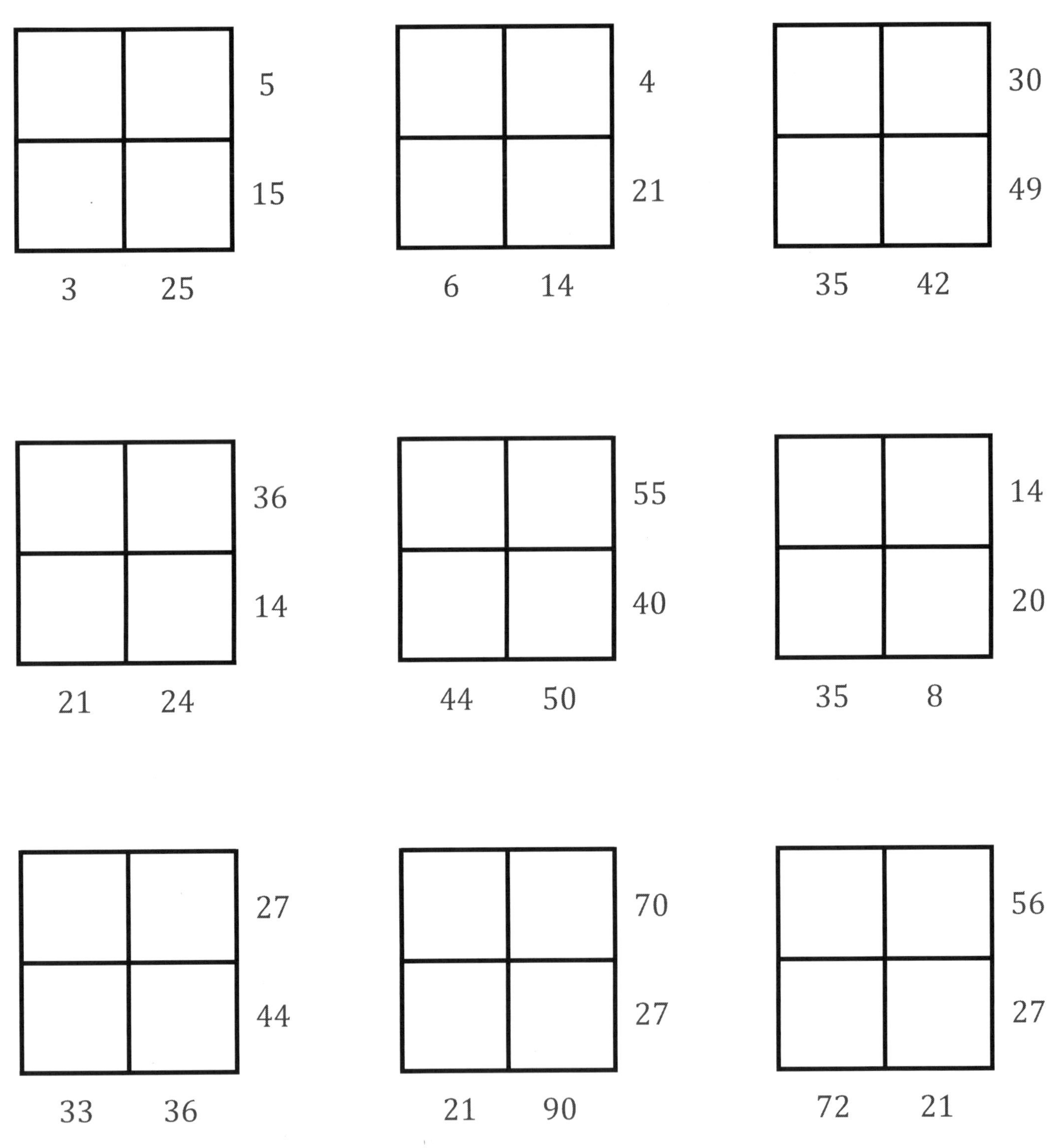
5
15
3
25
4
21
6
14
30
49
35
42
36
14
21
24
55
40
44
50
14
20
35
8
27
44
33
36
70
27
21
90
56
27
72
21

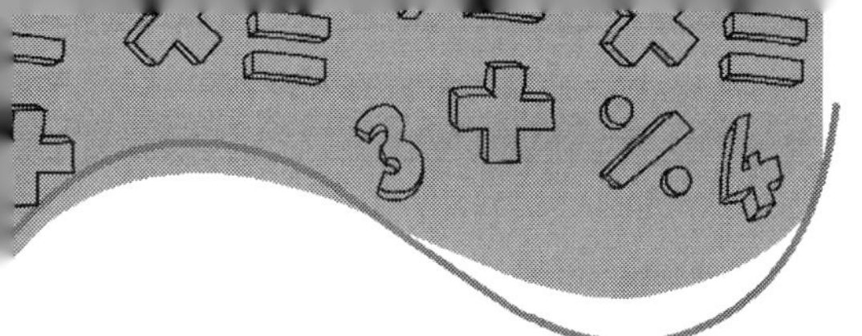

GOAL

8 years old – 7 minutes	9 years old – 4 minutes
10 years old – 3 minutes	11+ years old – 2 minutes

Multiplying by 11

$11 \times 9 =$ ______	$1 \times 11 =$ ______	$10 \times 11 =$ ______	$11 \times 12 =$ ______
$2 \times 11 =$ ______	$5 \times 11 =$ ______	$3 \times 11 =$ ______	$4 \times 11 =$ ______
$11 \times 7 =$ ______	$0 \times 11 =$ ______	$6 \times 11 =$ ______	$11 \times 5 =$ ______
$11 \times 11 =$ ______	$11 \times 2 =$ ______	$11 \times 5 =$ ______	$8 \times 11 =$ ______
$6 \times 11 =$ ______	$11 \times 5 =$ ______	$11 \times 0 =$ ______	$9 \times 11 =$ ______
$11 \times 8 =$ ______	$11 \times 1 =$ ______	$11 \times 4 =$ ______	$12 \times 11 =$ ______
$3 \times 11 =$ ______	$4 \times 11 =$ ______	$11 \times 7 =$ ______	$11 \times 2 =$ ______
$10 \times 11 =$ ______	$11 \times 11 =$ ______	$3 \times 11 =$ ______	$11 \times 9 =$ ______
$11 \times 12 =$ ______	$1 \times 11 =$ ______	$5 \times 11 =$ ______	$11 \times 11 =$ ______
$11 \times 3 =$ ______	$6 \times 11 =$ ______	$10 \times 11 =$ ______	$11 \times 4 =$ ______
$11 \times 11 =$ ______	$11 \times 8 =$ ______	$11 \times 4 =$ ______	$11 \times 10 =$ ______
$11 \times 7 =$ ______	$11 \times 5 =$ ______	$9 \times 11 =$ ______	$12 \times 11 =$ ______
$2 \times 11 =$ ______	$11 \times 6 =$ ______	$7 \times 11 =$ ______	$3 \times 11 =$ ______
$11 \times 11 =$ ______	$10 \times 11 =$ ______	$8 \times 11 -$ ______	$11 \times 7 =$ ______
$12 \times 11 =$ ______	$8 \times 11 =$ ______	$0 \times 11 =$ ______	$11 \times 11 =$ ______

TIME:

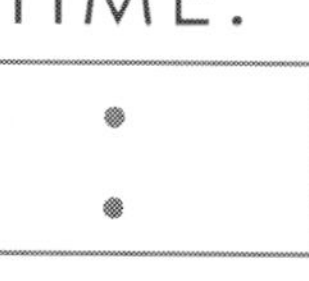

Day 57

GOAL

8 years old – 7 minutes	9 years old – 4 minutes
10 years old – 3 minutes	11+ years old – 2 minutes

Multiplying by 11

$8 \times 11 =$ ______	$3 \times 11 =$ ______	$0 \times 11 =$ ______	$11 \times 11 =$ ______
$11 \times 7 =$ ______	$11 \times 4 =$ ______	$11 \times 11 =$ ______	$11 \times 12 =$ ______
$11 \times 2 =$ ______	$12 \times 11 =$ ______	$11 \times 8 =$ ______	$7 \times 11 =$ ______
$11 \times 8 =$ ______	$11 \times 9 =$ ______	$11 \times 1 =$ ______	$11 \times 3 =$ ______
$7 \times 11 =$ ______	$1 \times 11 =$ ______	$11 \times 0 =$ ______	$11 \times 4 =$ ______
$11 \times 4 =$ ______	$11 \times 3 =$ ______	$11 \times 7 =$ ______	$8 \times 11 =$ ______
$0 \times 11 =$ ______	$11 \times 11 =$ ______	$12 \times 11 =$ ______	$11 \times 10 =$ ______
$1 \times 11 =$ ______	$11 \times 2 =$ ______	$3 \times 11 =$ ______	$11 \times 4 =$ ______
$5 \times 11 =$ ______	$11 \times 6 =$ ______	$7 \times 11 =$ ______	$11 \times 8 =$ ______
$9 \times 11 =$ ______	$11 \times 10 =$ ______	$11 \times 11 =$ ______	$11 \times 12 =$ ______
$4 \times 11 =$ ______	$11 \times 8 =$ ______	$11 \times 2 =$ ______	$11 \times 5 =$ ______
$11 \times 3 =$ ______	$11 \times 5 =$ ______	$4 \times 11 =$ ______	$6 \times 11 =$ ______
$12 \times 11 =$ ______	$6 \times 11 =$ ______	$11 \times 1 =$ ______	$2 \times 11 =$ ______
$10 \times 11 =$ ______	$0 \times 11 =$ ______	$11 \times 3 =$ ______	$11 \times 9 =$ ______
$11 \times 5 =$ ______	$9 \times 11 =$ ______	$11 \times 6 =$ ______	$11 \times 7 =$ ______

TIME:

Day 58

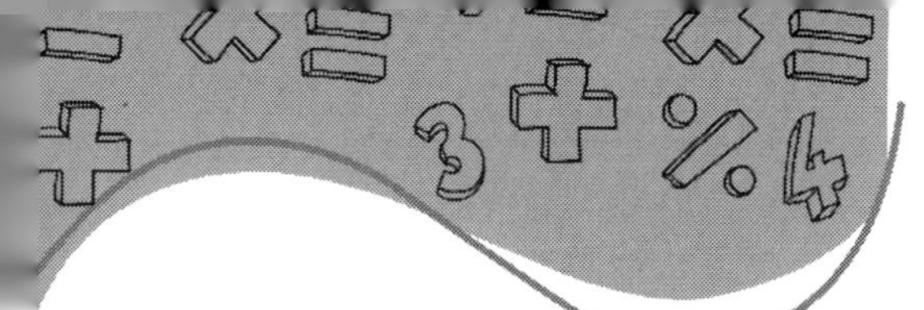

GOAL

8 years old – 7 minutes	9 years old – 4 minutes
10 years old – 3 minutes	11+ years old – 2 minutes

Multiplying by 11

11 × 4 = ______	11 × 1 = ______	11 × 2 = ______	11 × 8 = ______
0 × 11 = ______	9 × 11 = ______	11 × 7 = ______	11 × 11 = ______
7 × 11 = ______	2 × 11 = ______	10 × 11 = ______	6 × 11 = ______
11 × 2 = ______	0 × 11 = ______	11 × 5 = ______	11 × 9 = ______
11 × 10 = ______	11 × 4 = ______	11 × 6 = ______	7 × 11 = ______
11 × 11 = ______	11 × 2 = ______	11 × 3 = ______	10 × 11 = ______
12 × 11 = ______	1 × 11 = ______	5 × 11 = ______	11 × 0 = ______
11 × 7 = ______	11 × 11 = ______	6 × 11 = ______	11 × 4 = ______
11 × 5 = ______	11 × 0 = ______	11 × 10 = ______	5 × 11 = ______
3 × 11 = ______	6 × 11 = ______	11 × 1 = ______	11 × 11 = ______
11 × 8 = ______	11 × 5 = ______	11 × 2 = ______	3 × 11 = ______
11 × 0 = ______	7 × 11 = ______	4 × 11 = ______	8 × 11 = ______
9 × 11 = ______	11 × 3 = ______	12 × 11 = ______	11 × 7 = ______
4 × 11 = ______	8 × 11 = ______	11 × 3 − ______	11 × 5 = ______
2 × 11 = ______	12 × 11 = ______	11 × 9 = ______	11 × 12 = ______

TIME:

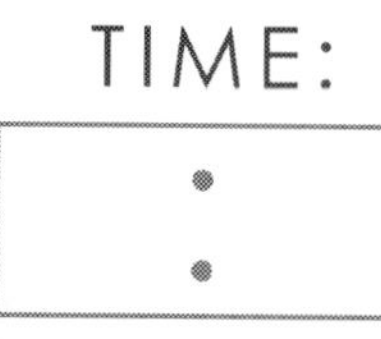

Day 59

GOAL

8 years old – 13 minutes	9 years old – 10 minutes
10 years old – 6 minutes	11+ years old – 3 minutes

Mixed Multiplication

0 × 5 = ______	4 × 12 = ______	11 × 11 = ______	4 × 10 = ______
6 × 7 = ______	12 × 3 = ______	6 × 2 = ______	7 × 5 = ______
2 × 0 = ______	9 × 12 = ______	4 × 7 = ______	7 × 11 = ______
8 × 11 = ______	11 × 3 = ______	11 × 9 = ______	6 × 1 = ______
1 × 4 = ______	5 × 7 = ______	12 × 7 = ______	6 × 12 = ______
8 × 2 = ______	12 × 10 = ______	7 × 6 = ______	4 × 12 = ______
4 × 11 = ______	10 × 6 = ______	2 × 7 = ______	9 × 5 = ______
3 × 2 = ______	8 × 5 = ______	9 × 6 = ______	9 × 7 = ______
4 × 4 = ______	7 × 8 = ______	10 × 11 = ______	6 × 6 = ______
7 × 11 = ______	8 × 0 = ______	5 × 12 = ______	4 × 6 = ______
12 × 11 = ______	6 × 11 = ______	10 × 8 = ______	9 × 10 = ______
4 × 8 = ______	3 × 5 = ______	8 × 2 = ______	11 × 10 = ______
3 × 7 = ______	11 × 12 = ______	11 × 9 = ______	4 × 2 = ______
7 × 12 = ______	3 × 8 = ______	10 × 7 = ______	3 × 9 = ______
5 × 11 = ______	12 × 4 = ______	11 × 4 = ______	11 × 11 = ______

TIME:

Day 60

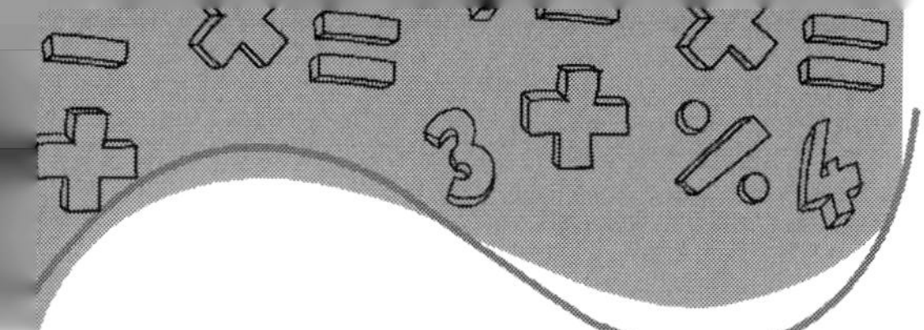

GOAL

8 years old – 13 minutes	9 years old – 10 minutes
10 years old – 6 minutes	11+ years old – 3 minutes

Mixed Multiplication

$0 \times 2 =$ ______	$12 \times 11 =$ ______	$10 \times 8 =$ ______	$10 \times 3 =$ ______
$12 \times 8 =$ ______	$1 \times 9 =$ ______	$9 \times 7 =$ ______	$2 \times 12 =$ ______
$1 \times 11 =$ ______	$3 \times 4 =$ ______	$0 \times 6 =$ ______	$7 \times 12 =$ ______
$2 \times 11 =$ ______	$8 \times 3 =$ ______	$3 \times 9 =$ ______	$12 \times 8 =$ ______
$4 \times 3 =$ ______	$4 \times 10 =$ ______	$2 \times 8 =$ ______	$10 \times 11 =$ ______
$10 \times 7 =$ ______	$11 \times 9 =$ ______	$9 \times 1 =$ ______	$2 \times 6 =$ ______
$10 \times 2 =$ ______	$2 \times 12 =$ ______	$0 \times 11 =$ ______	$10 \times 12 =$ ______
$0 \times 4 =$ ______	$3 \times 9 =$ ______	$4 \times 11 =$ ______	$3 \times 8 =$ ______
$2 \times 4 =$ ______	$2 \times 3 =$ ______	$8 \times 4 =$ ______	$7 \times 12 =$ ______
$4 \times 9 =$ ______	$1 \times 6 =$ ______	$8 \times 11 =$ ______	$5 \times 7 =$ ______
$2 \times 8 =$ ______	$6 \times 9 =$ ______	$3 \times 10 =$ ______	$5 \times 8 =$ ______
$9 \times 9 =$ ______	$8 \times 10 =$ ______	$12 \times 3 =$ ______	$8 \times 8 =$ ______
$5 \times 5 =$ ______	$6 \times 4 =$ ______	$7 \times 7 =$ ______	$11 \times 12 =$ ______
$11 \times 4 =$ ______	$5 \times 2 =$ ______	$2 \times 6 =$ ______	$6 \times 7 =$ ______
$5 \times 9 =$ ______	$10 \times 3 =$ ______	$12 \times 5 =$ ______	$8 \times 6 =$ ______

TIME:

Day 61

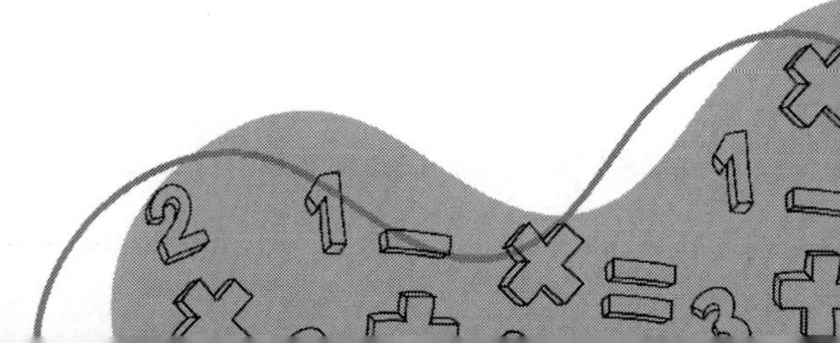

GOAL

8 years old – 13 minutes	9 years old – 10 minutes
10 years old – 6 minutes	11+ years old – 3 minutes

Mixed Multiplication

$6 \times 12 =$ ______	$8 \times 0 =$ ______	$3 \times 5 =$ ______	$11 \times 4 =$ ______
$11 \times 10 =$ ______	$1 \times 10 =$ ______	$2 \times 9 =$ ______	$11 \times 7 =$ ______
$12 \times 8 =$ ______	$5 \times 2 =$ ______	$8 \times 1 =$ ______	$4 \times 3 =$ ______
$3 \times 6 =$ ______	$11 \times 0 =$ ______	$3 \times 11 =$ ______	$9 \times 0 =$ ______
$2 \times 7 =$ ______	$1 \times 2 =$ ______	$0 \times 10 =$ ______	$2 \times 2 =$ ______
$8 \times 2 =$ ______	$9 \times 7 =$ ______	$12 \times 2 =$ ______	$5 \times 4 =$ ______
$11 \times 2 =$ ______	$12 \times 11 =$ ______	$7 \times 1 =$ ______	$8 \times 9 =$ ______
$5 \times 2 =$ ______	$2 \times 7 =$ ______	$4 \times 5 =$ ______	$1 \times 6 =$ ______
$8 \times 8 =$ ______	$12 \times 7 =$ ______	$8 \times 7 =$ ______	$10 \times 6 =$ ______
$2 \times 3 =$ ______	$9 \times 5 =$ ______	$5 \times 9 =$ ______	$12 \times 3 =$ ______
$7 \times 9 =$ ______	$8 \times 11 =$ ______	$11 \times 11 =$ ______	$10 \times 7 =$ ______
$2 \times 8 =$ ______	$5 \times 10 =$ ______	$11 \times 5 =$ ______	$6 \times 5 =$ ______
$12 \times 8 =$ ______	$3 \times 12 =$ ______	$8 \times 3 =$ ______	$4 \times 6 =$ ______
$5 \times 6 =$ ______	$5 \times 3 =$ ______	$7 \times 3 =$ ______	$8 \times 12 =$ ______
$8 \times 9 =$ ______	$11 \times 4 =$ ______	$6 \times 8 =$ ______	$7 \times 10 =$ ______

Day 62

TIME:

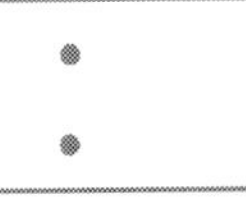

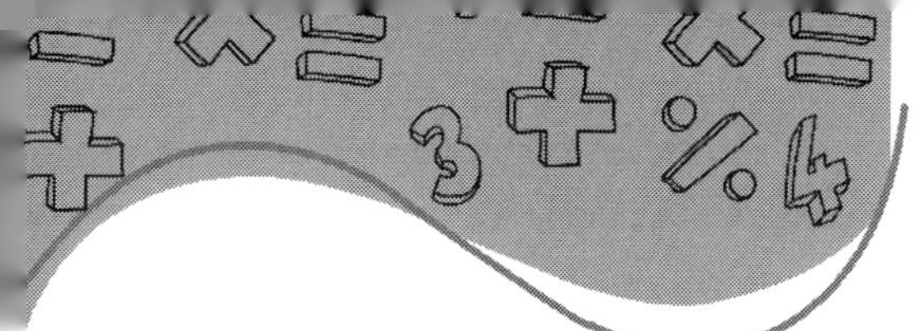

GOAL

8 years old – 13 minutes	9 years old – 10 minutes
10 years old – 6 minutes	11+ years old – 3 minutes

Mixed Multiplication

5 × 11 = ______	9 × 1 = ______	4 × 6 = ______	12 × 5 = ______
10 × 10 = ______	2 × 11 = ______	3 × 10 = ______	12 × 8 = ______
11 × 7 = ______	4 × 3 = ______	9 × 2 = ______	5 × 4 = ______
4 × 7 = ______	12 × 1 = ______	4 × 12 = ______	8 × 12 = ______
3 × 8 = ______	11 × 6 = ______	4 × 8 = ______	8 × 9 = ______
12 × 6 = ______	9 × 4 = ______	10 × 10 = ______	6 × 2 = ______
6 × 6 = ______	1 × 7 = ______	2 × 4 = ______	0 × 5 = ______
1 × 8 = ______	3 × 6 = ______	1 × 2 = ______	11 × 8 = ______
8 × 11 = ______	2 × 10 = ______	3 × 11 = ______	11 × 3 = ______
11 × 5 = ______	9 × 2 = ______	11 × 7 = ______	5 × 1 = ______
9 × 10 = ______	12 × 5 = ______	11 × 9 = ______	10 × 6 = ______
1 × 12 = ______	10 × 6 = ______	7 × 10 = ______	6 × 6 = ______
4 × 4 = ______	11 × 5 = ______	10 × 2 = ______	6 × 8 = ______
9 × 9 = ______	12 × 2 = ______	2 × 11 = ______	2 × 2 = ______
7 × 11 = ______	12 × 6 = ______	8 × 9 = ______	3 × 12 = ______

TIME:

Day 63

Weekly Bonus # 9

Find the Path

Begin with the "Start" number and highlight the correct path to reach the "End" number.

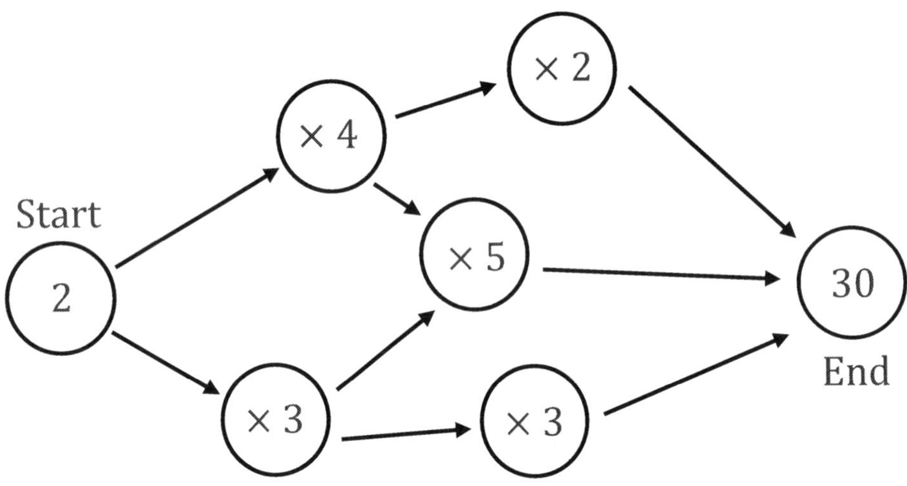

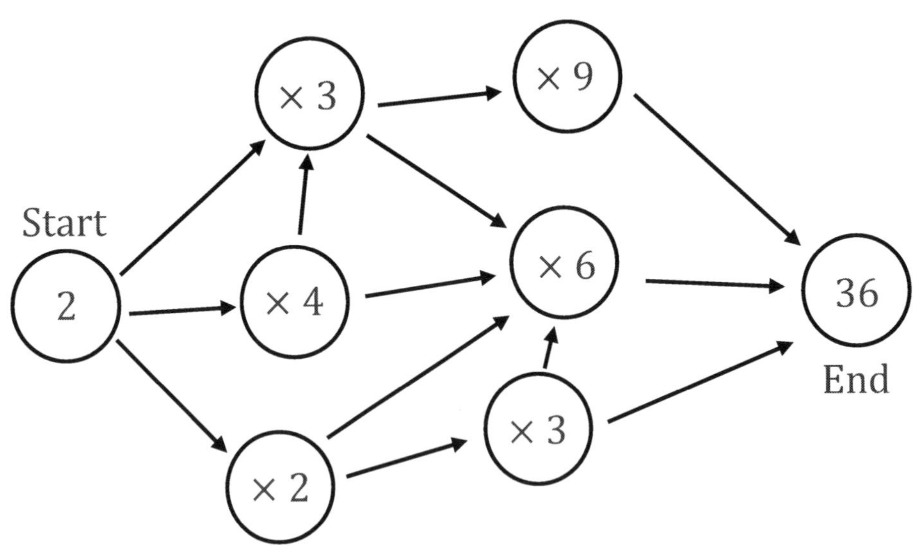

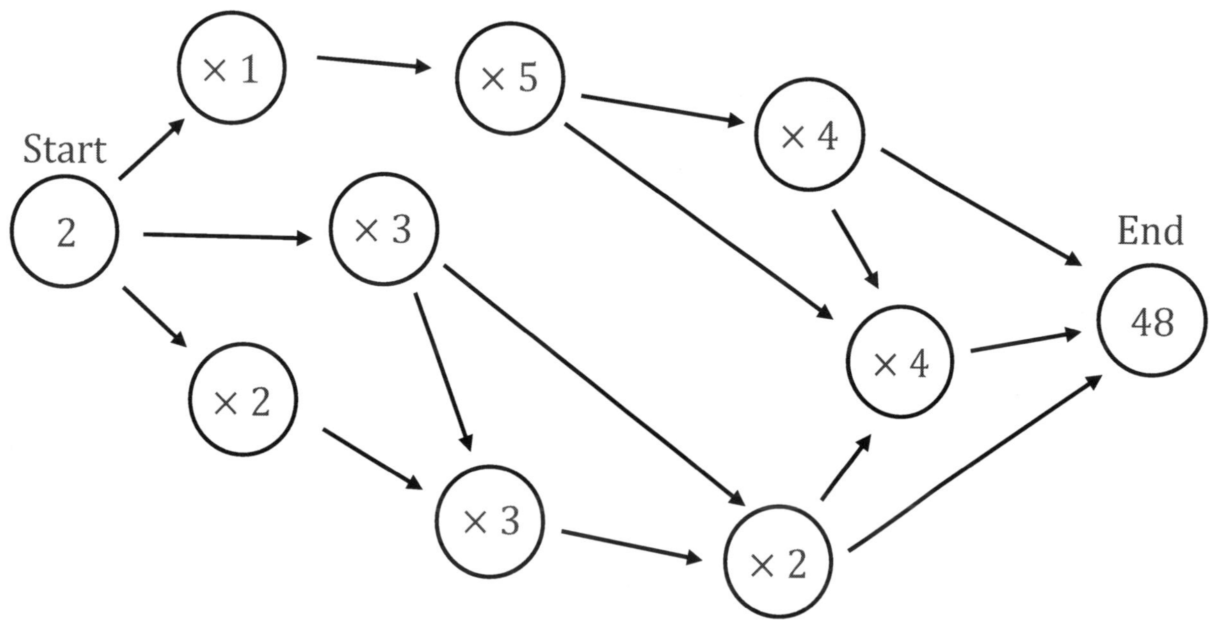
Start
2
× 1
× 3
× 2
× 5
× 3
× 4
× 4
× 2
End
48

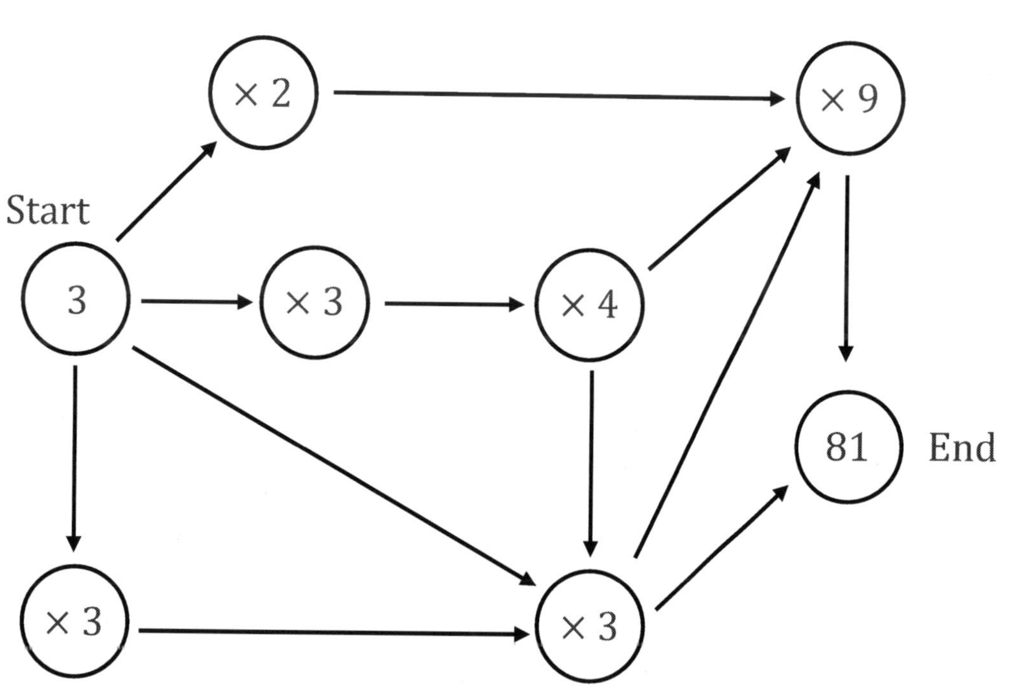
Start
3
× 2
× 3
× 4
× 3
× 3
× 9
81
End

GOAL

8 years old – 18 minutes	9 years old – 13 minutes
10 years old – 8 minutes	11+ years old – 3 minutes

Multiplying by 12

$8 \times 12 =$ ______	$12 \times 9 =$ ______	$0 \times 12 =$ ______	$12 \times 12 =$ ______
$12 \times 4 =$ ______	$12 \times 3 =$ ______	$12 \times 11 =$ ______	$12 \times 5 =$ ______
$5 \times 12 =$ ______	$11 \times 12 =$ ______	$7 \times 12 =$ ______	$12 \times 6 =$ ______
$12 \times 6 =$ ______	$12 \times 2 =$ ______	$4 \times 12 =$ ______	$12 \times 12 =$ ______
$12 \times 11 =$ ______	$12 \times 8 =$ ______	$9 \times 12 =$ ______	$12 \times 10 =$ ______
$6 \times 12 =$ ______	$10 \times 12 =$ ______	$5 \times 12 =$ ______	$1 \times 12 =$ ______
$12 \times 3 =$ ______	$12 \times 5 =$ ______	$11 \times 12 =$ ______	$7 \times 12 =$ ______
$12 \times 8 =$ ______	$12 \times 3 =$ ______	$12 \times 10 =$ ______	$12 \times 11 =$ ______
$12 \times 12 =$ ______	$12 \times 0 =$ ______	$12 \times 2 =$ ______	$3 \times 12 =$ ______
$12 \times 1 =$ ______	$12 \times 11 =$ ______	$5 \times 12 =$ ______	$6 \times 12 =$ ______
$7 \times 12 =$ ______	$12 \times 6 =$ ______	$8 \times 12 =$ ______	$12 \times 9 =$ ______
$12 \times 11 =$ ______	$12 \times 12 =$ ______	$10 \times 12 =$ ______	$7 \times 12 =$ ______
$9 \times 12 =$ ______	$1 \times 12 =$ ______	$6 \times 12 =$ ______	$9 \times 12 =$ ______
$12 \times 12 =$ ______	$11 \times 12 =$ ______	$5 \times 12 =$ ______	$12 \times 7 =$ ______
$10 \times 12 =$ ______	$3 \times 12 =$ ______	$12 \times 0 =$ ______	$4 \times 12 =$ ______

TIME:

Day 64

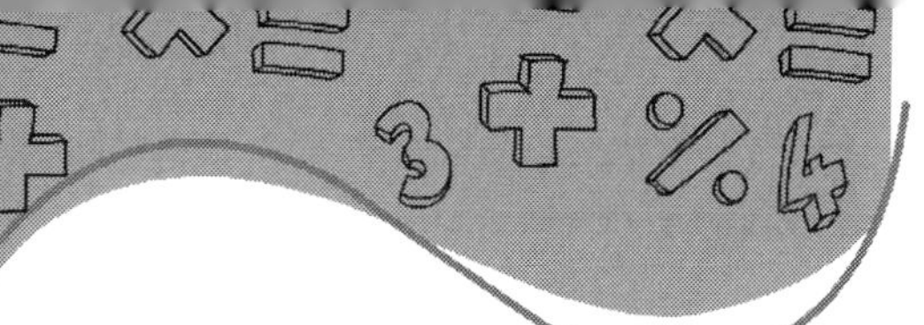

GOAL

8 years old – 18 minutes	9 years old – 13 minutes
10 years old – 8 minutes	11+ years old – 3 minutes

Multiplying by 12

$8 \times 12 =$ ______	$12 \times 2 =$ ______	$3 \times 12 =$ ______	$12 \times 11 =$ ______
$12 \times 9 =$ ______	$12 \times 3 =$ ______	$12 \times 12 =$ ______	$12 \times 8 =$ ______
$1 \times 12 =$ ______	$10 \times 12 =$ ______	$2 \times 12 =$ ______	$12 \times 4 =$ ______
$12 \times 2 =$ ______	$12 \times 0 =$ ______	$9 \times 12 =$ ______	$10 \times 12 =$ ______
$12 \times 10 =$ ______	$12 \times 6 =$ ______	$1 \times 12 =$ ______	$12 \times 12 =$ ______
$8 \times 12 =$ ______	$12 \times 12 =$ ______	$7 \times 12 =$ ______	$5 \times 12 =$ ______
$12 \times 5 =$ ______	$12 \times 9 =$ ______	$12 \times 11 =$ ______	$9 \times 12 =$ ______
$12 \times 3 =$ ______	$12 \times 1 =$ ______	$10 \times 12 =$ ______	$12 \times 11 =$ ______
$10 \times 12 =$ ______	$12 \times 7 =$ ______	$12 \times 9 =$ ______	$5 \times 12 =$ ______
$12 \times 6 =$ ______	$12 \times 10 =$ ______	$5 \times 12 =$ ______	$6 \times 12 =$ ______
$1 \times 12 =$ ______	$12 \times 4 =$ ______	$7 \times 12 =$ ______	$12 \times 0 =$ ______
$11 \times 12 =$ ______	$12 \times 12 =$ ______	$10 \times 12 =$ ______	$2 \times 12 =$ ______
$5 \times 12 =$ ______	$6 \times 12 =$ ______	$6 \times 12 =$ ______	$9 \times 12 =$ ______
$12 \times 12 =$ ______	$12 \times 11 =$ ______	$8 \times 12 =$ ______	$12 \times 8 =$ ______
$12 \times 10 =$ ______	$0 \times 12 =$ ______	$12 \times 4 =$ ______	$6 \times 12 =$ ______

TIME:
:

Day 65

GOAL

8 years old – 18 minutes	9 years old – 13 minutes
10 years old – 8 minutes	11+ years old – 3 minutes

Multiplying by 12

$7 \times 12 =$ ______ $2 \times 12 =$ ______ $12 \times 8 =$ ______ $4 \times 12 =$ ______

$3 \times 12 =$ ______ $0 \times 12 =$ ______ $12 \times 12 =$ ______ $5 \times 12 =$ ______

$12 \times 4 =$ ______ $12 \times 9 =$ ______ $1 \times 12 =$ ______ $8 \times 12 =$ ______

$12 \times 2 =$ ______ $12 \times 4 =$ ______ $6 \times 12 =$ ______ $12 \times 12 =$ ______

$12 \times 11 =$ ______ $5 \times 12 =$ ______ $12 \times 3 =$ ______ $12 \times 1 =$ ______

$12 \times 0 =$ ______ $12 \times 1 =$ ______ $12 \times 11 =$ ______ $10 \times 12 =$ ______

$12 \times 9 =$ ______ $8 \times 12 =$ ______ $12 \times 12 =$ ______ $12 \times 8 =$ ______

$12 \times 6 =$ ______ $12 \times 12 =$ ______ $12 \times 9 =$ ______ $2 \times 12 =$ ______

$12 \times 11 =$ ______ $12 \times 10 =$ ______ $8 \times 12 =$ ______ $12 \times 3 =$ ______

$12 \times 7 =$ ______ $6 \times 12 =$ ______ $12 \times 12 =$ ______ $12 \times 6 =$ ______

$12 \times 12 =$ ______ $4 \times 12 =$ ______ $0 \times 12 =$ ______ $12 \times 7 =$ ______

$5 \times 12 =$ ______ $11 \times 12 =$ ______ $12 \times 4 =$ ______ $9 \times 12 =$ ______

$2 \times 12 =$ ______ $12 \times 6 =$ ______ $5 \times 12 =$ ______ $12 \times 12 =$ ______

$6 \times 12 =$ ______ $12 \times 11 =$ ______ $12 \times 10 =$ ______ $0 \times 12 =$ ______

$12 \times 12 =$ ______ $12 \times 9 =$ ______ $12 \times 12 =$ ______ $12 \times 11 =$ ______

TIME:

Day 66

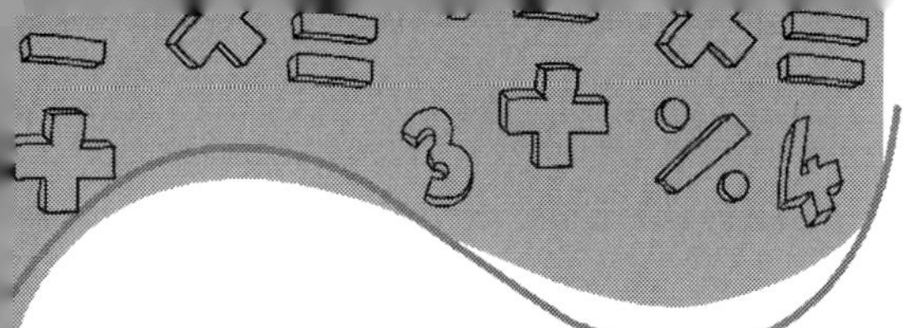

GOAL

8 years old – 13 minutes	9 years old – 10 minutes
10 years old – 6 minutes	11+ years old – 3 minutes

Mixed Multiplication

4 × 7 = ____	9 × 3 = ____	6 × 11 = ____	4 × 11 = ____
5 × 6 = ____	5 × 11 = ____	6 × 8 = ____	5 × 10 = ____
4 × 5 = ____	12 × 7 = ____	10 × 4 = ____	6 × 4 = ____
9 × 0 = ____	11 × 10 = ____	2 × 12 = ____	2 × 7 = ____
8 × 10 = ____	4 × 4 = ____	7 × 4 = ____	5 × 5 = ____
7 × 12 = ____	2 × 11 = ____	12 × 6 =	12 × 7 = ____
8 × 11 = ____	10 × 9 = ____	4 × 0 = ____	2 × 8 = ____
6 × 10 = ____	11 × 11 = ____	4 × 11 = ____	1 × 4 = ____
11 × 2 = ____	2 × 3 = ____	7 × 10 = ____	5 × 9 = ____
11 × 5 = ____	3 × 12 = ____	3 × 4 = ____	9 × 7 = ____
12 × 6 = ____	10 × 3 = ____	11 × 7 = ____	11 × 5 = ____
11 × 1 = ____	12 × 11 = ____	11 × 0 = ____	11 × 12 = ____
10 × 11 = ____	8 × 5 = ____	12 × 4 = ____	6 × 12 = ____
10 × 12 = ____	5 × 10 = ____	10 × 10 = ____	2 × 7 = ____
11 × 11 = ____	12 × 9 = ____	2 × 4 = ____	9 × 4 = ____

TIME:

:

Day 67

GOAL

8 years old – 13 minutes	9 years old – 10 minutes
10 years old – 6 minutes	11+ years old – 3 minutes

Mixed Multiplication

$10 \times 11 =$ ______	$4 \times 2 =$ ______	$2 \times 5 =$ ______	$11 \times 1 =$ ______
$0 \times 8 =$ ______	$8 \times 3 =$ ______	$12 \times 8 =$ ______	$9 \times 2 =$ ______
$6 \times 6 =$ ______	$9 \times 0 =$ ______	$5 \times 4 =$ ______	$10 \times 6 =$ ______
$3 \times 1 =$ ______	$9 \times 12 =$ ______	$5 \times 12 =$ ______	$8 \times 2 =$ ______
$9 \times 9 =$ ______	$7 \times 9 =$ ______	$7 \times 2 =$ ______	$7 \times 10 =$ ______
$11 \times 2 =$ ______	$3 \times 8 =$ ______	$9 \times 10 =$ ______	$0 \times 11 =$ ______
$12 \times 9 =$ ______	$9 \times 11 =$ ______	$12 \times 5 =$ ______	$12 \times 8 =$ ______
$3 \times 10 =$ ______	$12 \times 11 =$ ______	$3 \times 11 =$ ______	$1 \times 2 =$ ______
$3 \times 3 =$ ______	$8 \times 2 =$ ______	$11 \times 1 =$ ______	$8 \times 12 =$ ______
$11 \times 3 =$ ______	$6 \times 3 =$ ______	$4 \times 2 =$ ______	$8 \times 5 =$ ______
$9 \times 6 =$ ______	$4 \times 11 =$ ______	$4 \times 6 =$ ______	$7 \times 3 =$ ______
$5 \times 8 =$ ______	$6 \times 11 =$ ______	$10 \times 9 =$ ______	$5 \times 7 =$ ______
$7 \times 6 =$ ______	$7 \times 2 =$ ______	$10 \times 3 =$ ______	$3 \times 6 =$ ______
$9 \times 10 =$ ______	$3 \times 2 =$ ______	$4 \times 4 =$ ______	$5 \times 4 =$ ______
$4 \times 7 =$ ______	$7 \times 5 =$ ______	$5 \times 5 =$ ______	$7 \times 7 =$ ______

TIME:

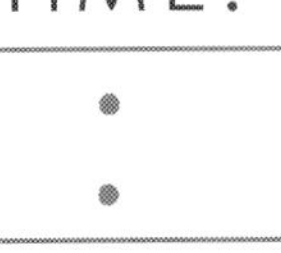

Day 68

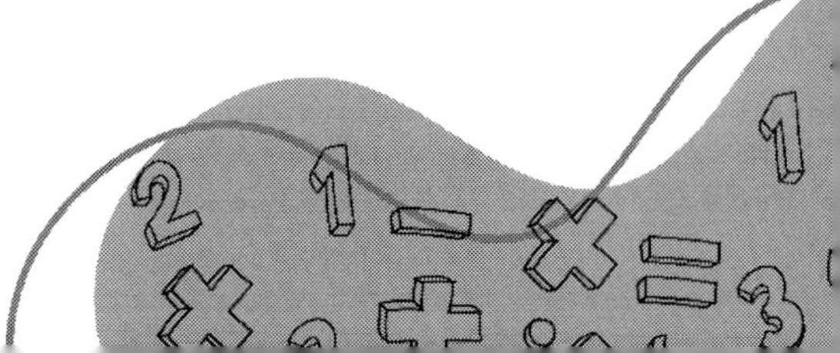

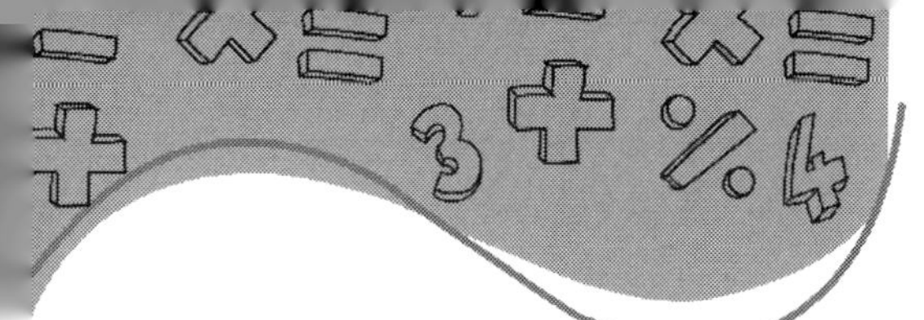

GOAL

8 years old – 13 minutes	9 years old – 10 minutes
10 years old – 6 minutes	11+ years old – 3 minutes

Mixed Multiplication

$4 \times 12 =$ ______	$6 \times 7 =$ ______	$5 \times 9 =$ ______	$3 \times 6 =$ ______
$6 \times 3 =$ ______	$6 \times 4 =$ ______	$1 \times 3 =$ ______	$3 \times 8 =$ ______
$10 \times 10 =$ ______	$9 \times 8 =$ ______	$10 \times 8 =$ ______	$2 \times 10 =$ ______
$1 \times 10 =$ ______	$0 \times 6 =$ ______	$4 \times 10 =$ ______	$12 \times 10 =$ ______
$4 \times 5 =$ ______	$11 \times 10 =$ ______	$7 \times 1 =$ ______	$8 \times 3 =$ ______
$8 \times 5 =$ ______	$3 \times 7 =$ ______	$4 \times 9 =$ ______	$9 \times 8 =$ ______
$5 \times 2 =$ ______	$11 \times 3 =$ ______	$4 \times 5 =$ ______	$4 \times 6 =$ ______
$8 \times 0 =$ ______	$6 \times 8 =$ ______	$1 \times 8 =$ ______	$12 \times 3 =$ ______
$9 \times 2 =$ ______	$8 \times 8 =$ ______	$9 \times 7 =$ ______	$12 \times 7 =$ ______
$0 \times 6 =$ ______	$4 \times 2 =$ ______	$7 \times 3 =$ ______	$6 \times 11 =$ ______
$4 \times 4 =$ ______	$4 \times 6 =$ ______	$10 \times 11 =$ ______	$3 \times 5 =$ ______
$11 \times 7 =$ ______	$0 \times 5 =$ ______	$10 \times 7 =$ ______	$8 \times 8 =$ ______
$3 \times 12 =$ ______	$12 \times 8 =$ ______	$9 \times 2 =$ ______	$4 \times 10 =$ ______
$12 \times 7 =$ ______	$12 \times 3 =$ ______	$12 \times 9 =$ ______	$9 \times 6 =$ ______
$2 \times 11 =$ ______	$5 \times 4 =$ ______	$2 \times 7 =$ ______	$7 \times 12 =$ ______

TIME:

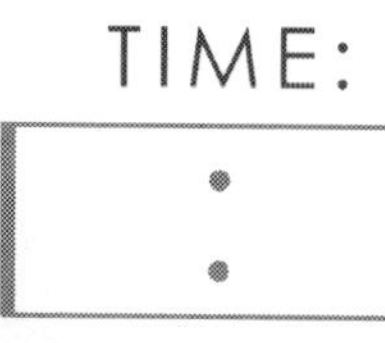

Day 69

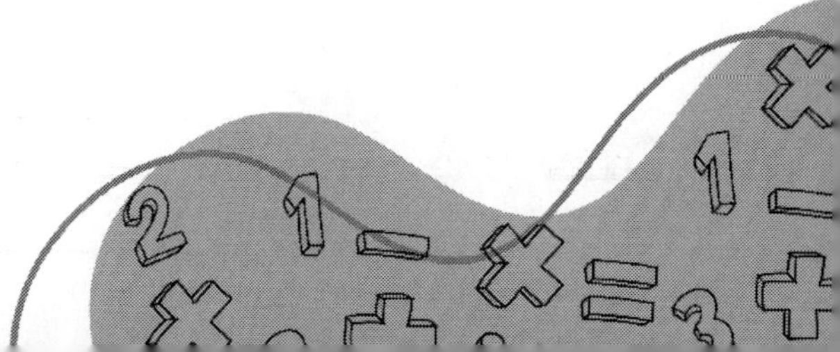

GOAL

8 years old – 13 minutes	9 years old – 10 minutes
10 years old – 6 minutes	11+ years old – 3 minutes

Mixed Multiplication

$6 \times 3 =$ ______	$5 \times 11 =$ ______	$12 \times 9 =$ ______	$9 \times 3 =$ ______
$7 \times 0 =$ ______	$10 \times 0 =$ ______	$1 \times 12 =$ ______	$7 \times 12 =$ ______
$7 \times 3 =$ ______	$6 \times 7 =$ ______	$7 \times 5 =$ ______	$5 \times 8 =$ ______
$8 \times 3 =$ ______	$1 \times 4 =$ ______	$7 \times 3 =$ ______	$3 \times 10 =$ ______
$1 \times 6 =$ ______	$7 \times 8 =$ ______	$7 \times 2 =$ ______	$12 \times 11 =$ ______
$2 \times 5 =$ ______	$7 \times 11 =$ ______	$10 \times 12 =$ ______	$5 \times 3 =$ ______
$5 \times 8 =$ ______	$0 \times 8 =$ ______	$10 \times 10 =$ ______	$10 \times 3 =$ ______
$11 \times 8 =$ ______	$11 \times 10 =$ ______	$9 \times 3 =$ ______	$7 \times 8 =$ ______
$4 \times 5 =$ ______	$7 \times 6 =$ ______	$11 \times 8 =$ ______	$5 \times 6 =$ ______
$1 \times 2 =$ ______	$3 \times 4 =$ ______	$12 \times 12 =$ ______	$11 \times 2 =$ ______
$5 \times 6 =$ ______	$7 \times 8 =$ ______	$9 \times 4 =$ ______	$10 \times 5 =$ ______
$9 \times 10 =$ ______	$11 \times 12 =$ ______	$9 \times 12 =$ ______	$11 \times 4 =$ ______
$2 \times 4 =$ ______	$4 \times 1 =$ ______	$4 \times 11 =$ ______	$10 \times 8 =$ ______
$9 \times 4 =$ ______	$12 \times 5 =$ ______	$7 \times 10 =$ ______	$10 \times 11 =$ ______
$12 \times 10 =$ ______	$1 \times 9 =$ ______	$4 \times 5 =$ ______	$12 \times 12 =$ ______

TIME:

Day 70

Weekly Bonus # 10

Multiplication Crossword

Fill in the empty squares with numbers so that the equations in each row and column are correct.

2	×	6	=		=		×	4				6	×		=	66
×												×				
4		12	×		=	48		3		4	×		=			
=		×				=		×		×		=		=		×
	×	9	=			6	×		=	6		18	=	3	×	
		=				×		=		=				×		=
							×		=				×	4	=	48
										=						
					×		=	10		2	×	3	=			
				×				=		×		×		×		
90	=	10	×			12	=		×				×	9	=	
		×		=				×				=		=		
	×		=	18			=		×	10		21				
		=								×						
			=	5	×	6					×	8	=			
										=						
										60	=	12	×			

GOAL

8 years old – 13 minutes	9 years old – 10 minutes
10 years old – 6 minutes	11+ years old – 3 minutes

Mixed Multiplication

$2 \times 1 =$ ____	$0 \times 4 =$ ____	$6 \times 5 =$ ____	$2 \times 4 =$ ____
$11 \times 3 =$ ____	$8 \times 6 =$ ____	$7 \times 9 =$ ____	$10 \times 4 =$ ____
$3 \times 12 =$ ____	$1 \times 11 =$ ____	$10 \times 3 =$ ____	$4 \times 3 =$ ____
$4 \times 2 =$ ____	$0 \times 12 =$ ____	$8 \times 8 =$ ____	$10 \times 5 =$ ____
$0 \times 6 =$ ____	$9 \times 3 =$ ____	$1 \times 6 =$ ____	$4 \times 11 =$ ____
$5 \times 2 =$ ____	$8 \times 1 =$ ____	$12 \times 7 =$ ____	$10 \times 7 =$ ____
$8 \times 8 =$ ____	$5 \times 7 =$ ____	$3 \times 6 =$ ____	$10 \times 2 =$ ____
$11 \times 2 =$ ____	$7 \times 6 =$ ____	$9 \times 4 =$ ____	$6 \times 11 =$ ____
$4 \times 2 =$ ____	$7 \times 2 =$ ____	$12 \times 8 =$ ____	$6 \times 9 =$ ____
$11 \times 9 =$ ____	$5 \times 8 =$ ____	$6 \times 7 =$ ____	$8 \times 10 =$ ____
$8 \times 10 =$ ____	$8 \times 11 =$ ____	$10 \times 10 =$ ____	$6 \times 4 =$ ____
$8 \times 4 =$ ____	$3 \times 10 =$ ____	$9 \times 6 =$ ____	$12 \times 2 =$ ____
$12 \times 1 =$ ____	$7 \times 10 =$ ____	$6 \times 6 =$ ____	$5 \times 7 =$ ____
$9 \times 4 =$ ____	$11 \times 6 =$ ____	$9 \times 8 =$ ____	$7 \times 8 =$ ____
$7 \times 3 =$ ____	$9 \times 5 =$ ____	$5 \times 2 =$ ____	$3 \times 4 =$ ____

TIME:

Day 71

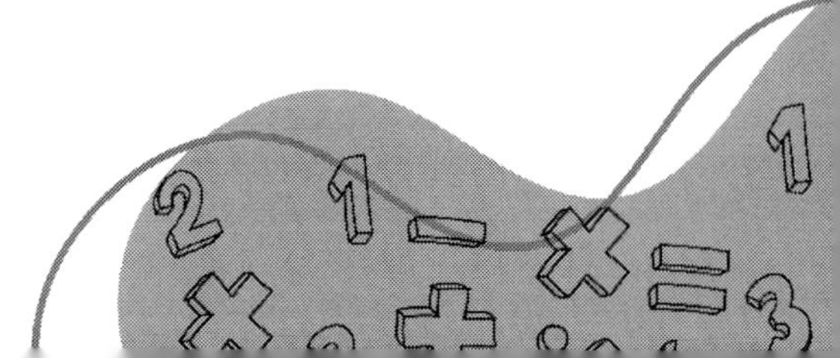

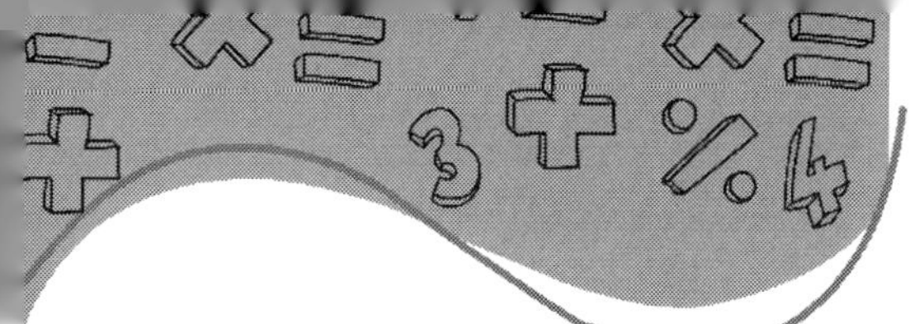

GOAL

8 years old – 13 minutes	9 years old – 10 minutes
10 years old – 6 minutes	11+ years old – 3 minutes

Mixed Multiplication

$3 \times 3 =$ ____	$1 \times 5 =$ ____	$7 \times 7 =$ ____	$11 \times 11 =$ ____
$12 \times 4 =$ ____	$9 \times 7 =$ ____	$8 \times 8 =$ ____	$5 \times 0 =$ ____
$4 \times 11 =$ ____	$2 \times 12 =$ ____	$11 \times 2 =$ ____	$11 \times 6 =$ ____
$5 \times 3 =$ ____	$1 \times 11 =$ ____	$9 \times 9 =$ ____	$10 \times 5 =$ ____
$1 \times 7 =$ ____	$7 \times 4 =$ ____	$2 \times 7 =$ ____	$9 \times 6 =$ ____
$6 \times 3 =$ ____	$9 \times 2 =$ ____	$11 \times 8 =$ ____	$5 \times 4 =$ ____
$9 \times 9 =$ ____	$6 \times 8 =$ ____	$4 \times 8 =$ ____	$4 \times 12 =$ ____
$10 \times 3 =$ ____	$8 \times 7 =$ ____	$8 \times 5 =$ ____	$11 \times 0 =$ ____
$5 \times 0 =$ ____	$8 \times 3 =$ ____	$10 \times 9 =$ ____	$9 \times 8 =$ ____
$12 \times 8 =$ ____	$6 \times 9 =$ ____	$7 \times 8 =$ ____	$0 \times 8 =$ ____
$9 \times 11 =$ ____	$9 \times 12 =$ ____	$11 \times 11 =$ ____	$2 \times 6 =$ ____
$9 \times 5 =$ ____	$3 \times 11 =$ ____	$0 \times 7 =$ ____	$4 \times 12 =$ ____
$11 \times 2 =$ ____	$8 \times 11 =$ ____	$4 \times 5 =$ ____	$9 \times 12 =$ ____
$8 \times 3 =$ ____	$12 \times 7 =$ ____	$5 \times 5 =$ ____	$0 \times 5 =$ ____
$7 \times 3 =$ ____	$9 \times 5 =$ ____	$4 \times 4 =$ ____	$10 \times 1 =$ ____

TIME:

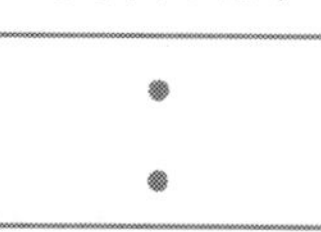

Day 72

GOAL

8 years old – 13 minutes	9 years old – 10 minutes
10 years old – 6 minutes	11+ years old – 3 minutes

Mixed Multiplication

$5 \times 6 =$ ____	$10 \times 8 =$ ____	$6 \times 10 =$ ____	$10 \times 3 =$ ____
$7 \times 6 =$ ____	$12 \times 8 =$ ____	$2 \times 10 =$ ____	$12 \times 6 =$ ____
$2 \times 3 =$ ____	$2 \times 9 =$ ____	$6 \times 8 =$ ____	$3 \times 12 =$ ____
$8 \times 9 =$ ____	$2 \times 7 =$ ____	$6 \times 6 =$ ____	$5 \times 11 =$ ____
$1 \times 3 =$ ____	$8 \times 2 =$ ____	$10 \times 3 =$ ____	$11 \times 5 =$ ____
$3 \times 4 =$ ____	$9 \times 6 =$ ____	$12 \times 7 =$ ____	$10 \times 3 =$ ____
$6 \times 6 =$ ____	$8 \times 4 =$ ____	$10 \times 7 =$ ____	$11 \times 7 =$ ____
$3 \times 8 =$ ____	$8 \times 7 =$ ____	$12 \times 3 =$ ____	$12 \times 10 =$ ____
$3 \times 7 =$ ____	$4 \times 3 =$ ____	$11 \times 2 =$ ____	$6 \times 4 =$ ____
$2 \times 7 =$ ____	$9 \times 8 =$ ____	$10 \times 2 =$ ____	$6 \times 2 =$ ____
$5 \times 9 =$ ____	$7 \times 6 =$ ____	$10 \times 6 =$ ____	$1 \times 3 =$ ____
$12 \times 11 =$ ____	$2 \times 3 =$ ____	$1 \times 10 =$ ____	$11 \times 3 =$ ____
$8 \times 9 =$ ____	$12 \times 3 =$ ____	$12 \times 10 =$ ____	$4 \times 0 =$ ____
$7 \times 10 =$ ____	$0 \times 11 =$ ____	$2 \times 12 =$ ____	$9 \times 6 =$ ____
$9 \times 10 =$ ____	$9 \times 12 =$ ____	$5 \times 10 =$ ____	$4 \times 12 =$ ____

TIME:

:

Day 73

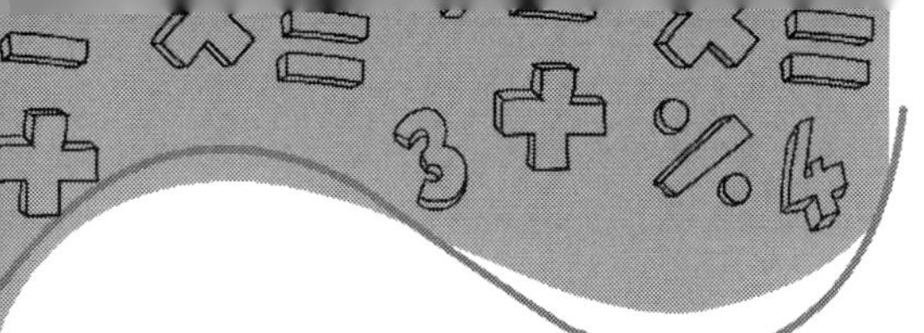

GOAL

8 years old – 13 minutes	9 years old – 10 minutes
10 years old – 6 minutes	11+ years old – 3 minutes

Mixed Multiplication

$10 \times 7 =$ ______	$4 \times 3 =$ ______	$4 \times 4 =$ ______	$9 \times 2 =$ ______
$2 \times 9 =$ ______	$4 \times 6 =$ ______	$2 \times 5 =$ ______	$8 \times 2 =$ ______
$5 \times 8 =$ ______	$9 \times 7 =$ ______	$3 \times 7 =$ ______	$6 \times 10 =$ ______
$9 \times 10 =$ ______	$0 \times 2 =$ ______	$12 \times 6 =$ ______	$10 \times 7 =$ ______
$6 \times 7 =$ ______	$5 \times 7 =$ ______	$10 \times 7 =$ ______	$2 \times 2 =$ ______
$4 \times 8 =$ ______	$0 \times 6 =$ ______	$11 \times 3 =$	$8 \times 3 =$ ______
$11 \times 4 =$ ______	$9 \times 5 =$ ______	$5 \times 3 =$ ______	$3 \times 6 =$ ______
$8 \times 7 =$ ______	$3 \times 9 =$ ______	$7 \times 8 =$ ______	$6 \times 8 =$ ______
$3 \times 3 =$ ______	$2 \times 5 =$ ______	$9 \times 12 =$ ______	$9 \times 2 =$ ______
$3 \times 6 =$ ______	$1 \times 10 =$ ______	$9 \times 11 =$ ______	$12 \times 5 =$ ______
$1 \times 4 =$ ______	$9 \times 12 =$ ______	$9 \times 3 =$ ______	$3 \times 3 =$ ______
$8 \times 2 =$ ______	$7 \times 10 =$ ______	$5 \times 2 =$ ______	$10 \times 12 =$ ______
$9 \times 10 =$ ______	$1 \times 3 =$ ______	$6 \times 3 =$ ______	$7 \times 11 =$ ______
$9 \times 6 =$ ______	$4 \times 11 =$ ______	$7 \times 10 =$ ______	$11 \times 11 -$ ______
$11 \times 3 =$ ______	$5 \times 5 =$ ______	$12 \times 7 =$ ______	$12 \times 2 =$ ______

TIME:

Day 74

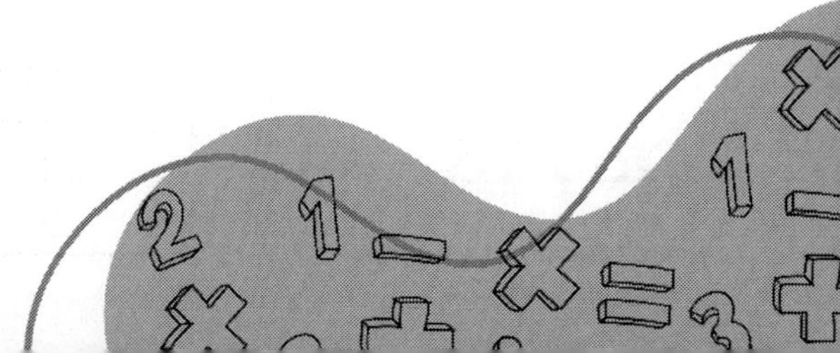

GOAL

8 years old – 13 minutes	9 years old – 10 minutes
10 years old – 6 minutes	11+ years old – 3 minutes

Mixed Multiplication

$12 \times 6 =$ ____	$7 \times 7 =$ ____	$5 \times 3 =$ ____	$8 \times 3 =$ ____
$1 \times 8 =$ ____	$5 \times 7 =$ ____	$3 \times 6 =$ ____	$9 \times 1 =$ ____
$4 \times 7 =$ ____	$9 \times 8 =$ ____	$4 \times 6 =$ ____	$5 \times 12 =$ ____
$8 \times 12 =$ ____	$1 \times 3 =$ ____	$10 \times 5 =$ ____	$11 \times 8 =$ ____
$6 \times 6 =$ ____	$8 \times 8 =$ ____	$11 \times 6 =$ ____	$1 \times 3 =$ ____
$3 \times 7 =$ ____	$1 \times 7 =$ ____	$12 \times 4 =$ ____	$7 \times 4 =$ ____
$10 \times 3 =$ ____	$8 \times 6 =$ ____	$6 \times 2 =$ ____	$2 \times 5 =$ ____
$7 \times 6 =$ ____	$4 \times 0 =$ ____	$6 \times 9 =$ ____	$7 \times 9 =$ ____
$2 \times 2 =$ ____	$3 \times 6 =$ ____	$5 \times 11 =$ ____	$8 \times 3 =$ ____
$2 \times 5 =$ ____	$2 \times 11 =$ ____	$7 \times 12 =$ ____	$11 \times 4 =$ ____
$9 \times 3 =$ ____	$0 \times 10 =$ ____	$8 \times 4 =$ ____	$4 \times 2 =$ ____
$7 \times 1 =$ ____	$8 \times 11 =$ ____	$4 \times 3 =$ ____	$12 \times 12 =$ ____
$8 \times 12 =$ ____	$2 \times 4 =$ ____	$5 \times 4 =$ ____	$8 \times 10 =$ ____
$8 \times 5 =$ ____	$5 \times 12 =$ ____	$8 \times 12 =$ ____	$10 \times 11 =$ ____
$10 \times 2 =$ ____	$3 \times 6 =$ ____	$11 \times 8 =$ ____	$11 \times 3 =$ ____

TIME:

:

Day 75

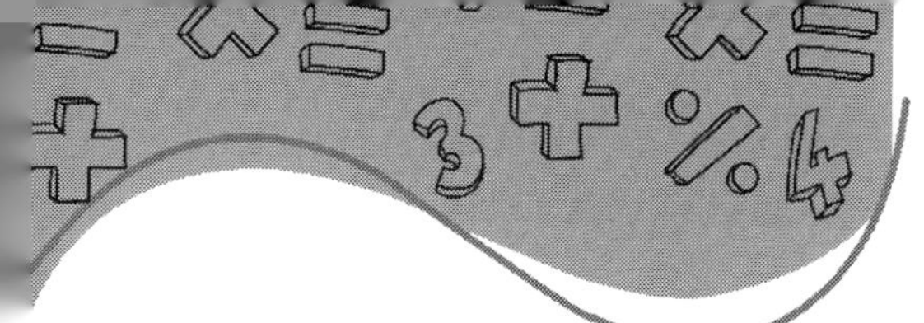

GOAL

8 years old – 13 minutes	9 years old – 10 minutes
10 years old – 6 minutes	11+ years old – 3 minutes

Mixed Multiplication

$11 \times 3 =$ ______	$6 \times 6 =$ ______	$12 \times 1 =$ ______	$10 \times 0 =$ ______
$6 \times 5 =$ ______	$7 \times 3 =$ ______	$2 \times 6 =$ ______	$8 \times 9 =$ ______
$0 \times 6 =$ ______	$7 \times 6 =$ ______	$7 \times 2 =$ ______	$9 \times 6 =$ ______
$11 \times 6 =$ ______	$5 \times 0 =$ ______	$9 \times 2 =$ ______	$4 \times 1 =$ ______
$4 \times 4 =$ ______	$10 \times 4 =$ ______	$5 \times 11 =$ ______	$2 \times 4 =$ ______
$10 \times 7 =$ ______	$4 \times 8 =$ ______	$8 \times 2 =$ ______	$7 \times 11 =$ ______
$12 \times 6 =$ ______	$5 \times 4 =$ ______	$10 \times 9 =$ ______	$5 \times 2 =$ ______
$1 \times 2 =$ ______	$9 \times 7 =$ ______	$6 \times 4 =$ ______	$12 \times 10 =$ ______
$8 \times 11 =$ ______	$10 \times 5 =$ ______	$3 \times 9 =$ ______	$9 \times 7 =$ ______
$2 \times 12 =$ ______	$1 \times 7 =$ ______	$9 \times 12 =$ ______	$7 \times 4 =$ ______
$0 \times 2 =$ ______	$9 \times 5 =$ ______	$5 \times 12 =$ ______	$4 \times 0 =$ ______
$10 \times 11 =$ ______	$2 \times 10 =$ ______	$4 \times 12 =$ ______	$5 \times 6 =$ ______
$10 \times 4 =$ ______	$10 \times 12 =$ ______	$11 \times 6 =$ ______	$8 \times 8 =$ ______
$12 \times 11 =$ ______	$5 \times 2 =$ ______	$2 \times 7 =$ ______	$6 \times 3 =$ ______
$4 \times 6 =$ ______	$3 \times 8 =$ ______	$12 \times 10 =$ ______	$10 \times 7 =$ ______

TIME:

:

Day 76

GOAL

8 years old – 13 minutes	9 years old – 10 minutes
10 years old – 6 minutes	11+ years old – 3 minutes

Mixed Multiplication

$8 \times 6 =$ ______	$3 \times 7 =$ ______	$9 \times 2 =$ ______	$9 \times 3 =$ ______
$1 \times 3 =$ ______	$3 \times 0 =$ ______	$3 \times 4 =$ ______	$2 \times 8 =$ ______
$7 \times 6 =$ ______	$12 \times 8 =$ ______	$7 \times 8 =$ ______	$8 \times 5 =$ ______
$10 \times 12 =$ ______	$9 \times 2 =$ ______	$12 \times 10 =$ ______	$6 \times 5 =$ ______
$6 \times 10 =$ ______	$4 \times 2 =$ ______	$8 \times 9 =$ ______	$9 \times 5 =$ ______
$1 \times 5 =$ ______	$6 \times 6 =$ ______	$11 \times 7 =$ ______	$12 \times 4 =$ ______
$5 \times 2 =$ ______	$4 \times 8 =$ ______	$4 \times 7 =$ ______	$4 \times 4 =$ ______
$8 \times 8 =$ ______	$8 \times 12 =$ ______	$6 \times 11 =$ ______	$6 \times 7 =$ ______
$1 \times 9 =$ ______	$8 \times 8 =$ ______	$11 \times 12 =$ ______	$12 \times 4 =$ ______
$8 \times 0 =$ ______	$12 \times 4 =$ ______	$12 \times 8 =$ ______	$5 \times 9 =$ ______
$3 \times 10 =$ ______	$9 \times 9 =$ ______	$12 \times 6 =$ ______	$2 \times 3 =$ ______
$1 \times 3 =$ ______	$2 \times 9 =$ ______	$2 \times 12 =$ ______	$2 \times 7 =$ ______
$10 \times 2 =$ ______	$6 \times 5 =$ ______	$9 \times 11 =$ ______	$6 \times 4 =$ ______
$10 \times 11 =$ ______	$8 \times 11 =$ ______	$9 \times 5 =$ ______	$10 \times 4 =$ ______
$11 \times 4 =$ ______	$2 \times 2 =$ ______	$9 \times 3 =$ ______	$3 \times 8 =$ ______

TIME:

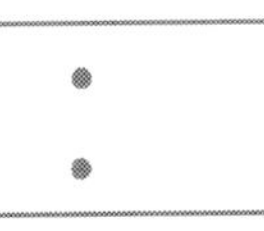

Day 77

Weekly Bonus # 11

Number Bonds

Look at each number bond below. The numbers in the two bottom circles multiply together to make the number in the top circle. Fill in the missing numbers.

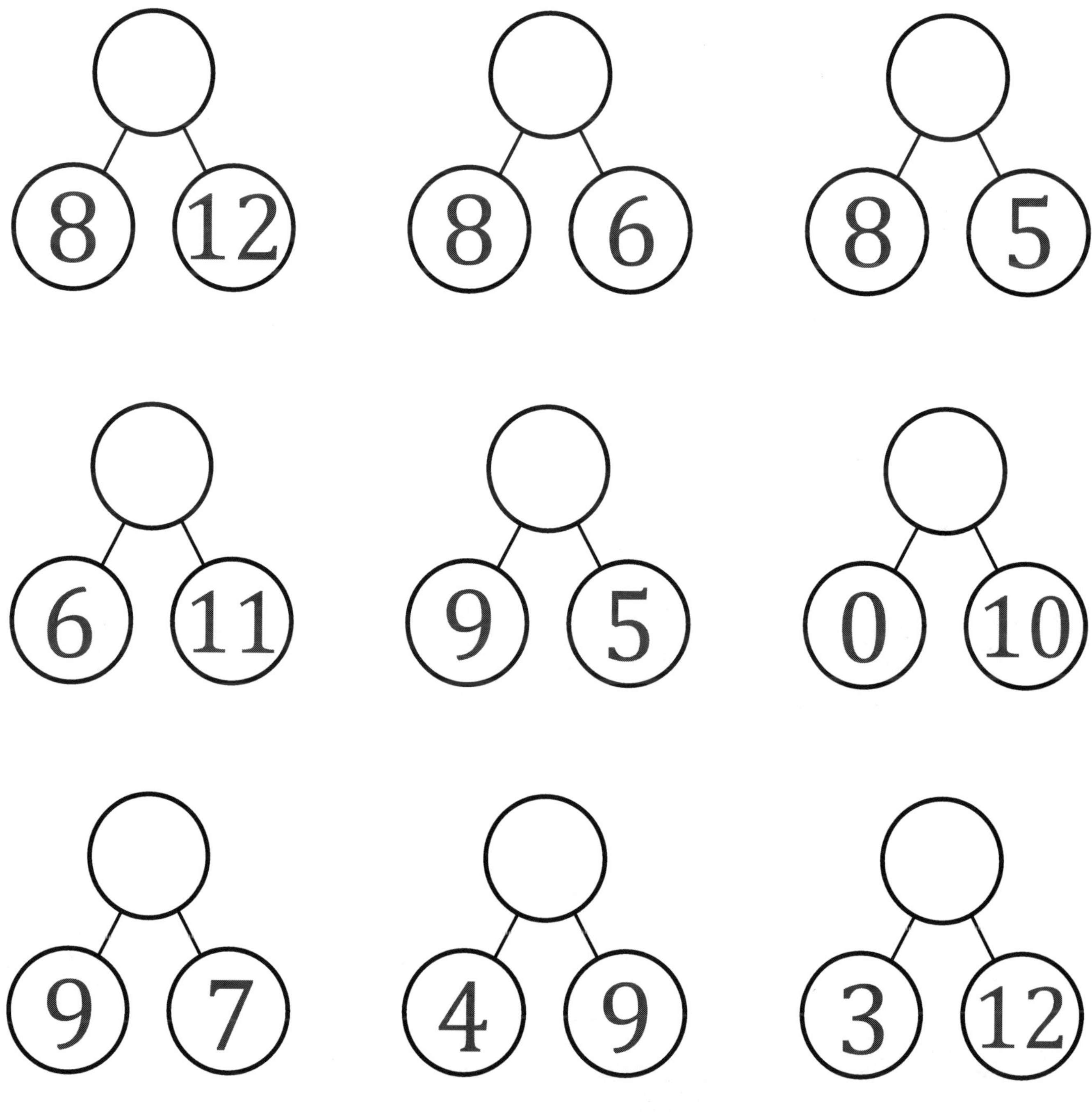

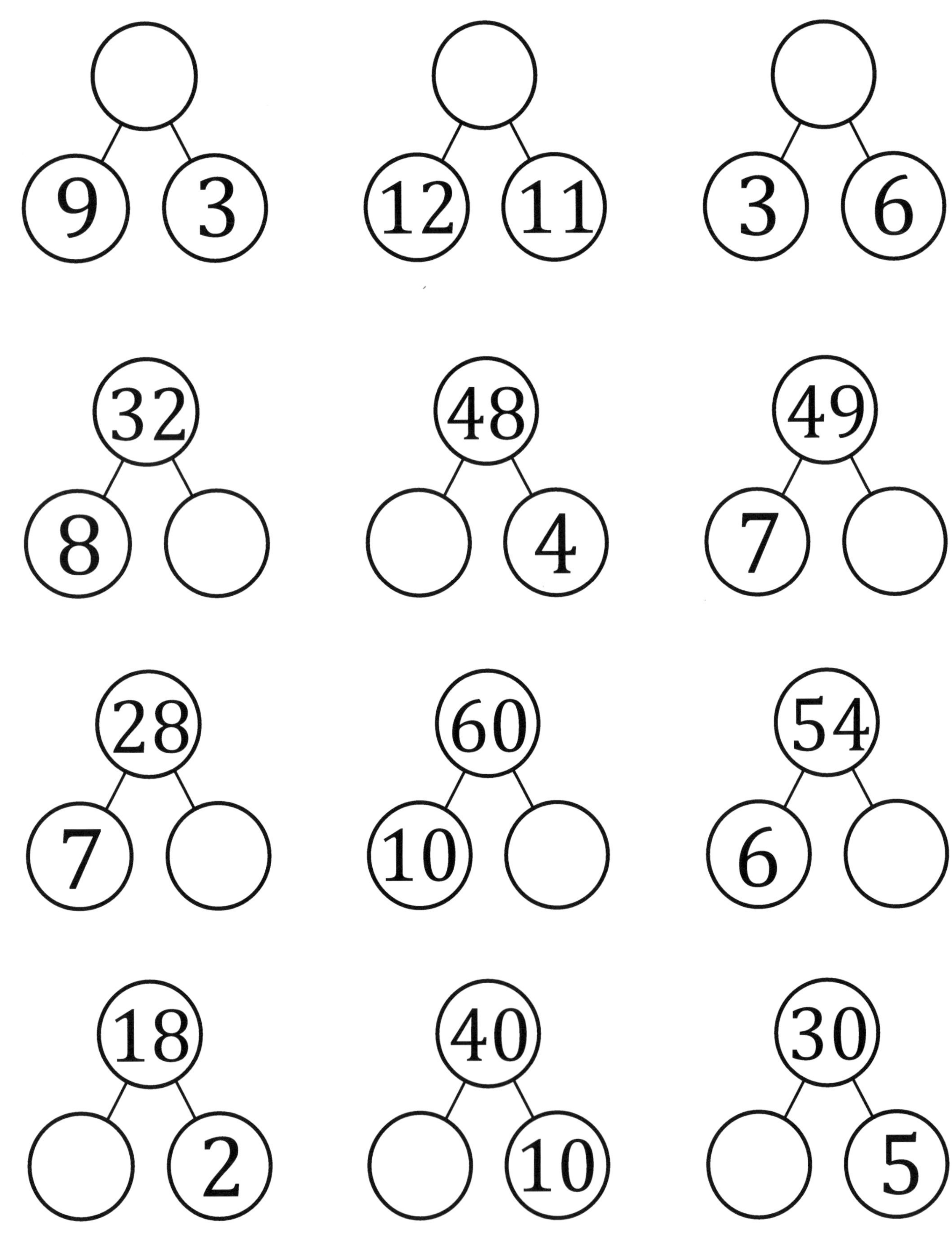
9
3
12
11
3
6
32
8
48
4
49
7
28
7
60
10
54
6
18
2
40
10
30
5

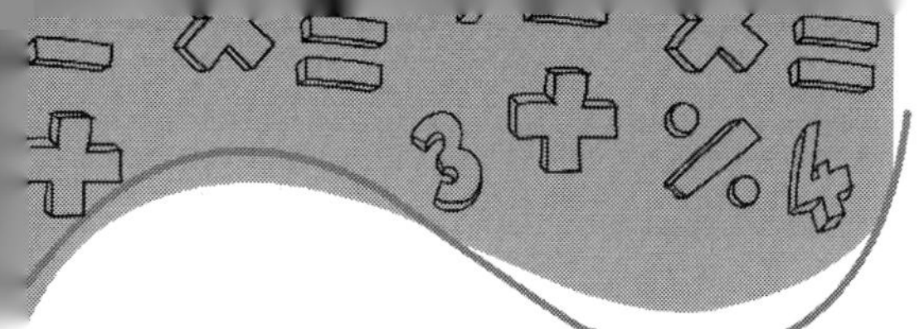

GOAL

8 years old – 13 minutes	9 years old – 10 minutes
10 years old – 6 minutes	11+ years old – 3 minutes

Mixed Multiplication

$8 \times 8 =$ ____	$3 \times 6 =$ ____	$8 \times 10 =$ ____	$10 \times 12 =$ ____
$11 \times 9 =$ ____	$11 \times 10 =$ ____	$5 \times 9 =$ ____	$4 \times 10 =$ ____
$9 \times 12 =$ ____	$4 \times 6 =$ ____	$11 \times 11 =$ ____	$3 \times 8 =$ ____
$7 \times 3 =$ ____	$4 \times 2 =$ ____	$4 \times 11 =$ ____	$9 \times 4 =$ ____
$1 \times 11 =$ ____	$0 \times 4 =$ ____	$2 \times 5 =$ ____	$10 \times 12 =$ ____
$11 \times 9 =$ ____	$4 \times 6 =$ ____	$8 \times 10 =$ ____	$11 \times 3 =$ ____
$10 \times 8 =$ ____	$11 \times 0 =$ ____	$4 \times 4 =$ ____	$10 \times 6 =$ ____
$11 \times 11 =$ ____	$9 \times 9 =$ ____	$4 \times 7 =$ ____	$5 \times 7 =$ ____
$3 \times 1 =$ ____	$8 \times 11 =$ ____	$11 \times 9 =$ ____	$3 \times 9 =$ ____
$6 \times 10 =$ ____	$8 \times 9 =$ ____	$7 \times 9 =$ ____	$12 \times 6 =$ ____
$6 \times 5 =$ ____	$8 \times 10 =$ ____	$3 \times 4 =$ ____	$6 \times 8 =$ ____
$8 \times 12 =$ ____	$4 \times 10 =$ ____	$8 \times 4 =$ ____	$11 \times 5 =$ ____
$5 \times 5 =$ ____	$6 \times 7 =$ ____	$6 \times 2 =$ ____	$8 \times 5 =$ ____
$4 \times 8 =$ ____	$4 \times 5 =$ ____	$10 \times 4 =$ ____	$11 \times 11 =$ ____
$7 \times 12 =$ ____	$10 \times 2 =$ ____	$8 \times 12 =$ ____	$8 \times 9 =$ ____

TIME:

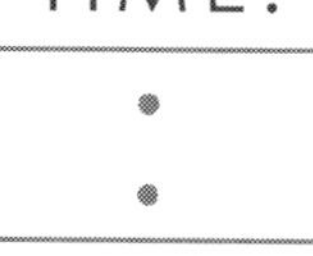

Day 78

GOAL

8 years old – 13 minutes	9 years old – 10 minutes
10 years old – 6 minutes	11+ years old – 3 minutes

Mixed Multiplication

$5 \times 9 =$ ______	$2 \times 6 =$ ______	$1 \times 11 =$ ______	$12 \times 12 =$ ______
$11 \times 0 =$ ______	$10 \times 10 =$ ______	$3 \times 2 =$ ______	$1 \times 11 =$ ______
$3 \times 11 =$ ______	$0 \times 8 =$ ______	$10 \times 10 =$ ______	$5 \times 3 =$ ______
$7 \times 7 =$ ______	$6 \times 8 =$ ______	$8 \times 12 =$ ______	$5 \times 8 =$ ______
$9 \times 12 =$ ______	$9 \times 6 =$ ______	$7 \times 0 =$ ______	$12 \times 12 =$ ______
$12 \times 8 =$ ______	$9 \times 3 =$ ______	$3 \times 11 =$ ______	$12 \times 2 =$ ______
$11 \times 7 =$ ______	$10 \times 7 =$ ______	$1 \times 9 =$ ______	$11 \times 3 =$ ______
$12 \times 10 =$ ______	$3 \times 7 =$ ______	$3 \times 7 =$ ______	$2 \times 5 =$ ______
$6 \times 6 =$ ______	$5 \times 12 =$ ______	$12 \times 1 =$ ______	$3 \times 5 =$ ______
$3 \times 10 =$ ______	$8 \times 8 =$ ______	$3 \times 6 =$ ______	$12 \times 5 =$ ______
$1 \times 5 =$ ______	$3 \times 10 =$ ______	$5 \times 1 =$ ______	$2 \times 6 =$ ______
$9 \times 11 =$ ______	$2 \times 11 =$ ______	$3 \times 4 =$ ______	$11 \times 6 =$ ______
$0 \times 8 =$ ______	$2 \times 4 =$ ______	$2 \times 2 =$ ______	$5 \times 9 =$ ______
$3 \times 7 =$ ______	$6 \times 9 =$ ______	$10 \times 7 =$ ______	$10 \times 10 =$ ______
$4 \times 12 =$ ______	$11 \times 6 =$ ______	$3 \times 12 =$ ______	$7 \times 2 =$ ______

TIME:

Day 79

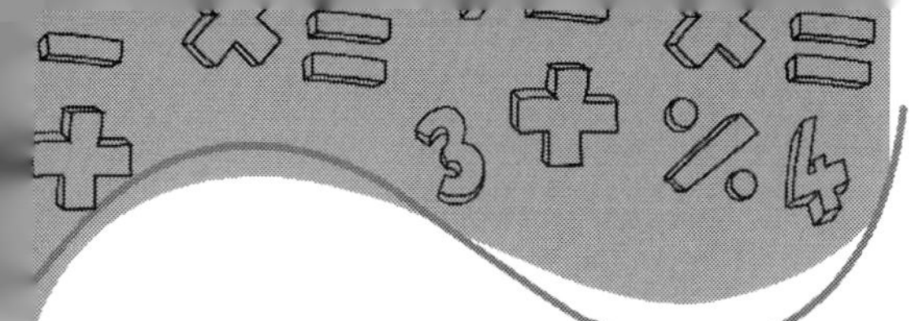

GOAL

8 years old – 13 minutes	9 years old – 10 minutes
10 years old – 6 minutes	11+ years old – 3 minutes

Mixed Multiplication

$4 \times 0 =$ ______	$10 \times 9 =$ ______	$6 \times 12 =$ ______	$9 \times 5 =$ ______
$8 \times 9 =$ ______	$11 \times 12 =$ ______	$6 \times 7 =$ ______	$8 \times 8 =$ ______
$8 \times 11 =$ ______	$12 \times 10 =$ ______	$7 \times 1 =$ ______	$0 \times 3 =$ ______
$8 \times 8 =$ ______	$8 \times 6 =$ ______	$9 \times 2 =$ ______	$12 \times 7 =$ ______
$7 \times 0 =$ ______	$8 \times 9 =$ ______	$8 \times 12 =$ ______	$11 \times 12 =$ ______
$2 \times 2 =$ ______	$1 \times 9 =$ ______	$4 \times 4 =$ ______	$6 \times 5 =$ ______
$7 \times 11 =$ ______	$6 \times 2 =$ ______	$1 \times 12 =$ ______	$11 \times 0 =$ ______
$12 \times 12 =$ ______	$12 \times 3 =$ ______	$10 \times 2 =$ ______	$11 \times 4 =$ ______
$5 \times 5 =$ ______	$10 \times 2 =$ ______	$7 \times 10 =$ ______	$3 \times 4 =$ ______
$2 \times 6 =$ ______	$11 \times 4 =$ ______	$11 \times 9 =$ ______	$11 \times 8 =$ ______
$5 \times 2 =$ ______	$7 \times 7 =$ ______	$2 \times 9 =$ ______	$4 \times 12 =$ ______
$6 \times 6 =$ ______	$5 \times 5 =$ ______	$10 \times 12 =$ ______	$8 \times 7 =$ ______
$10 \times 6 =$ ______	$8 \times 10 =$ ______	$2 \times 10 =$ ______	$2 \times 2 =$ ______
$9 \times 9 =$ ______	$9 \times 7 =$ ______	$6 \times 8 =$ ______	$10 \times 3 =$ ______
$4 \times 3 =$ ______	$9 \times 5 =$ ______	$3 \times 3 =$ ______	$12 \times 9 =$ ______

TIME:

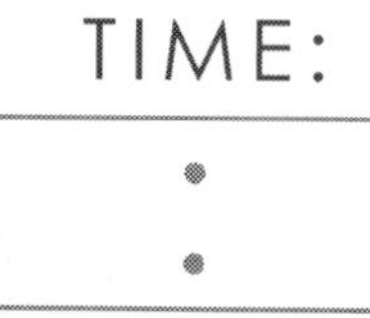

Day 80

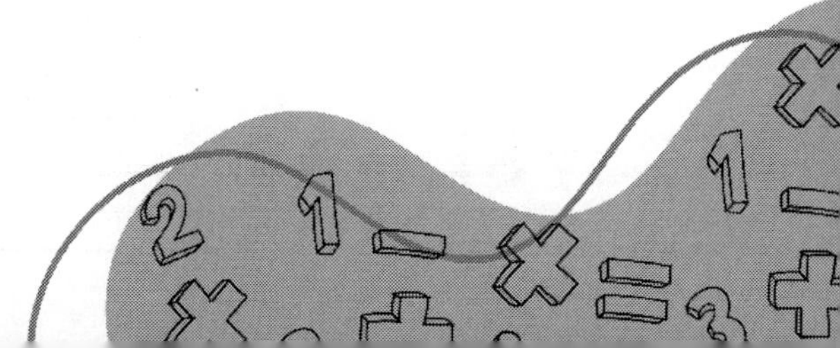

GOAL

8 years old – 13 minutes	9 years old – 10 minutes
10 years old – 6 minutes	11+ years old – 3 minutes

Mixed Multiplication

$2 \times 2 =$ ______	$6 \times 10 =$ ______	$12 \times 5 =$ ______	$12 \times 9 =$ ______
$7 \times 4 =$ ______	$8 \times 9 =$ ______	$11 \times 10 =$ ______	$9 \times 0 =$ ______
$11 \times 2 =$ ______	$8 \times 7 =$ ______	$4 \times 7 =$ ______	$8 \times 10 =$ ______
$5 \times 0 =$ ______	$4 \times 9 =$ ______	$6 \times 5 =$ ______	$11 \times 7 =$ ______
$8 \times 6 =$ ______	$12 \times 3 =$ ______	$4 \times 5 =$ ______	$12 \times 12 =$ ______
$9 \times 8 =$ ______	$6 \times 6 =$ ______	$9 \times 5 =$ ______	$11 \times 12 =$ ______
$12 \times 9 =$ ______	$3 \times 8 =$ ______	$7 \times 5 =$ ______	$5 \times 10 =$ ______
$5 \times 7 =$ ______	$8 \times 2 =$ ______	$4 \times 0 =$ ______	$7 \times 8 =$ ______
$4 \times 8 =$ ______	$2 \times 6 =$ ______	$11 \times 6 =$ ______	$8 \times 1 =$ ______
$10 \times 5 =$ ______	$4 \times 4 =$ ______	$9 \times 8 =$ ______	$9 \times 11 =$ ______
$9 \times 3 =$ ______	$10 \times 0 =$ ______	$4 \times 11 =$ ______	$4 \times 10 =$ ______
$9 \times 9 =$ ______	$10 \times 12 =$ ______	$12 \times 5 =$ ______	$11 \times 0 =$ ______
$11 \times 2 =$ ______	$12 \times 2 =$ ______	$3 \times 8 =$ ______	$2 \times 3 =$ ______
$4 \times 0 =$ ______	$6 \times 3 =$ ______	$12 \times 8 =$ ______	$8 \times 2 =$ ______
$4 \times 6 =$ ______	$8 \times 11 =$ ______	$12 \times 9 =$ ______	$3 \times 4 =$ ______

TIME:

Day 81

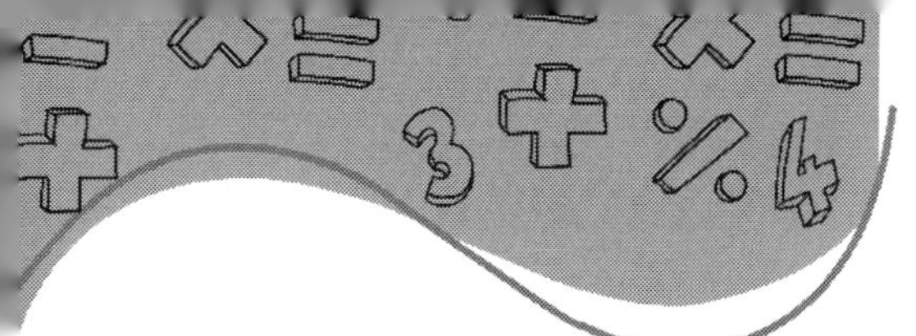

GOAL

8 years old – 7 minutes	9 years old – 4 minutes
10 years old – 3 minutes	11+ years old – 2 minutes

Multiplying by 2

$2 \times 5 =$ ______	$8 \times 2 =$ ______	$2 \times 7 =$ ______	$4 \times 2 =$ ______
$2 \times 10 =$ ______	$4 \times 2 =$ ______	$2 \times 2 =$ ______	$2 \times 0 =$ ______
$2 \times 6 =$ ______	$5 \times 2 =$ ______	$11 \times 2 =$ ______	$2 \times 12 =$ ______
$0 \times 2 =$ ______	$10 \times 2 =$ ______	$2 \times 9 =$ ______	$5 \times 2 =$ ______
$5 \times 2 =$ ______	$8 \times 2 =$ ______	$2 \times 10 =$ ______	$3 \times 2 =$ ______
$11 \times 2 =$ ______	$3 \times 2 =$ ______	$4 \times 2 =$	$2 \times 6 =$ ______
$9 \times 2 =$ ______	$12 \times 2 =$ ______	$2 \times 0 =$ ______	$2 \times 9 =$ ______
$2 \times 2 =$ ______	$2 \times 1 =$ ______	$7 \times 2 =$ ______	$8 \times 2 =$ ______
$2 \times 4 =$ ______	$2 \times 2 =$ ______	$2 \times 3 =$ ______	$2 \times 10 =$ ______
$2 \times 3 =$ ______	$6 \times 2 =$ ______	$5 \times 2 =$ ______	$2 \times 7 =$ ______
$2 \times 9 =$ ______	$4 \times 2 =$ ______	$12 \times 2 =$ ______	$9 \times 2 =$ ______
$7 \times 2 =$ ______	$2 \times 12 =$ ______	$9 \times 2 =$ ______	$2 \times 11 =$ ______
$10 \times 2 =$ ______	$2 \times 5 =$ ______	$4 \times 2 =$ ______	$8 \times 2 =$ ______
$2 \times 11 =$ ______	$2 \times 8 =$ ______	$2 \times 6 =$ ______	$10 \times 2 =$ ______
$2 \times 12 =$ ______	$2 \times 2 =$ ______	$2 \times 7 =$ ______	$2 \times 8 =$ ______

TIME:

Day 82

GOAL

8 years old – 8 minutes	9 years old – 6 minutes
10 years old – 4 minutes	11+ years old – 2 minutes

Multiplying by 3

$10 \times 3 =$ ____	$4 \times 3 =$ ____	$9 \times 3 =$ ____	$3 \times 2 =$ ____
$3 \times 12 =$ ____	$5 \times 3 =$ ____	$3 \times 8 =$ ____	$7 \times 3 =$ ____
$6 \times 3 =$ ____	$3 \times 1 =$ ____	$6 \times 3 =$ ____	$3 \times 11 =$ ____
$3 \times 2 =$ ____	$3 \times 9 =$ ____	$1 \times 3 =$ ____	$5 \times 3 =$ ____
$3 \times 3 =$ ____	$12 \times 3 =$ ____	$3 \times 6 =$ ____	$3 \times 10 =$ ____
$9 \times 3 =$ ____	$3 \times 3 =$ ____	$3 \times 12 =$ ____	$3 \times 7 =$ ____
$4 \times 3 =$ ____	$3 \times 11 =$ ____	$3 \times 4 =$ ____	$8 \times 3 =$ ____
$3 \times 0 =$ ____	$10 \times 3 =$ ____	$3 \times 9 =$ ____	$3 \times 5 =$ ____
$1 \times 3 =$ ____	$3 \times 12 =$ ____	$3 \times 2 =$ ____	$3 \times 6 =$ ____
$3 \times 11 =$ ____	$3 \times 8 =$ ____	$3 \times 11 =$ ____	$5 \times 3 =$ ____
$3 \times 4 =$ ____	$12 \times 3 =$ ____	$3 \times 1 =$ ____	$3 \times 0 =$ ____
$3 \times 10 =$ ____	$3 \times 0 =$ ____	$5 \times 3 =$ ____	$3 \times 6 =$ ____
$1 \times 3 =$ ____	$3 \times 2 =$ ____	$11 \times 3 =$ ____	$3 \times 9 =$ ____
$3 \times 12 =$ ____	$8 \times 3 =$ ____	$2 \times 3 =$ ____	$6 \times 3 =$ ____
$9 \times 3 =$ ____	$3 \times 3 =$ ____	$3 \times 7 =$ ____	$4 \times 3 =$ ____

TIME:

Day 83

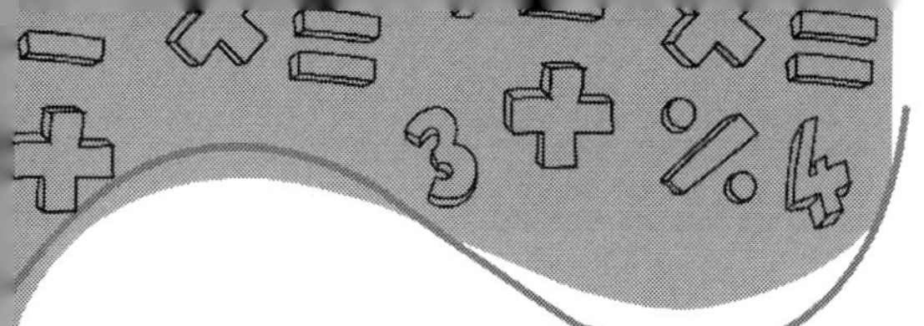

GOAL

8 years old – 8 minutes	9 years old – 6 minutes
10 years old – 4 minutes	11+ years old – 2 minutes

Multiplying by 4

$4 \times 1 =$ ____	$4 \times 4 =$ ____	$5 \times 4 =$ ____	$9 \times 4 =$ ____
$4 \times 10 =$ ____	$5 \times 4 =$ ____	$4 \times 8 =$ ____	$4 \times 4 =$ ____
$9 \times 4 =$ ____	$8 \times 4 =$ ____	$12 \times 4 =$ ____	$4 \times 11 =$ ____
$7 \times 4 =$ ____	$10 \times 4 =$ ____	$4 \times 4 =$ ____	$4 \times 9 =$ ____
$4 \times 5 =$ ____	$3 \times 4 =$ ____	$4 \times 10 =$ ____	$5 \times 4 =$ ____
$12 \times 4 =$ ____	$6 \times 4 =$ ____	$8 \times 4 =$ ____	$4 \times 3 =$ ____
$4 \times 0 =$ ____	$11 \times 4 =$ ____	$9 \times 4 =$ ____	$4 \times 4 =$ ____
$5 \times 4 =$ ____	$4 \times 2 =$ ____	$3 \times 4 =$ ____	$4 \times 8 =$ ____
$4 \times 4 =$ ____	$4 \times 5 =$ ____	$4 \times 1 =$ ____	$4 \times 10 =$ ____
$2 \times 4 =$ ____	$4 \times 7 =$ ____	$6 \times 4 =$ ____	$8 \times 4 =$ ____
$9 \times 4 =$ ____	$4 \times 6 =$ ____	$11 \times 4 =$ ____	$3 \times 4 =$ ____
$4 \times 4 =$ ____	$4 \times 12 =$ ____	$4 \times 6 =$ ____	$4 \times 12 =$ ____
$10 \times 4 =$ ____	$4 \times 9 =$ ____	$5 \times 4 =$ ____	$4 \times 2 =$ ____
$4 \times 12 =$ ____	$8 \times 4 =$ ____	$4 \times 4 =$ ____	$11 \times 4 =$ ____
$4 \times 11 =$ ____	$5 \times 4 =$ ____	$7 \times 4 =$ ____	$4 \times 4 =$ ____

TIME:

Day 84

Weekly Bonus # 12

Arrays

Draw a rectangular array for each multiplication problem that is shown. The example for 4 × 6 is provided.

11 × 2   5 × 4   10 × 7   2 × 5   1 × 3   12 × 8

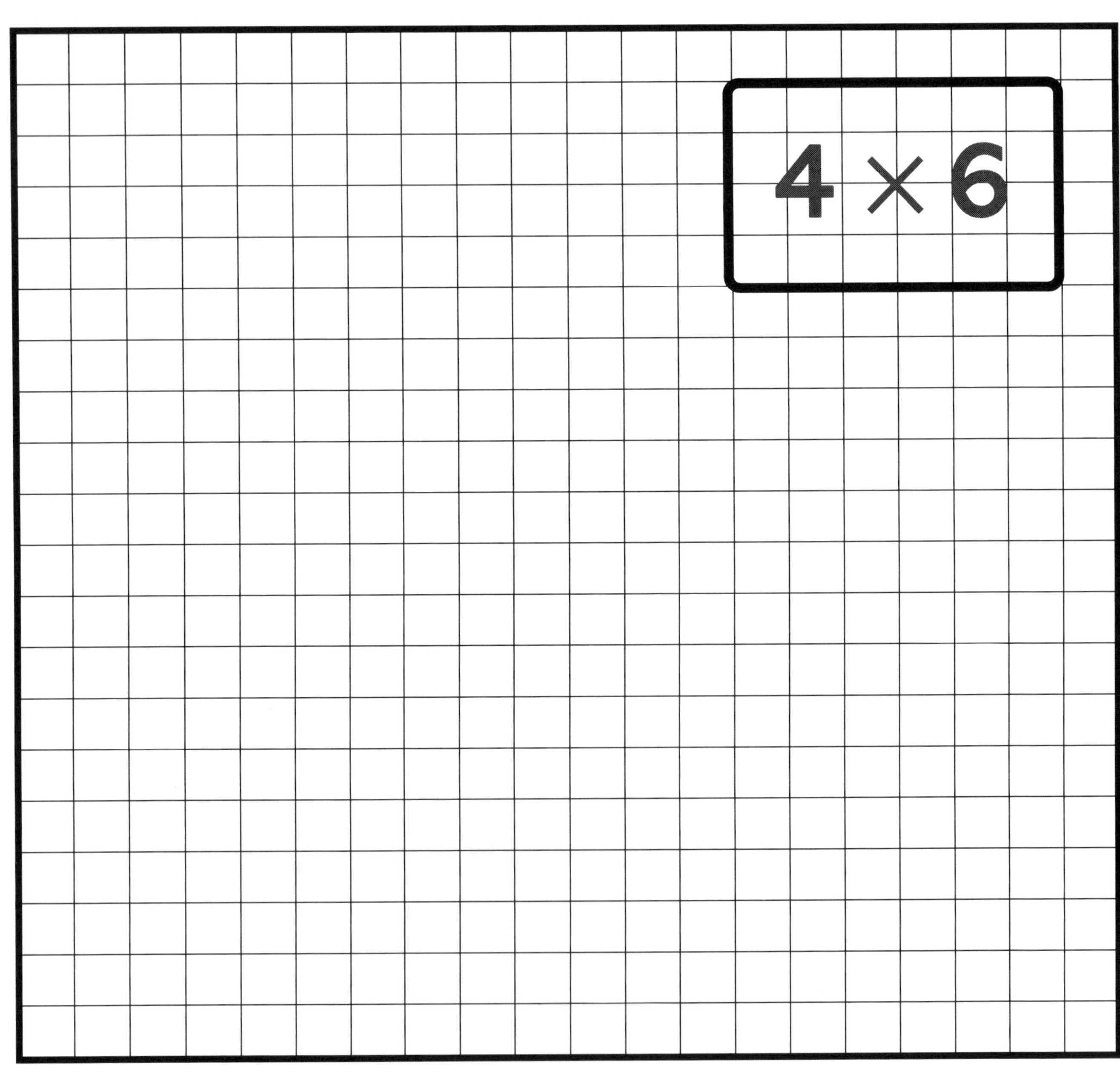

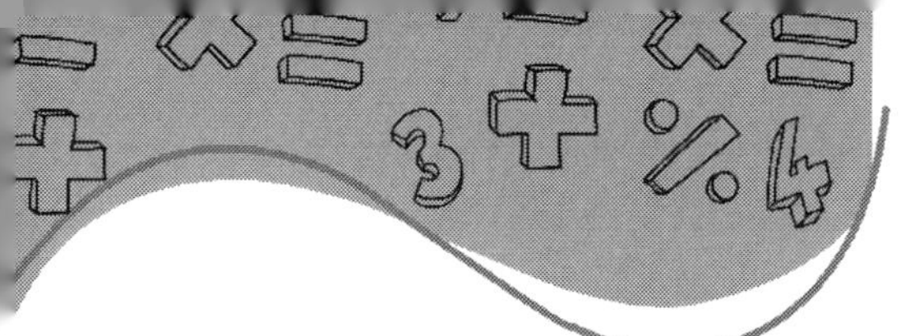

GOAL

8 years old – 7 minutes	9 years old – 4 minutes
10 years old – 3 minutes	11+ years old – 2 minutes

Multiplying by 5

$12 \times 5 =$ ______	$3 \times 5 =$ ______	$5 \times 6 =$ ______	$9 \times 5 =$ ______
$5 \times 10 =$ ______	$6 \times 5 =$ ______	$5 \times 5 =$ ______	$5 \times 2 =$ ______
$5 \times 9 =$ ______	$8 \times 5 =$ ______	$5 \times 0 =$ ______	$5 \times 12 =$ ______
$5 \times 3 =$ ______	$4 \times 5 =$ ______	$5 \times 8 =$ ______	$2 \times 5 =$ ______
$5 \times 2 =$ ______	$11 \times 5 =$ ______	$5 \times 4 =$ ______	$5 \times 10 =$ ______
$9 \times 5 =$ ______	$5 \times 8 =$ ______	$5 \times 10 =$ ______	$5 \times 6 =$ ______
$8 \times 5 =$ ______	$5 \times 11 =$ ______	$5 \times 1 =$ ______	$3 \times 5 =$ ______
$5 \times 4 =$ ______	$10 \times 5 =$ ______	$5 \times 3 =$ ______	$0 \times 5 =$ ______
$5 \times 7 =$ ______	$5 \times 12 =$ ______	$8 \times 5 =$ ______	$1 \times 5 =$ ______
$5 \times 11 =$ ______	$5 \times 5 =$ ______	$5 \times 10 =$ ______	$5 \times 5 =$ ______
$5 \times 3 =$ ______	$10 \times 5 =$ ______	$7 \times 5 =$ ______	$5 \times 9 =$ ______
$5 \times 11 =$ ______	$8 \times 5 =$ ______	$5 \times 6 =$ ______	$5 \times 7 =$ ______
$5 \times 5 =$ ______	$5 \times 4 =$ ______	$11 \times 5 =$ ______	$3 \times 5 =$ ______
$5 \times 10 =$ ______	$2 \times 5 =$ ______	$5 \times 1 =$ ______	$5 \times 5 =$ ______
$8 \times 5 =$ ______	$0 \times 5 =$ ______	$7 \times 5 =$ ______	$6 \times 5 =$ ______

TIME:

:

Day 85

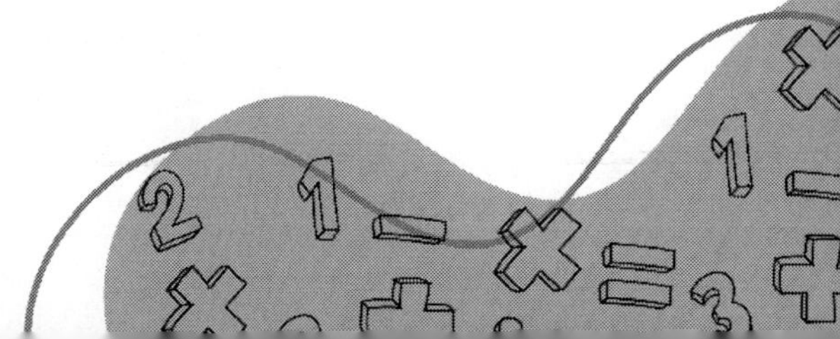

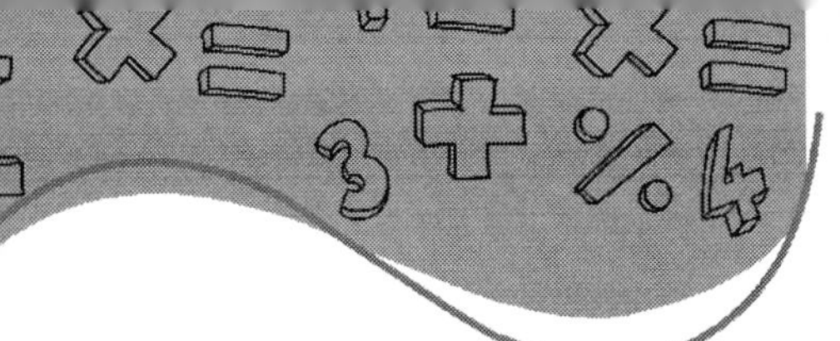

GOAL

8 years old – 8 minutes	9 years old – 6 minutes
10 years old – 4 minutes	11+ years old – 2 minutes

Multiplying by 6

$6 \times 6 =$ ______	$9 \times 6 =$ ______	$0 \times 6 =$ ______	$6 \times 7 =$ ______
$8 \times 6 =$ ______	$6 \times 0 =$ ______	$4 \times 6 =$ ______	$6 \times 10 =$ ______
$7 \times 6 =$ ______	$6 \times 2 =$ ______	$6 \times 1 =$ ______	$11 \times 6 =$ ______
$6 \times 9 =$ ______	$8 \times 6 =$ ______	$6 \times 12 =$ ______	$10 \times 6 =$ ______
$6 \times 11 =$ ______	$6 \times 3 =$ ______	$7 \times 6 =$ ______	$6 \times 4 =$ ______
$0 \times 6 =$ ______	$12 \times 6 =$ ______	$6 \times 11 =$ ______	$6 \times 1 =$ ______
$11 \times 6 =$ ______	$6 \times 8 =$ ______	$6 \times 12 =$ ______	$3 \times 6 =$ ______
$6 \times 10 =$ ______	$5 \times 6 =$ ______	$1 \times 6 =$ ______	$6 \times 6 =$ ______
$12 \times 6 =$ ______	$6 \times 1 =$ ______	$6 \times 5 =$ ______	$9 \times 6 =$ ______
$10 \times 6 =$ ______	$6 \times 10 =$ ______	$3 \times 6 =$ ______	$6 \times 1 =$ ______
$6 \times 11 =$ ______	$12 \times 6 =$ ______	$2 \times 6 =$ ______	$8 \times 6 =$ ______
$6 \times 2 =$ ______	$9 \times 6 =$ ______	$4 \times 6 =$ ______	$3 \times 6 =$ ______
$6 \times 1 =$ ______	$6 \times 10 =$ ______	$8 \times 6 =$ ______	$6 \times 11 =$ ______
$6 \times 9 =$ ______	$2 \times 6 =$ ______	$9 \times 6 =$ ______	$5 \times 6 =$ ______
$6 \times 8 =$ ______	$6 \times 6 =$ ______	$6 \times 2 =$ ______	$7 \times 6 =$ ______

TIME:

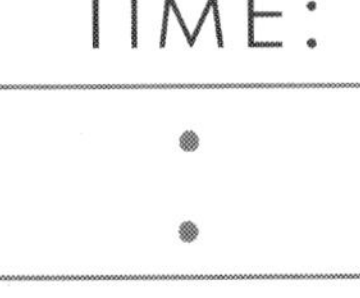

Day 86

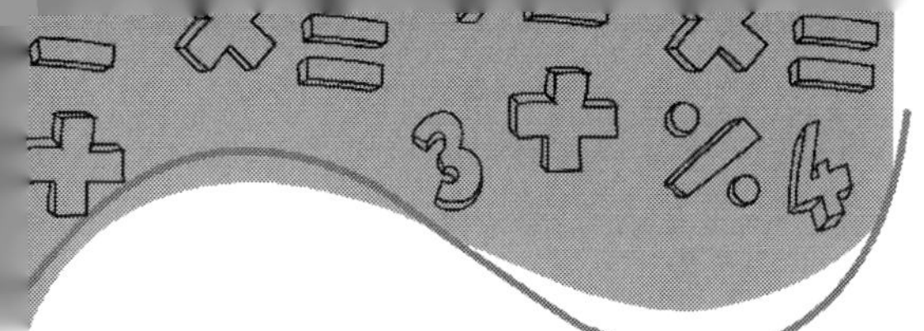

GOAL

8 years old – 8 minutes	9 years old – 6 minutes
10 years old – 4 minutes	11+ years old – 2 minutes

Multiplying by 7

$12 \times 7 =$ ____	$7 \times 7 =$ ____	$2 \times 7 =$ ____	$7 \times 10 =$ ____
$7 \times 2 =$ ____	$8 \times 7 =$ ____	$1 \times 7 =$ ____	$4 \times 7 =$ ____
$11 \times 7 =$ ____	$4 \times 7 =$ ____	$7 \times 10 =$ ____	$7 \times 12 =$ ____
$10 \times 7 =$ ____	$7 \times 5 =$ ____	$7 \times 11 =$ ____	$7 \times 10 =$ ____
$7 \times 7 =$ ____	$7 \times 8 =$ ____	$7 \times 6 =$ ____	$1 \times 7 =$ ____
$4 \times 7 =$ ____	$6 \times 7 =$ ____	$0 \times 7 =$ ____	$8 \times 7 =$ ____
$3 \times 7 =$ ____	$7 \times 7 =$ ____	$8 \times 7 =$ ____	$5 \times 7 =$ ____
$7 \times 9 =$ ____	$7 \times 4 =$ ____	$7 \times 1 =$ ____	$7 \times 12 =$ ____
$1 \times 7 =$ ____	$7 \times 3 =$ ____	$10 \times 7 =$ ____	$3 \times 7 =$ ____
$11 \times 7 =$ ____	$5 \times 7 =$ ____	$7 \times 7 =$ ____	$7 \times 11 =$ ____
$0 \times 7 =$ ____	$7 \times 12 =$ ____	$7 \times 8 =$ ____	$10 \times 7 =$ ____
$8 \times 7 =$ ____	$2 \times 7 =$ ____	$12 \times 7 =$ ____	$7 \times 6 =$ ____
$5 \times 7 =$ ____	$7 \times 9 =$ ____	$7 \times 9 =$ ____	$7 \times 7 =$ ____
$7 \times 7 =$ ____	$3 \times 7 -$ ____	$0 \times 7 =$ ____	$7 \times 12 =$ ____
$7 \times 11 =$ ____	$6 \times 7 =$ ____	$10 \times 7 =$ ____	$7 \times 5 =$ ____

TIME:

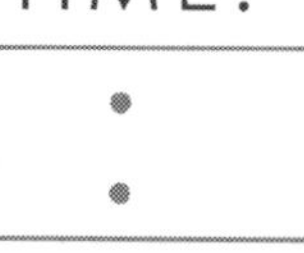

Day 87

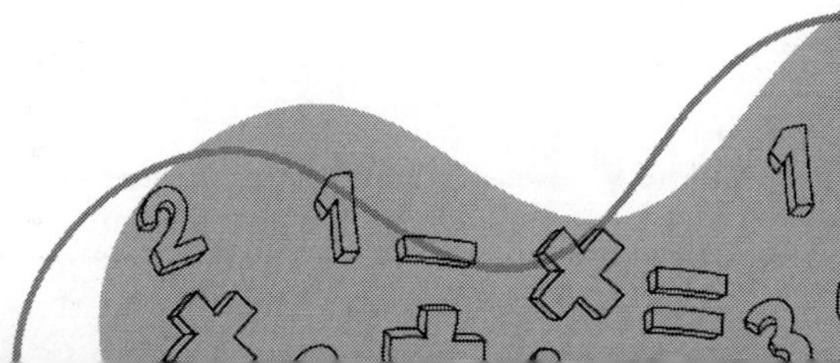

GOAL

8 years old – 8 minutes	9 years old – 6 minutes
10 years old – 4 minutes	11+ years old – 2 minutes

Multiplying by 8

8 × 5 = ______	8 × 1 = ______	8 × 7 = ______	3 × 8 = ______
6 × 8 = ______	8 × 4 = ______	2 × 8 = ______	8 × 5 = ______
0 × 8 = ______	8 × 8 = ______	8 × 1 = ______	10 × 8 = ______
7 × 8 = ______	9 × 8 = ______	8 × 8 = ______	8 × 4 = ______
4 × 8 = ______	8 × 3 = ______	8 × 0 = ______	8 × 11 = ______
11 × 8 = ______	8 × 10 = ______	3 × 8 = ______	4 × 8 = ______
12 × 8 = ______	8 × 7 = ______	8 × 2 = ______	8 × 11 = ______
9 × 8 = ______	11 × 8 = ______	8 × 6 = ______	8 × 0 = ______
6 × 8 = ______	12 × 8 = ______	7 × 8 = ______	8 × 8 = ______
2 × 8 = ______	8 × 10 = ______	8 × 9 = ______	11 × 8 = ______
5 × 8 = ______	3 × 8 = ______	1 × 8 = ______	4 × 8 = ______
10 × 8 = ______	8 × 4 = ______	8 × 5 = ______	8 × 6 = ______
8 × 2 = ______	8 × 9 = ______	8 × 8 = ______	12 × 8 = ______
9 × 8 = ______	8 × 8 = ______	8 × 4 = ______	8 × 7 = ______
8 × 3 = ______	8 × 6 = ______	8 × 8 = ______	10 × 8 = ______

TIME:

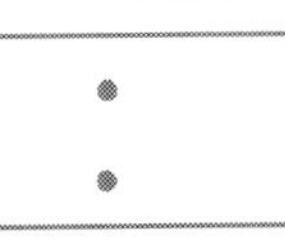

Day 88

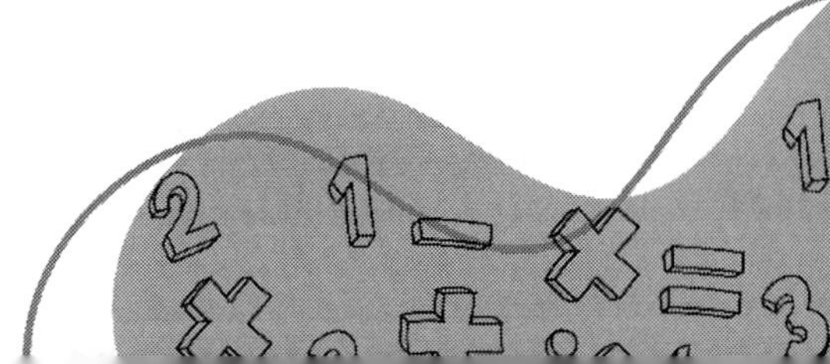

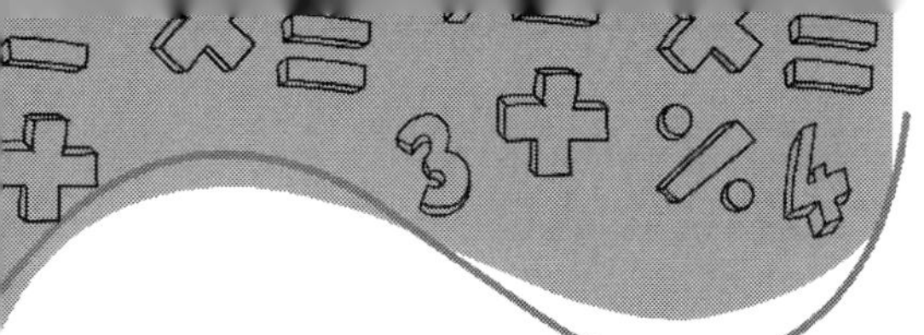

GOAL

8 years old – 8 minutes	9 years old – 6 minutes
10 years old – 4 minutes	11+ years old – 2 minutes

Multiplying by 9

$1 \times 9 =$ ____	$9 \times 7 =$ ____	$4 \times 9 =$ ____	$9 \times 8 =$ ____
$9 \times 4 =$ ____	$9 \times 9 =$ ____	$9 \times 3 =$ ____	$9 \times 5 =$ ____
$11 \times 9 =$ ____	$9 \times 10 =$ ____	$8 \times 9 =$ ____	$3 \times 9 =$ ____
$8 \times 9 =$ ____	$0 \times 9 =$ ____	$9 \times 2 =$ ____	$9 \times 4 =$ ____
$12 \times 9 =$ ____	$2 \times 9 =$ ____	$9 \times 1 =$ ____	$9 \times 6 =$ ____
$9 \times 2 =$ ____	$3 \times 9 =$ ____	$6 \times 9 =$ ____	$5 \times 9 =$ ____
$9 \times 0 =$ ____	$9 \times 8 =$ ____	$7 \times 9 =$ ____	$2 \times 9 =$ ____
$9 \times 10 =$ ____	$5 \times 9 =$ ____	$2 \times 9 =$ ____	$9 \times 9 =$ ____
$9 \times 7 =$ ____	$9 \times 6 =$ ____	$9 \times 9 =$ ____	$0 \times 9 =$ ____
$3 \times 9 =$ ____	$10 \times 9 =$ ____	$11 \times 9 =$ ____	$6 \times 9 =$ ____
$6 \times 9 =$ ____	$9 \times 12 =$ ____	$5 \times 9 =$ ____	$9 \times 11 =$ ____
$9 \times 12 =$ ____	$9 \times 2 =$ ____	$9 \times 6 =$ ____	$0 \times 9 =$ ____
$9 \times 3 =$ ____	$7 \times 9 =$ ____	$1 \times 9 =$ ____	$9 \times 6 =$ ____
$9 \times 8 =$ ____	$3 \times 9 =$ ____	$10 \times 9 =$ ____	$5 \times 9 =$ ____
$9 \times 9 =$ ____	$12 \times 9 =$ ____	$8 \times 9 =$ ____	$9 \times 10 =$ ____

TIME:

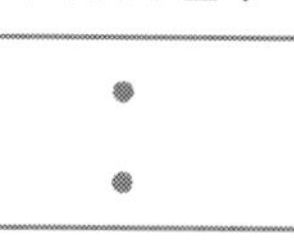

Day 89

GOAL

8 years old – 7 minutes	9 years old – 4 minutes
10 years old – 3 minutes	11+ years old – 2 minutes

Multiplying by 10

SCORE: /60

$11 \times 10 =$ ______	$6 \times 10 =$ ______	$9 \times 10 =$ ______	$10 \times 5 =$ ______
$1 \times 10 =$ ______	$8 \times 10 =$ ______	$10 \times 6 =$ ______	$4 \times 10 =$ ______
$12 \times 10 =$ ______	$7 \times 10 =$ ______	$0 \times 10 =$ ______	$10 \times 6 =$ ______
$5 \times 10 =$ ______	$10 \times 10 =$ ______	$10 \times 3 =$ ______	$10 \times 8 =$ ______
$3 \times 10 =$ ______	$10 \times 1 =$ ______	$10 \times 8 =$ ______	$10 \times 12 =$ ______
$9 \times 10 =$ ______	$11 \times 10 =$ ______	$10 \times 2 =$ ______	$8 \times 10 =$ ______
$10 \times 2 =$ ______	$0 \times 10 =$ ______	$9 \times 10 =$ ______	$10 \times 1 =$ ______
$5 \times 10 =$ ______	$2 \times 10 =$ ______	$10 \times 3 =$ ______	$10 \times 11 =$ ______
$4 \times 10 =$ ______	$10 \times 10 =$ ______	$12 \times 10 =$ ______	$6 \times 10 =$ ______
$10 \times 2 =$ ______	$12 \times 10 =$ ______	$10 \times 5 =$ ______	$2 \times 10 =$ ______
$8 \times 10 =$ ______	$10 \times 7 =$ ______	$10 \times 8 =$ ______	$10 \times 7 =$ ______
$9 \times 10 =$ ______	$11 \times 10 =$ ______	$3 \times 10 =$ ______	$10 \times 10 =$ ______
$3 \times 10 =$ ______	$10 \times 6 =$ ______	$11 \times 10 =$ ______	$9 \times 10 =$ ______
$9 \times 10 =$ ______	$4 \times 10 =$ ______	$10 \times 5 =$ ______	$7 \times 10 =$ ______
$10 \times 12 =$ ______	$5 \times 10 =$ ______	$6 \times 10 =$ ______	$10 \times 11 =$ ______

TIME:

Day 90

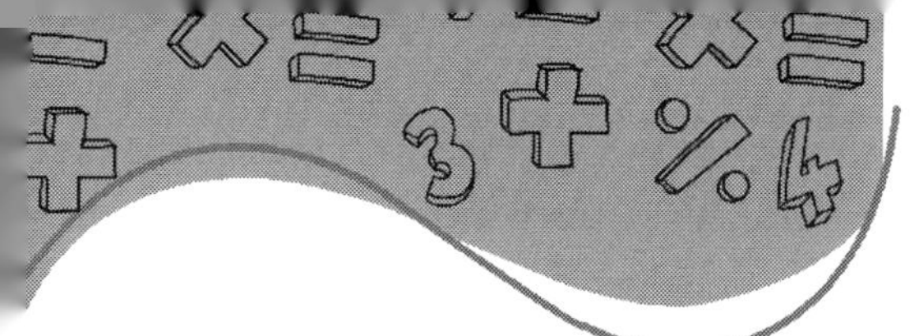

GOAL

8 years old – 7 minutes	9 years old – 4 minutes
10 years old – 3 minutes	11+ years old – 2 minutes

Multiplying by 11

$10 \times 11 =$ ______	$11 \times 9 =$ ______	$11 \times 12 =$ ______	$11 \times 4 =$ ______
$11 \times 11 =$ ______	$3 \times 11 =$ ______	$1 \times 11 =$ ______	$2 \times 11 =$ ______
$9 \times 11 =$ ______	$11 \times 8 =$ ______	$7 \times 11 =$ ______	$11 \times 10 =$ ______
$8 \times 11 =$ ______	$5 \times 11 =$ ______	$11 \times 9 =$ ______	$11 \times 0 =$ ______
$11 \times 12 =$ ______	$11 \times 7 =$ ______	$11 \times 3 =$ ______	$11 \times 5 =$ ______
$11 \times 7 =$ ______	$11 \times 2 =$ ______	$11 \times 11 =$ ______	$11 \times 6 =$ ______
$11 \times 11 =$ ______	$6 \times 11 =$ ______	$0 \times 11 =$ ______	$4 \times 11 =$ ______
$8 \times 11 =$ ______	$11 \times 4 =$ ______	$5 \times 11 =$ ______	$11 \times 12 =$ ______
$3 \times 11 =$ ______	$2 \times 11 =$ ______	$11 \times 8 =$ ______	$11 \times 7 =$ ______
$11 \times 5 =$ ______	$11 \times 10 =$ ______	$11 \times 6 =$ ______	$9 \times 11 =$ ______
$1 \times 11 =$ ______	$5 \times 11 =$ ______	$11 \times 0 =$ ______	$8 \times 11 =$ ______
$11 \times 9 =$ ______	$6 \times 11 =$ ______	$11 \times 2 =$ ______	$12 \times 11 =$ ______
$11 \times 3 =$ ______	$11 \times 11 =$ ______	$11 \times 1 =$ ______	$11 \times 10 =$ ______
$2 \times 11 =$ ______	$0 \times 11 =$ ______	$8 \times 11 =$ ______	$11 \times 11 =$ ______
$4 \times 11 =$ ______	$7 \times 11 =$ ______	$11 \times 11 =$ ______	$2 \times 11 =$ ______

TIME:

:

Day 91

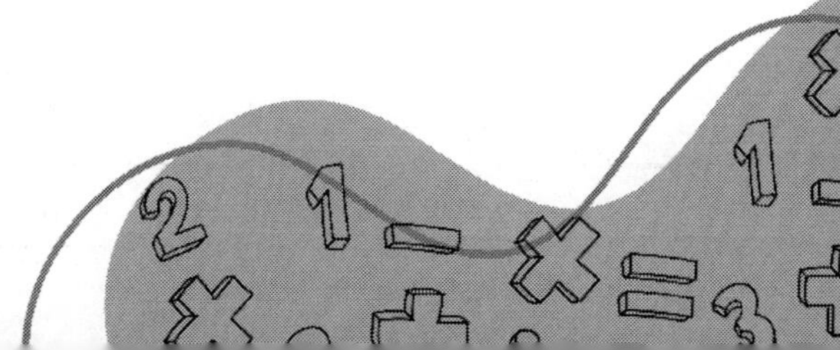

GOAL

8 years old – 13 minutes	9 years old – 10 minutes
10 years old – 6 minutes	11+ years old – 3 minutes

Multiplying by 12

$12 \times 12 =$ ______	$12 \times 4 =$ ______	$12 \times 11 =$ ______	$12 \times 3 =$ ______
$12 \times 10 =$ ______	$2 \times 12 =$ ______	$7 \times 12 =$ ______	$8 \times 12 =$ ______
$7 \times 12 =$ ______	$12 \times 5 =$ ______	$0 \times 12 =$ ______	$12 \times 12 =$ ______
$5 \times 12 =$ ______	$7 \times 12 =$ ______	$12 \times 1 =$ ______	$12 \times 2 =$ ______
$12 \times 10 =$ ______	$12 \times 6 =$ ______	$12 \times 8 =$ ______	$12 \times 6 =$ ______
$12 \times 4 =$ ______	$12 \times 2 =$ ______	$11 \times 12 =$ ______	$12 \times 7 =$ ______
$12 \times 12 =$ ______	$1 \times 12 =$ ______	$2 \times 12 =$ ______	$4 \times 12 =$ ______
$3 \times 12 =$ ______	$12 \times 9 =$ ______	$1 \times 12 =$ ______	$12 \times 10 =$ ______
$6 \times 12 =$ ______	$4 \times 12 =$ ______	$12 \times 0 =$ ______	$12 \times 5 =$ ______
$12 \times 1 =$ ______	$12 \times 12 =$ ______	$12 \times 3 =$ ______	$2 \times 12 =$ ______
$4 \times 12 =$ ______	$3 \times 12 =$ ______	$12 \times 2 =$ ______	$9 \times 12 =$ ______
$12 \times 5 =$ ______	$7 \times 12 =$ ______	$12 \times 8 =$ ______	$11 \times 12 =$ ______
$12 \times 8 =$ ______	$11 \times 12 =$ ______	$12 \times 6 =$ ______	$12 \times 12 =$ ______
$9 \times 12 =$ ______	$8 \times 12 =$ ______	$5 \times 12 =$ ______	$12 \times 10 =$ ______
$6 \times 12 =$ ______	$4 \times 12 =$ ______	$12 \times 12 =$ ______	$9 \times 12 =$ ______

TIME:

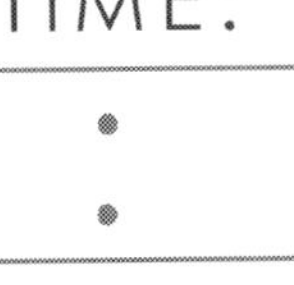

Day 92

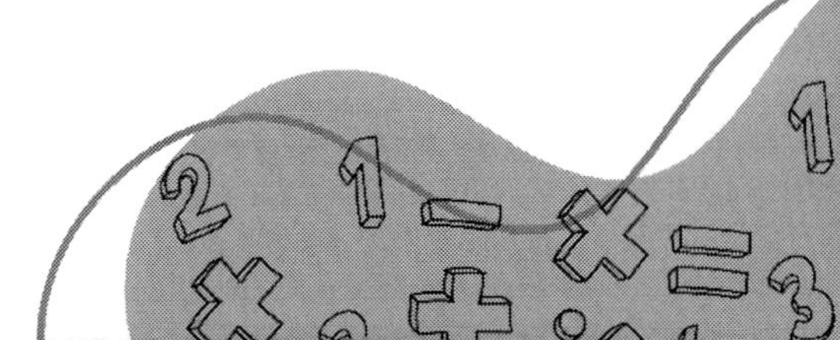

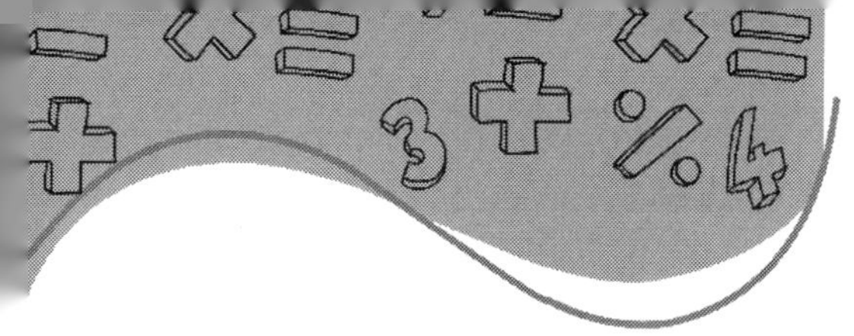

Need extra practice?

Struggling to complete the recommended time for a specific number?

FREE extra practice pages are available!

Simply visit our website or scan the QR code below to download additional sheets.

Scan the QR code:

or visit:

www.mathiskey.com/downloads

Keep practicing, and watch your speed improve!

Weekly Bonus # 13

Multiplication Squares

Below are empty 2 by 2 squares. Each square has 4 empty spaces. Notice there are numbers written at the end of each row and beneath each column.

Fill in the empty spaces so that the numbers in each row multiply to the number at the end of the row and the numbers in each column multiply to the number at the bottom of the column. The first box is completed as an example.

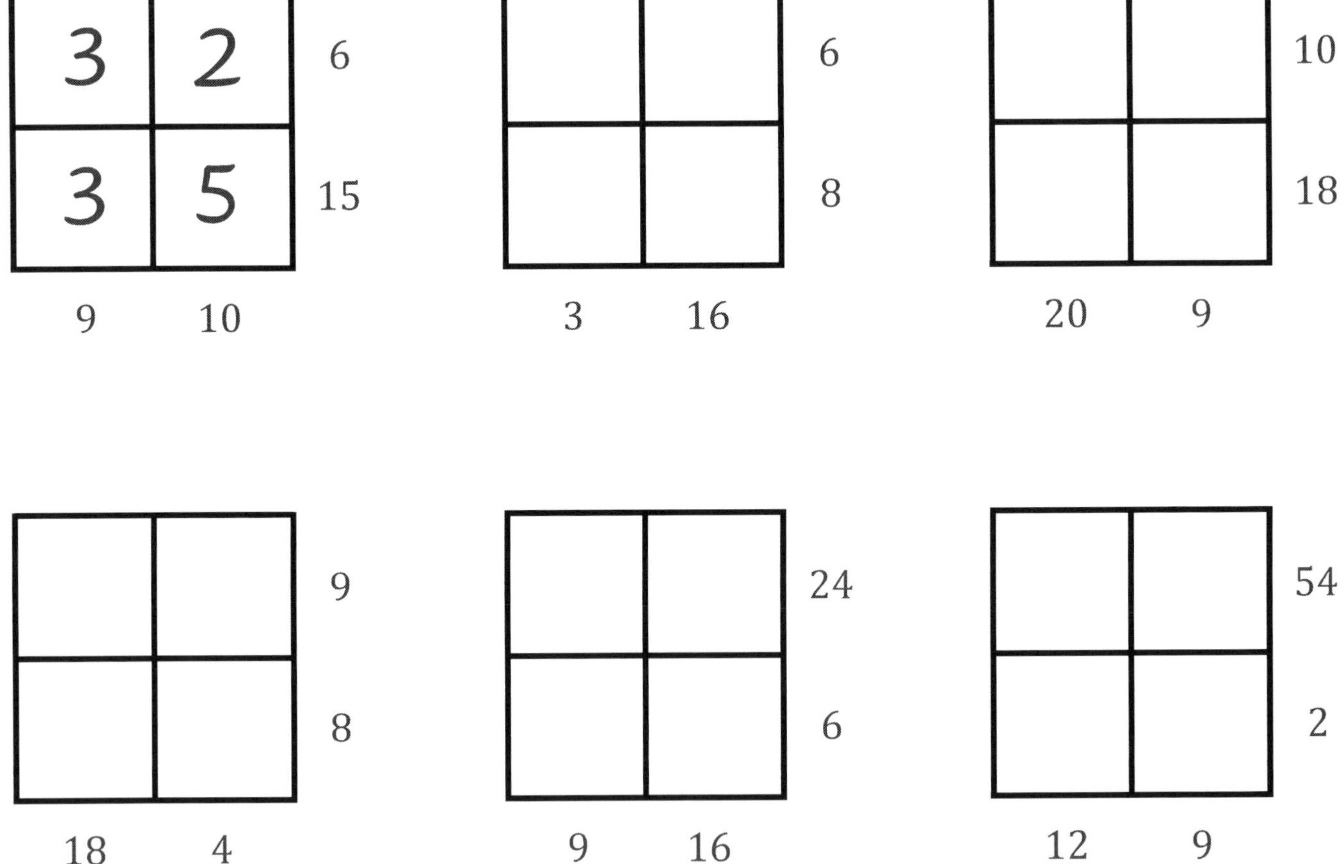

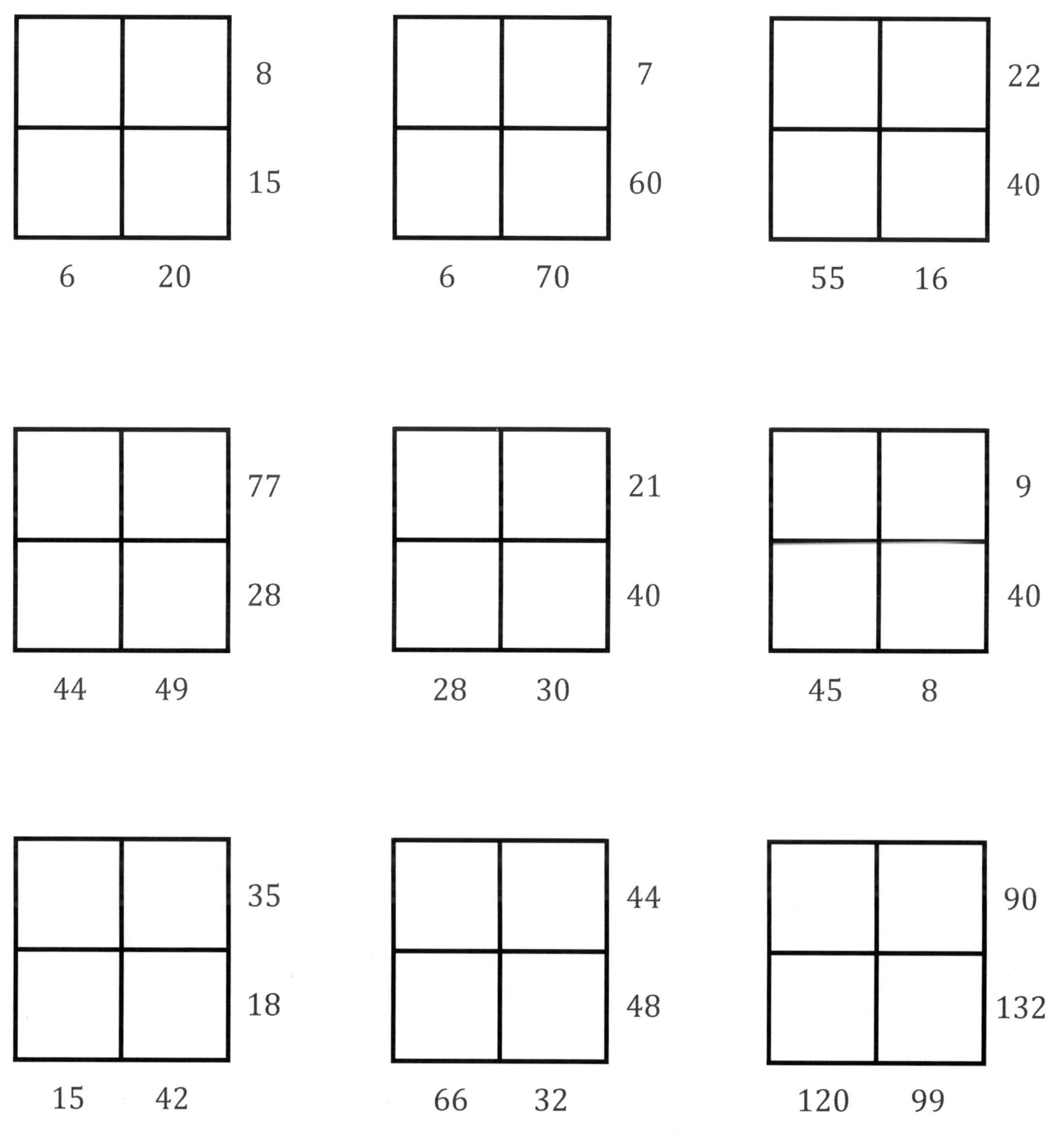

8
15
6 20
7
60
6 70
22
40
55 16
77
28
44 49
21
40
28 30
9
40
45 8
35
18
15 42
44
48
66 32
90
132
120 99

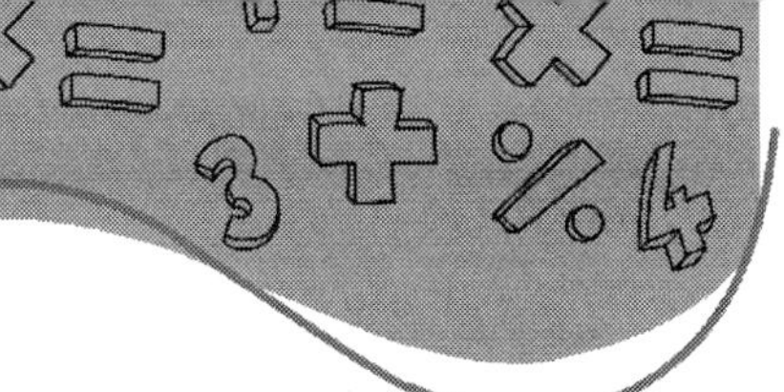

GOAL

8 years old – 13 minutes	9 years old – 10 minutes
10 years old – 6 minutes	11+ years old – 3 minutes

Mixed Multiplication

9 × 11 = ______	3 × 5 = ______	5 × 6 = ______	1 × 4 = ______
11 × 12 = ______	11 × 5 = ______	8 × 8 = ______	10 × 4 = ______
2 × 4 = ______	5 × 7 = ______	5 × 5 = ______	11 × 2 = ______
5 × 3 = ______	7 × 4 = ______	9 × 8 = ______	7 × 3 = ______
8 × 4 = ______	10 × 5 = ______	4 × 0 = ______	6 × 8 = ______
5 × 5 = ______	10 × 3 = ______	10 × 9 = ______	4 × 10 = ______
11 × 3 = ______	6 × 2 = ______	10 × 10 = ______	11 × 12 = ______
11 × 9 = ______	5 × 6 = ______	12 × 7 = ______	5 × 9 = ______
8 × 9 = ______	8 × 6 = ______	12 × 9 = ______	2 × 1 = ______
0 × 4 = ______	10 × 9 = ______	7 × 5 = ______	9 × 7 = ______
3 × 5 = ______	7 × 3 = ______	11 × 8 = ______	0 × 9 = ______
12 × 8 = ______	1 × 11 = ______	10 × 12 = ______	5 × 10 = ______
5 × 8 = ______	4 × 6 = ______	7 × 7 = ______	2 × 8 = ______
10 × 6 = ______	8 × 12 = ______	11 × 10 = ______	7 × 11 = ______
6 × 2 = ______	10 × 7 = ______	9 × 3 = ______	9 × 9 = ______

TIME:

:

Day 93

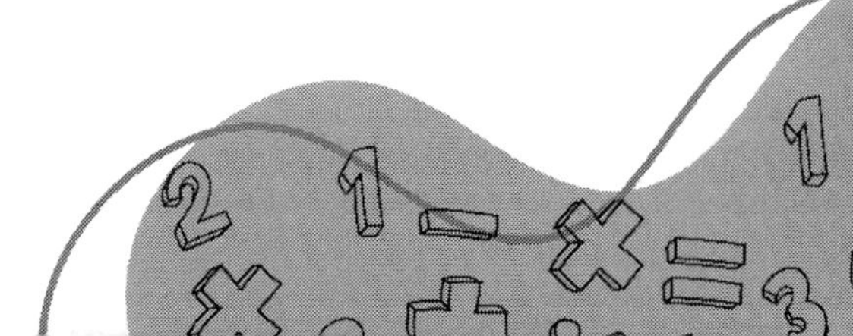

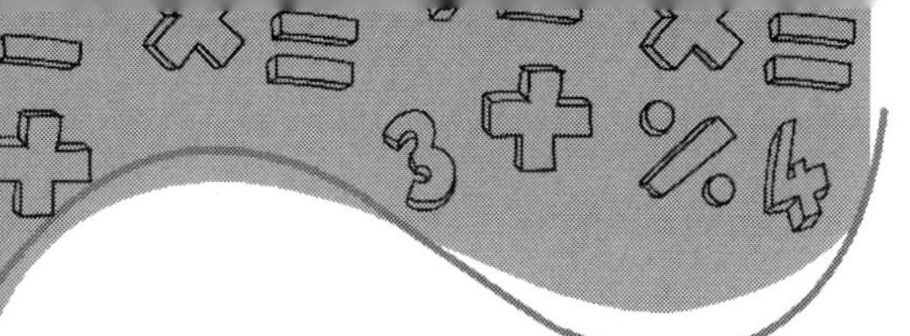

GOAL

8 years old – 13 minutes	9 years old – 10 minutes
10 years old – 6 minutes	11+ years old – 3 minutes

Mixed Multiplication

9 × 6 = ______	8 × 10 = ______	11 × 12 = ______	2 × 6 = ______
2 × 9 = ______	5 × 7 = ______	2 × 8 = ______	9 × 0 = ______
6 × 8 = ______	12 × 6 = ______	8 × 4 = ______	12 × 11 = ______
5 × 12 = ______	7 × 6 = ______	0 × 5 = ______	11 × 2 = ______
8 × 2 = ______	4 × 9 = ______	4 × 5 = ______	8 × 10 = ______
5 × 9 = ______	8 × 11 = ______	11 × 2 = ______	0 × 2 = ______
10 × 8 = ______	11 × 0 = ______	6 × 6 = ______	8 × 7 = ______
6 × 2 = ______	10 × 11 = ______	5 × 6 = ______	4 × 8 = ______
6 × 10 = ______	4 × 2 = ______	2 × 3 = ______	1 × 8 = ______
12 × 10 = ______	9 × 7 = ______	8 × 9 = ______	1 × 4 = ______
5 × 2 = ______	5 × 5 = ______	6 × 12 = ______	11 × 10 = ______
4 × 9 = ______	12 × 9 = ______	10 × 9 = ______	5 × 12 = ______
12 × 7 = ______	3 × 11 = ______	8 × 5 = ______	11 × 6 = ______
4 × 8 = ______	2 × 2 = ______	4 × 11 = ______	3 × 9 = ______
5 × 9 = ______	10 × 3 = ______	12 × 11 = ______	7 × 7 = ______

TIME:

:

Day 94

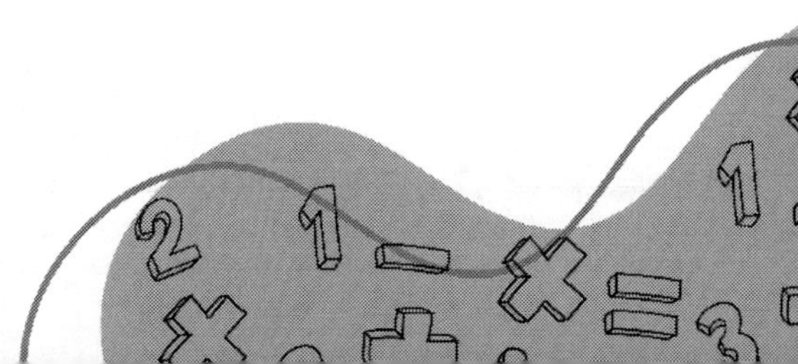

GOAL

8 years old – 13 minutes	9 years old – 10 minutes
10 years old – 6 minutes	11+ years old – 3 minutes

Mixed Multiplication

9 × 8 = ____	11 × 5 = ____	9 × 2 = ____	3 × 3 = ____
12 × 3 = ____	0 × 3 = ____	1 × 2 = ____	8 × 12 = ____
3 × 2 = ____	8 × 3 = ____	11 × 6 = ____	12 × 7 = ____
10 × 9 = ____	11 × 12 = ____	4 × 10 = ____	6 × 3 = ____
11 × 7 = ____	8 × 8 = ____	9 × 0 = ____	6 × 4 = ____
2 × 8 = ____	2 × 9 = ____	12 × 9 = ____	11 × 7 = ____
9 × 12 = ____	5 × 3 = ____	4 × 4 = ____	8 × 8 = ____
12 × 11 = ____	7 × 4 = ____	2 × 9 = ____	7 × 5 = ____
2 × 8 = ____	6 × 7 = ____	4 × 11 = ____	12 × 12 = ____
7 × 2 = ____	12 × 12 = ____	0 × 11 = ____	7 × 4 = ____
8 × 9 = ____	2 × 5 = ____	5 × 6 = ____	5 × 10 = ____
5 × 9 = ____	4 × 12 = ____	2 × 8 = ____	7 × 7 = ____
12 × 8 = ____	8 × 1 = ____	6 × 8 = ____	12 × 11 = ____
12 × 12 = ____	6 × 6 = ____	1 × 7 = ____	4 × 7 = ____
8 × 10 = ____	7 × 5 = ____	10 × 5 = ____	5 × 6 = ____

TIME:

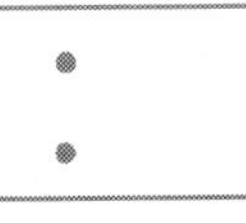

Day 95

GOAL

8 years old – 13 minutes	9 years old – 10 minutes
10 years old – 6 minutes	11+ years old – 3 minutes

Mixed Multiplication

8 × 10 = ____	8 × 9 = ____	6 × 4 = ____	9 × 7 = ____
12 × 11 = ____	11 × 5 = ____	5 × 9 = ____	11 × 2 = ____
5 × 9 = ____	8 × 5 = ____	2 × 4 = ____	12 × 9 = ____
8 × 6 = ____	8 × 2 = ____	6 × 6 = ____	7 × 5 = ____
7 × 2 = ____	12 × 4 = ____	3 × 4 = ____	4 × 0 = ____
1 × 9 = ____	10 × 6 = ____	11 × 4 = ____	8 × 12 = ____
10 × 6 = ____	9 × 2 = ____	12 × 11 = ____	12 × 12 = ____
11 × 5 = ____	1 × 4 = ____	11 × 9 = ____	4 × 5 = ____
1 × 4 = ____	5 × 8 = ____	10 × 2 = ____	7 × 2 = ____
8 × 2 = ____	10 × 7 = ____	5 × 9 = ____	8 × 6 = ____
6 × 8 = ____	8 × 3 = ____	11 × 6 = ____	3 × 7 = ____
11 × 7 = ____	8 × 12 = ____	12 × 11 = ____	7 × 10 = ____
7 × 9 = ____	6 × 6 = ____	8 × 3 = ____	2 × 8 = ____
11 × 2 = ____	9 × 12 = ____	10 × 10 = ____	3 × 12 = ____
9 × 5 = ____	12 × 9 = ____	4 × 4 = ____	6 × 2 = ____

TIME:

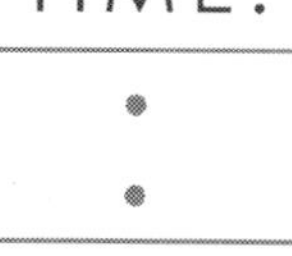

Day 96

GOAL

8 years old – 13 minutes	9 years old – 10 minutes
10 years old – 6 minutes	11+ years old – 3 minutes

Mixed Multiplication

$3 \times 3 =$ ______	$8 \times 11 =$ ______	$12 \times 10 =$ ______	$9 \times 9 =$ ______
$2 \times 3 =$ ______	$9 \times 5 =$ ______	$7 \times 9 =$ ______	$3 \times 1 =$ ______
$1 \times 9 =$ ______	$10 \times 0 =$ ______	$0 \times 9 =$ ______	$10 \times 11 =$ ______
$4 \times 11 =$ ______	$7 \times 6 =$ ______	$7 \times 4 =$ ______	$12 \times 5 =$ ______
$6 \times 3 =$ ______	$3 \times 6 =$ ______	$2 \times 3 =$ ______	$9 \times 11 =$ ______
$4 \times 4 =$ ______	$7 \times 12 =$ ______	$12 \times 2 =$ ______	$8 \times 4 =$ ______
$12 \times 7 =$ ______	$10 \times 4 =$ ______	$2 \times 2 =$ ______	$4 \times 4 =$ ______
$8 \times 3 =$ ______	$11 \times 12 =$ ______	$4 \times 3 =$ ______	$5 \times 2 =$ ______
$7 \times 11 =$ ______	$2 \times 7 =$ ______	$4 \times 4 =$ ______	$0 \times 2 =$ ______
$10 \times 11 =$ ______	$6 \times 7 =$ ______	$6 \times 6 =$ ______	$2 \times 2 =$ ______
$3 \times 7 =$ ______	$2 \times 8 =$ ______	$4 \times 12 =$ ______	$12 \times 12 =$ ______
$7 \times 6 =$ ______	$11 \times 3 =$ ______	$12 \times 5 =$ ______	$6 \times 10 =$ ______
$12 \times 2 =$ ______	$2 \times 11 =$ ______	$8 \times 6 =$ ______	$11 \times 8 =$ ______
$6 \times 3 =$ ______	$3 \times 3 =$ ______	$4 \times 11 =$ ______	$3 \times 2 =$ ______
$2 \times 2 =$ ______	$10 \times 4 =$ ______	$12 \times 10 =$ ______	$2 \times 5 =$ ______

TIME:

:

Day 97

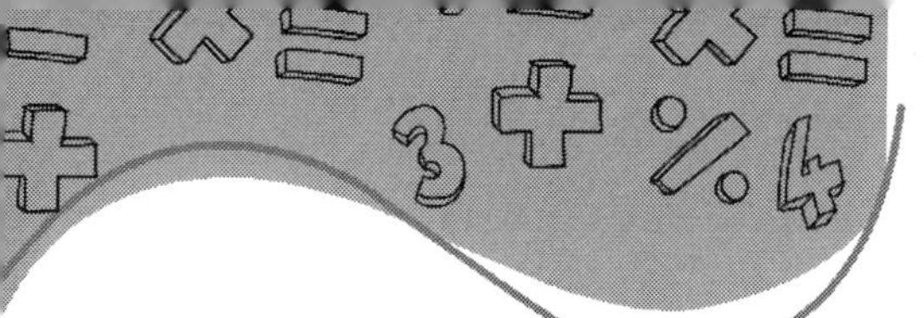

GOAL

8 years old – 13 minutes	9 years old – 10 minutes
10 years old – 6 minutes	11+ years old – 3 minutes

Mixed Multiplication

$4 \times 8 =$ ______	$5 \times 2 =$ ______	$10 \times 7 =$ ______	$10 \times 8 =$ ______
$5 \times 12 =$ ______	$12 \times 2 =$ ______	$6 \times 7 =$ ______	$5 \times 2 =$ ______
$9 \times 12 =$ ______	$1 \times 4 =$ ______	$5 \times 3 =$ ______	$6 \times 12 =$ ______
$12 \times 11 =$ ______	$5 \times 7 =$ ______	$8 \times 11 =$ ______	$0 \times 6 =$ ______
$11 \times 1 =$ ______	$9 \times 10 =$ ______	$6 \times 6 =$ ______	$10 \times 7 =$ ______
$4 \times 5 =$ ______	$7 \times 2 =$ ______	$3 \times 10 =$ ______	$8 \times 7 =$ ______
$6 \times 7 =$ ______	$11 \times 4 =$ ______	$10 \times 11 =$ ______	$4 \times 7 =$ ______
$9 \times 3 =$ ______	$3 \times 3 =$ ______	$6 \times 9 =$ ______	$8 \times 0 =$ ______
$11 \times 9 =$ ______	$9 \times 10 =$ ______	$10 \times 12 =$ ______	$9 \times 12 =$ ______
$3 \times 4 =$ ______	$12 \times 8 =$ ______	$3 \times 9 =$ ______	$2 \times 9 =$ ______
$12 \times 3 =$ ______	$3 \times 7 =$ ______	$4 \times 1 =$ ______	$11 \times 11 =$ ______
$12 \times 12 =$ ______	$0 \times 3 =$ ______	$6 \times 9 =$ ______	$5 \times 8 =$ ______
$7 \times 10 =$ ______	$2 \times 9 =$ ______	$11 \times 8 =$ ______	$9 \times 3 =$ ______
$5 \times 8 =$ ______	$3 \times 6 =$ ______	$5 \times 12 =$ ______	$2 \times 5 =$ ______
$9 \times 3 =$ ______	$11 \times 3 =$ ______	$11 \times 10 =$ ______	$5 \times 3 =$ ______

TIME:

:

Day 98

Weekly Bonus # 14

Find the Path

Begin with the "Start" number and highlight the correct path to reach the "End" number.

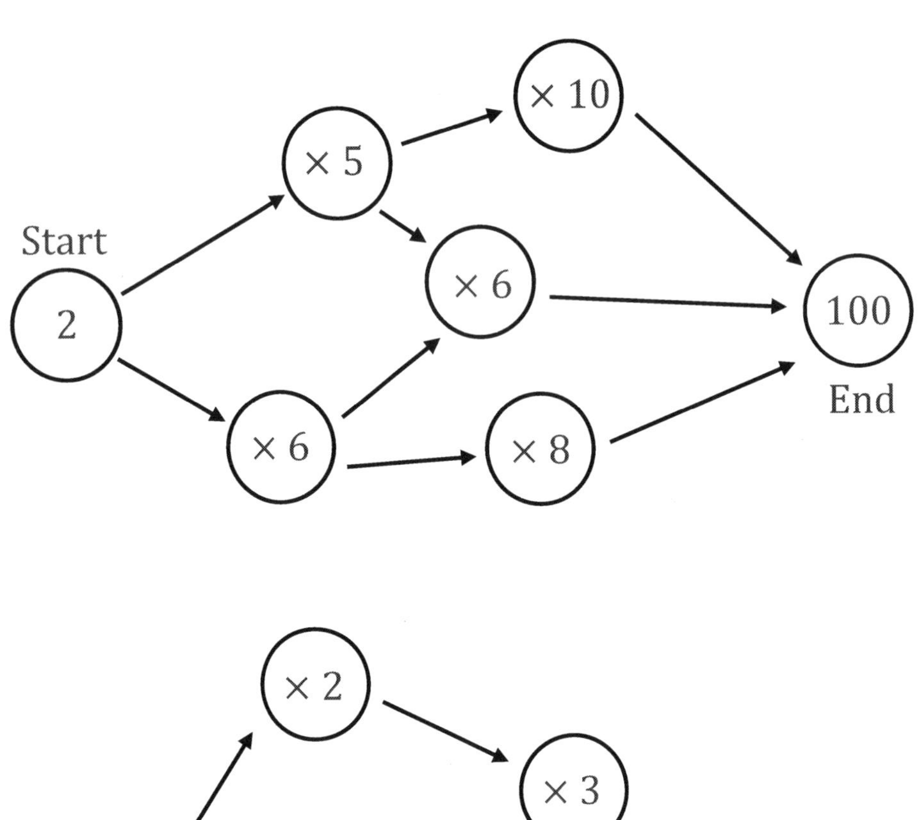

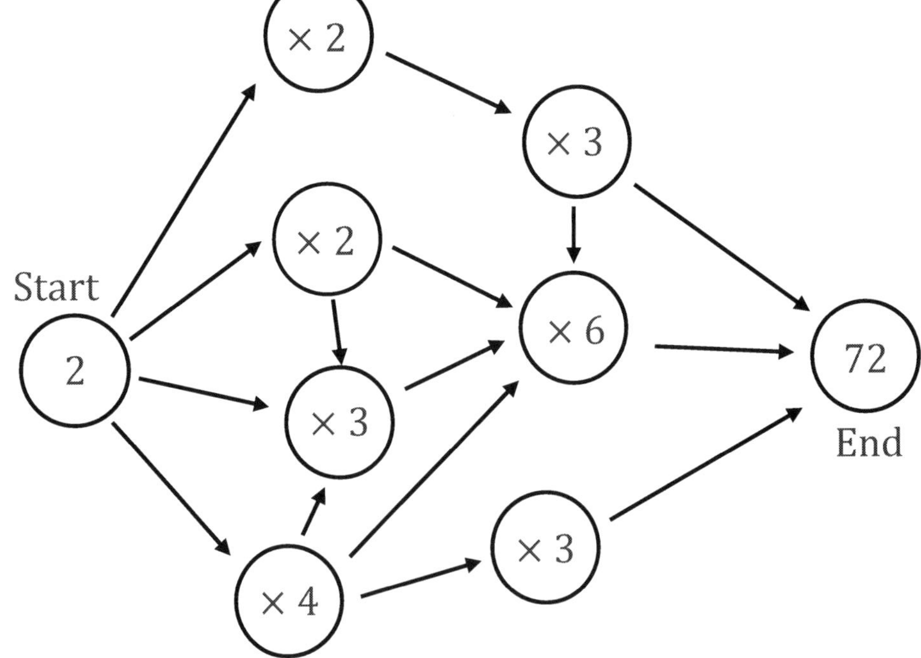

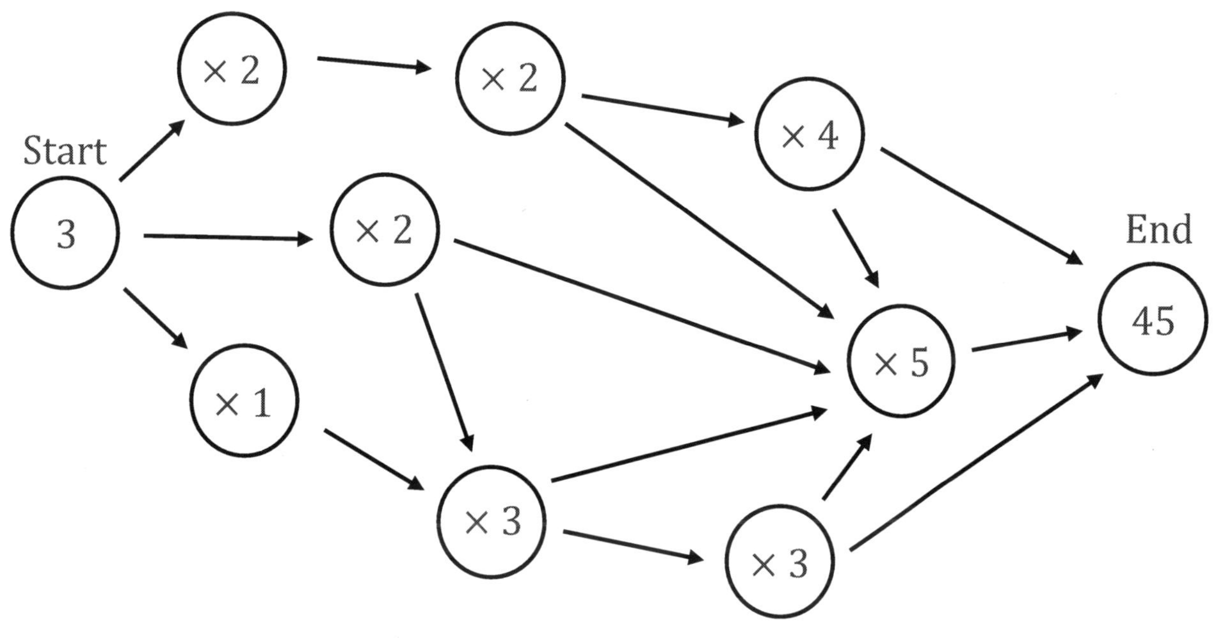
Start
3
× 2
× 2
× 4
× 2
× 1
× 3
× 3
× 5
End
45

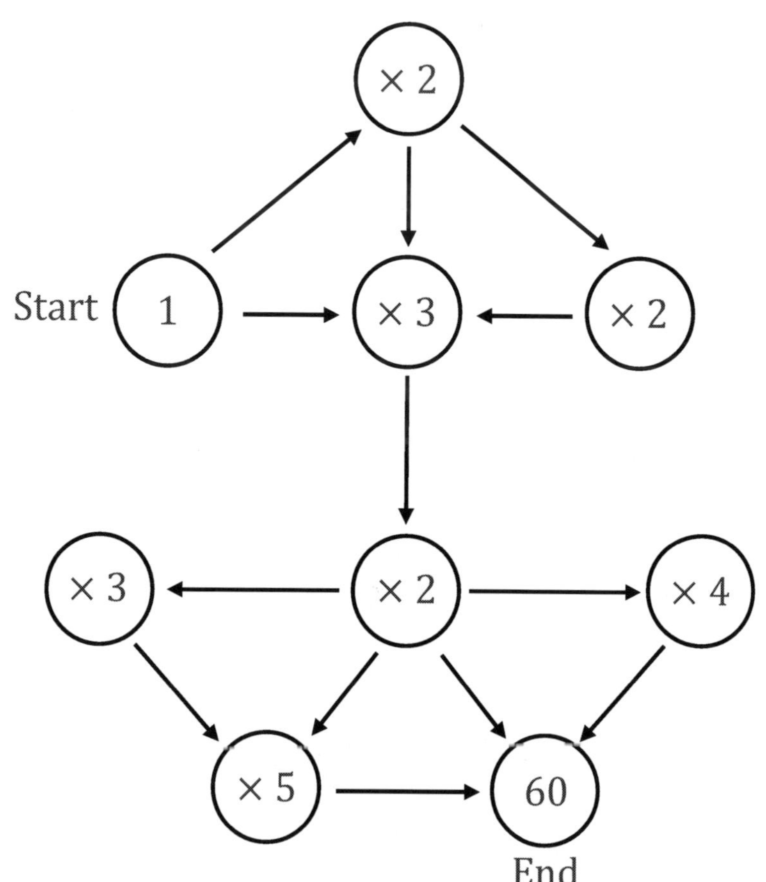
× 2
Start
1
× 3
× 2
× 3
× 2
× 4
× 5
60
End

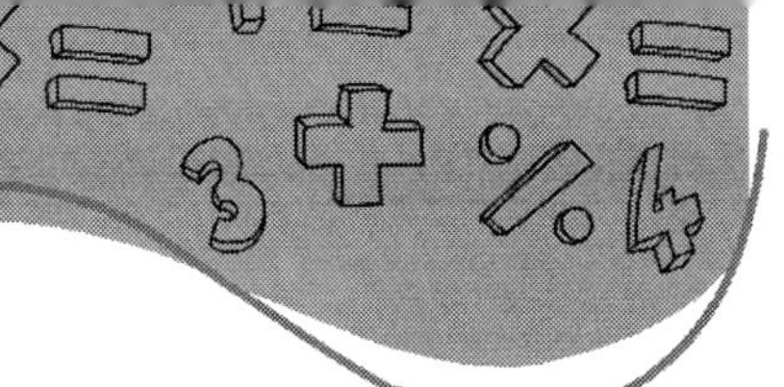

GOAL

8 years old – 13 minutes	9 years old – 10 minutes
10 years old – 6 minutes	11+ years old – 3 minutes

Mixed Multiplication

$2 \times 7 =$ ______	$11 \times 8 =$ ______	$9 \times 12 =$ ______	$8 \times 5 =$ ______
$3 \times 6 =$ ______	$5 \times 11 =$ ______	$6 \times 8 =$ ______	$4 \times 4 =$ ______
$9 \times 3 =$ ______	$9 \times 6 =$ ______	$5 \times 12 =$ ______	$0 \times 5 =$ ______
$12 \times 2 =$ ______	$5 \times 3 =$ ______	$4 \times 7 =$ ______	$10 \times 5 =$ ______
$8 \times 2 =$ ______	$0 \times 9 =$ ______	$1 \times 10 =$ ______	$5 \times 3 =$ ______
$0 \times 10 =$ ______	$8 \times 4 =$ ______	$6 \times 3 =$ ______	$2 \times 4 =$ ______
$3 \times 3 =$ ______	$4 \times 7 =$ ______	$11 \times 3 =$ ______	$3 \times 7 =$ ______
$6 \times 4 =$ ______	$11 \times 8 =$ ______	$10 \times 9 =$ ______	$9 \times 9 =$ ______
$10 \times 8 =$ ______	$11 \times 9 =$ ______	$11 \times 3 =$ ______	$8 \times 8 =$ ______
$9 \times 1 =$ ______	$2 \times 3 =$ ______	$12 \times 3 =$ ______	$9 \times 12 =$ ______
$3 \times 1 =$ ______	$7 \times 5 =$ ______	$3 \times 8 =$ ______	$12 \times 10 =$ ______
$7 \times 8 =$ ______	$6 \times 11 =$ ______	$8 \times 10 =$ ______	$10 \times 7 =$ ______
$9 \times 3 =$ ______	$8 \times 3 =$ ______	$7 \times 11 =$ ______	$11 \times 2 =$ ______
$8 \times 12 =$ ______	$5 \times 4 =$ ______	$8 \times 2 =$ ______	$12 \times 3 =$ ______
$2 \times 10 =$ ______	$11 \times 10 =$ ______	$5 \times 7 =$ ______	$12 \times 9 =$ ______

TIME:

: :

Day 99

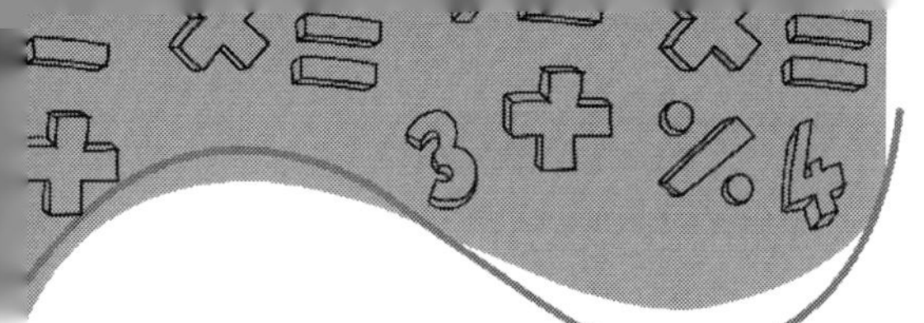

GOAL

8 years old – 13 minutes	9 years old – 10 minutes
10 years old – 6 minutes	11+ years old – 3 minutes

Mixed Multiplication

$5 \times 5 =$ ______	$5 \times 12 =$ ______	$3 \times 5 =$ ______	$3 \times 3 =$ ______
$9 \times 9 =$ ______	$4 \times 11 =$ ______	$12 \times 12 =$ ______	$2 \times 7 =$ ______
$6 \times 7 =$ ______	$10 \times 8 =$ ______	$4 \times 12 =$ ______	$5 \times 6 =$ ______
$1 \times 8 =$ ______	$5 \times 8 =$ ______	$1 \times 12 =$ ______	$12 \times 9 =$ ______
$12 \times 8 =$ ______	$9 \times 7 =$ ______	$5 \times 4 =$ ______	$10 \times 10 =$ ______
$2 \times 3 =$ ______	$5 \times 3 =$ ______	$5 \times 11 =$ ______	$9 \times 4 =$ ______
$4 \times 3 =$ ______	$5 \times 11 =$ ______	$5 \times 7 =$ ______	$2 \times 4 =$ ______
$7 \times 9 =$ ______	$3 \times 11 =$ ______	$12 \times 12 =$ ______	$4 \times 5 =$ ______
$4 \times 4 =$ ______	$10 \times 5 =$ ______	$4 \times 10 =$ ______	$7 \times 3 =$ ______
$6 \times 6 =$ ______	$8 \times 8 =$ ______	$3 \times 11 =$ ______	$12 \times 6 =$ ______
$11 \times 7 =$ ______	$8 \times 7 =$ ______	$9 \times 3 =$ ______	$11 \times 11 =$ ______
$8 \times 4 =$ ______	$7 \times 7 =$ ______	$8 \times 10 =$ ______	$5 \times 9 =$ ______
$1 \times 10 =$ ______	$8 \times 6 =$ ______	$2 \times 9 =$ ______	$9 \times 3 =$ ______
$4 \times 3 =$ ______	$4 \times 5 =$ ______	$9 \times 8 =$ ______	$10 \times 9 =$ ______
$4 \times 8 =$ ______	$10 \times 8 =$ ______	$9 \times 6 =$ ______	$6 \times 3 =$ ______

TIME:

Day 100

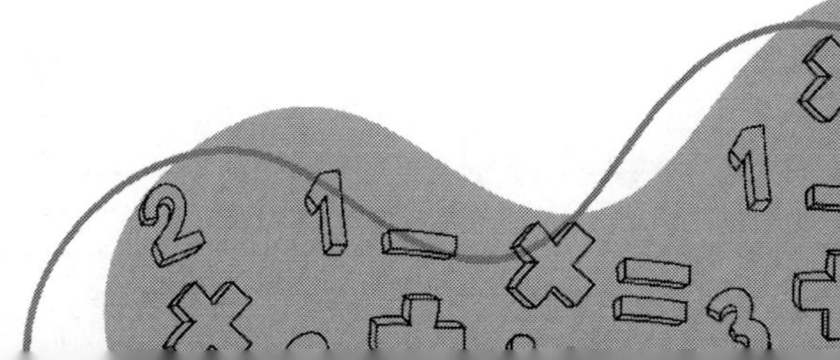

GOAL

8 years old – 13 minutes	9 years old – 10 minutes
10 years old – 6 minutes	11+ years old – 3 minutes

Mixed Multiplication

$3 \times 7 =$ ______	$4 \times 3 =$ ______	$10 \times 7 =$ ______	$11 \times 7 =$ ______
$5 \times 11 =$ ______	$10 \times 4 =$ ______	$5 \times 6 =$ ______	$6 \times 3 =$ ______
$7 \times 12 =$ ______	$3 \times 3 =$ ______	$2 \times 9 =$ ______	$3 \times 12 =$ ______
$12 \times 11 =$ ______	$7 \times 0 =$ ______	$8 \times 11 =$ ______	$0 \times 3 =$ ______
$11 \times 9 =$ ______	$8 \times 12 =$ ______	$6 \times 4 =$ ______	$11 \times 3 =$ ______
$3 \times 5 =$ ______	$8 \times 8 =$ ______	$5 \times 10 =$ ______	$7 \times 4 =$ ______
$3 \times 8 =$ ______	$10 \times 8 =$ ______	$10 \times 12 =$ ______	$8 \times 1 =$ ______
$2 \times 2 =$ ______	$7 \times 7 =$ ______	$1 \times 9 =$ ______	$8 \times 5 =$ ______
$10 \times 3 =$ ______	$6 \times 12 =$ ______	$11 \times 12 =$ ______	$9 \times 10 =$ ______
$3 \times 6 =$ ______	$11 \times 5 =$ ______	$4 \times 4 =$ ______	$7 \times 5 =$ ______
$10 \times 4 =$ ______	$4 \times 7 =$ ______	$4 \times 5 =$ ______	$10 \times 10 =$ ______
$11 \times 11 =$ ______	$6 \times 5 =$ ______	$7 \times 9 =$ ______	$6 \times 3 =$ ______
$3 \times 11 =$ ______	$2 \times 8 =$ ______	$11 \times 4 =$ ______	$3 \times 2 =$ ______
$3 \times 9 =$ ______	$6 \times 6 =$ ______	$2 \times 11 =$ ______	$2 \times 8 =$ ______
$9 \times 2 =$ ______	$11 \times 4 =$ ______	$12 \times 12 =$ ______	$7 \times 7 =$ ______

TIME:

Day 101

Answers

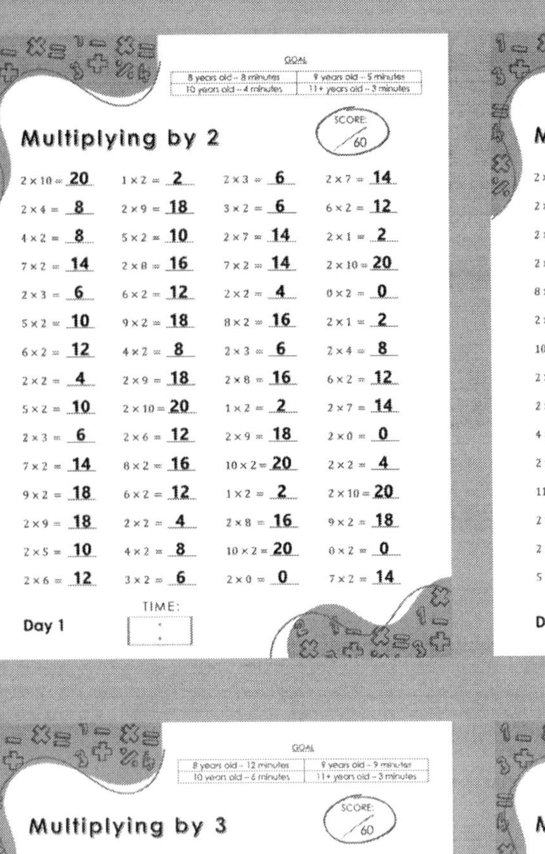

GOAL

8 years old – 8 minutes	9 years old – 5 minutes
10 years old – 4 minutes	11+ years old – 3 minutes

Multiplying by 2

SCORE: /60

2 × 10 = 20	1 × 2 = 2	2 × 3 = 6	2 × 7 = 14
2 × 4 = 8	2 × 9 = 18	3 × 2 = 6	6 × 2 = 12
4 × 2 = 8	5 × 2 = 10	2 × 7 = 14	2 × 1 = 2
7 × 2 = 14	2 × 8 = 16	7 × 2 = 14	2 × 10 = 20
2 × 3 = 6	6 × 2 = 12	2 × 2 = 4	0 × 2 = 0
5 × 2 = 10	9 × 2 = 18	8 × 2 = 16	2 × 1 = 2
6 × 2 = 12	4 × 2 = 8	2 × 3 = 6	2 × 4 = 8
2 × 2 = 4	2 × 9 = 18	2 × 8 = 16	6 × 2 = 12
5 × 2 = 10	2 × 10 = 20	1 × 2 = 2	2 × 7 = 14
2 × 3 = 6	2 × 6 = 12	2 × 9 = 18	2 × 0 = 0
7 × 2 = 14	8 × 2 = 16	10 × 2 = 20	2 × 2 = 4
9 × 2 = 18	6 × 2 = 12	1 × 2 = 2	2 × 10 = 20
2 × 9 = 18	2 × 2 = 4	2 × 8 = 16	9 × 2 = 18
2 × 5 = 10	4 × 2 = 8	10 × 2 = 20	0 × 2 = 0
2 × 6 = 12	3 × 2 = 6	2 × 0 = 0	7 × 2 = 14

Day 1 TIME: :

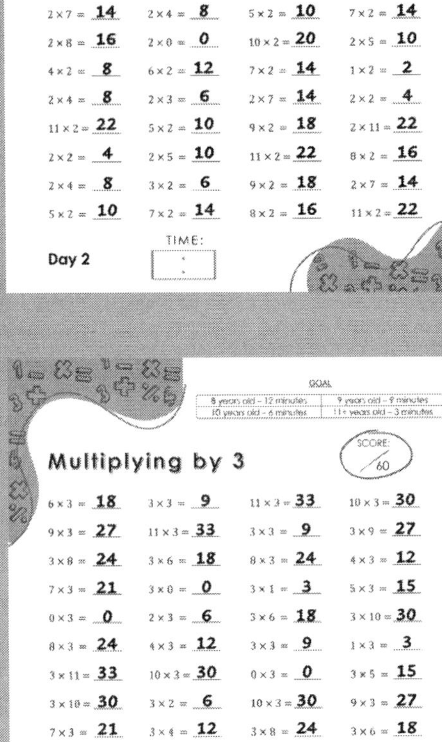

GOAL

8 years old – 8 minutes	9 years old – 5 minutes
10 years old – 4 minutes	11+ years old – 3 minutes

Multiplying by 2

SCORE: /60

2 × 3 = 6	2 × 6 = 12	10 × 2 = 20	1 × 2 = 2
2 × 10 = 20	3 × 2 = 6	11 × 2 = 22	2 × 6 = 12
2 × 8 = 16	9 × 2 = 18	2 × 2 = 4	2 × 0 = 0
2 × 9 = 18	2 × 4 = 8	0 × 2 = 0	2 × 1 = 2
8 × 2 = 16	2 × 6 = 12	4 × 2 = 8	11 × 2 = 22
2 × 2 = 4	2 × 4 = 8	2 × 8 = 16	2 × 9 = 18
10 × 2 = 20	2 × 2 = 4	2 × 6 = 12	2 × 5 = 10
2 × 7 = 14	2 × 4 = 8	5 × 2 = 10	7 × 2 = 14
2 × 8 = 16	2 × 0 = 0	10 × 2 = 20	2 × 5 = 10
4 × 2 = 8	6 × 2 = 12	7 × 2 = 14	1 × 2 = 2
2 × 4 = 8	2 × 3 = 6	2 × 7 = 14	2 × 2 = 4
11 × 2 = 22	5 × 2 = 10	9 × 2 = 18	2 × 11 = 22
2 × 2 = 4	2 × 5 = 10	11 × 2 = 22	8 × 2 = 16
2 × 4 = 8	3 × 2 = 6	9 × 2 = 18	2 × 7 = 14
5 × 2 = 10	7 × 2 = 14	8 × 2 = 16	11 × 2 = 22

Day 2 TIME: :

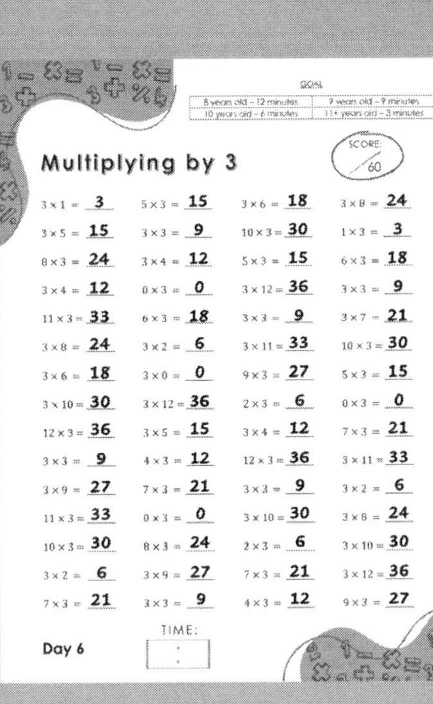

GOAL

8 years old – 8 minutes	9 years old – 5 minutes
10 years old – 4 minutes	11+ years old – 3 minutes

Multiplying by 2

SCORE: /60

10 × 2 = 20	2 × 5 = 10	2 × 7 = 14	2 × 4 = 8
1 × 2 = 2	6 × 2 = 12	8 × 2 = 16	7 × 2 = 14
2 × 2 = 4	2 × 9 = 18	10 × 2 = 20	9 × 2 = 18
9 × 2 = 18	2 × 10 = 20	3 × 2 = 6	2 × 2 = 4
2 × 12 = 24	7 × 2 = 14	11 × 2 = 22	10 × 2 = 20
2 × 10 = 20	2 × 9 = 18	6 × 2 = 12	2 × 0 = 0
2 × 0 = 0	2 × 8 = 16	3 × 2 = 6	2 × 2 = 4
2 × 9 = 18	10 × 2 = 20	2 × 12 = 24	11 × 2 = 22
7 × 2 = 14	9 × 2 = 18	1 × 2 = 2	8 × 2 = 16
4 × 2 = 8	5 × 2 = 10	2 × 11 = 22	12 × 2 = 24
0 × 2 = 0	11 × 2 = 22	2 × 3 = 6	2 × 5 = 10
6 × 2 = 12	3 × 2 = 6	4 × 2 = 8	2 × 8 = 16
2 × 2 = 4	10 × 2 = 20	5 × 2 = 10	2 × 4 = 8
1 × 2 = 2	2 × 11 = 22	2 × 7 = 14	6 × 2 = 12
10 × 2 = 20	2 × 3 = 6	8 × 2 = 16	2 × 5 = 10

Day 3 TIME: :

GOAL

8 years old – 12 minutes	9 years old – 9 minutes
10 years old – 6 minutes	11+ years old – 3 minutes

Multiplying by 3

SCORE: /60

7 × 3 = 21	4 × 3 = 12	0 × 3 = 0	10 × 3 = 30
0 × 3 = 0	2 × 3 = 6	9 × 3 = 27	3 × 7 = 21
3 × 6 = 18	3 × 8 = 24	3 × 0 = 0	6 × 3 = 18
1 × 3 = 3	3 × 10 = 30	3 × 2 = 6	4 × 3 = 12
3 × 2 = 6	3 × 4 = 12	3 × 8 = 24	7 × 3 = 21
3 × 3 = 9	10 × 3 = 30	3 × 0 = 0	5 × 3 = 15
3 × 6 = 18	0 × 3 = 0	6 × 3 = 18	9 × 3 = 27
4 × 3 = 12	2 × 3 = 6	8 × 3 = 24	3 × 3 = 9
8 × 3 = 24	3 × 4 = 12	3 × 6 = 18	3 × 1 = 3
9 × 3 = 27	1 × 3 = 3	9 × 3 = 27	3 × 4 = 12
3 × 5 = 15	3 × 9 = 27	3 × 3 = 9	2 × 3 = 6
6 × 3 = 18	0 × 3 = 0	3 × 8 = 24	4 × 3 = 12
10 × 3 = 30	5 × 3 = 15	4 × 3 = 12	8 × 3 = 24
3 × 7 = 21	3 × 2 = 6	3 × 6 = 18	3 × 5 = 15
3 × 8 = 24	3 × 1 = 3	3 × 10 = 30	9 × 3 = 27

Day 4 TIME: :

GOAL

8 years old – 12 minutes	9 years old – 9 minutes
10 years old – 6 minutes	11+ years old – 3 minutes

Multiplying by 3

SCORE: /60

6 × 3 = 18	3 × 3 = 9	11 × 3 = 33	10 × 3 = 30
9 × 3 = 27	11 × 3 = 33	3 × 3 = 9	3 × 9 = 27
3 × 8 = 24	3 × 6 = 18	8 × 3 = 24	4 × 3 = 12
7 × 3 = 21	3 × 0 = 0	3 × 1 = 3	5 × 3 = 15
0 × 3 = 0	2 × 3 = 6	3 × 6 = 18	3 × 10 = 30
8 × 3 = 24	4 × 3 = 12	3 × 3 = 9	1 × 3 = 3
3 × 11 = 33	10 × 3 = 30	0 × 3 = 0	3 × 5 = 15
3 × 10 = 30	3 × 2 = 6	10 × 3 = 30	9 × 3 = 27
7 × 3 = 21	3 × 4 = 12	3 × 8 = 24	3 × 6 = 18
1 × 3 = 3	0 × 3 = 0	3 × 4 = 12	3 × 1 = 3
3 × 3 = 9	3 × 6 = 18	7 × 3 = 21	3 × 5 = 15
5 × 3 = 15	10 × 3 = 30	3 × 2 = 6	7 × 3 = 21
3 × 10 = 30	11 × 3 = 33	4 × 3 = 12	3 × 0 = 0
3 × 4 = 12	3 × 3 = 9	3 × 7 = 21	3 × 11 = 33
3 × 2 = 6	8 × 3 = 24	5 × 3 = 15	3 × 6 = 18

Day 5 TIME: :

GOAL

8 years old – 12 minutes	9 years old – 9 minutes
10 years old – 6 minutes	11+ years old – 3 minutes

Multiplying by 3

SCORE: /60

3 × 1 = 3	5 × 3 = 15	3 × 6 = 18	3 × 8 = 24
3 × 5 = 15	3 × 3 = 9	10 × 3 = 30	1 × 3 = 3
8 × 3 = 24	3 × 4 = 12	5 × 3 = 15	6 × 3 = 18
3 × 4 = 12	0 × 3 = 0	3 × 12 = 36	3 × 3 = 9
11 × 3 = 33	6 × 3 = 18	3 × 3 = 9	3 × 7 = 21
3 × 8 = 24	3 × 2 = 6	3 × 11 = 33	10 × 3 = 30
3 × 6 = 18	3 × 0 = 0	9 × 3 = 27	5 × 3 = 15
3 × 10 = 30	3 × 12 = 36	2 × 3 = 6	0 × 3 = 0
12 × 3 = 36	3 × 5 = 15	3 × 4 = 12	7 × 3 = 21
3 × 3 = 9	4 × 3 = 12	12 × 3 = 36	3 × 11 = 33
3 × 9 = 27	7 × 3 = 21	3 × 3 = 9	3 × 2 = 6
11 × 3 = 33	0 × 3 = 0	3 × 10 = 30	3 × 8 = 24
10 × 3 = 30	8 × 3 = 24	2 × 3 = 6	3 × 10 = 30
3 × 2 = 6	3 × 9 = 27	7 × 3 = 21	3 × 12 = 36
7 × 3 = 21	3 × 3 = 9	4 × 3 = 12	9 × 3 = 27

Day 6 TIME: :

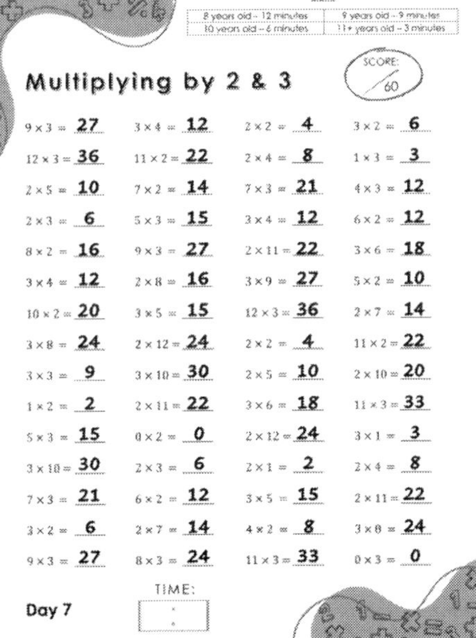

GOAL

8 years old – 12 minutes	9 years old – 9 minutes
10 years old – 6 minutes	11+ years old – 3 minutes

Multiplying by 2 & 3

SCORE: /60

9 × 3 = 27	3 × 4 = 12	2 × 2 = 4	3 × 2 = 6
12 × 3 = 36	11 × 2 = 22	2 × 4 = 8	1 × 3 = 3
2 × 5 = 10	7 × 2 = 14	7 × 3 = 21	4 × 3 = 12
2 × 3 = 6	5 × 3 = 15	3 × 4 = 12	6 × 2 = 12
8 × 2 = 16	9 × 3 = 27	2 × 11 = 22	3 × 6 = 18
3 × 4 = 12	2 × 8 = 16	3 × 9 = 27	5 × 2 = 10
10 × 2 = 20	3 × 5 = 15	12 × 3 = 36	2 × 7 = 14
3 × 8 = 24	2 × 12 = 24	2 × 2 = 4	11 × 2 = 22
3 × 3 = 9	3 × 10 = 30	2 × 5 = 10	2 × 10 = 20
1 × 2 = 2	2 × 11 = 22	3 × 6 = 18	11 × 3 = 33
5 × 3 = 15	0 × 2 = 0	2 × 12 = 24	3 × 1 = 3
3 × 10 = 30	2 × 3 = 6	2 × 1 = 2	2 × 4 = 8
7 × 3 = 21	6 × 2 = 12	3 × 5 = 15	2 × 11 = 22
3 × 2 = 6	2 × 7 = 14	4 × 2 = 8	3 × 8 = 24
9 × 3 = 27	8 × 3 = 24	11 × 3 = 33	0 × 3 = 0

Day 7 TIME: :

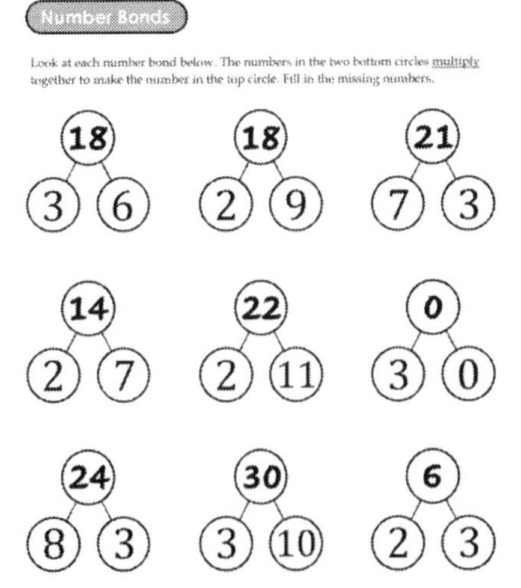

Weekly Bonus # 1

Number Bonds

Look at each number bond below. The numbers in the two bottom circles multiply together to make the number in the top circle. Fill in the missing numbers.

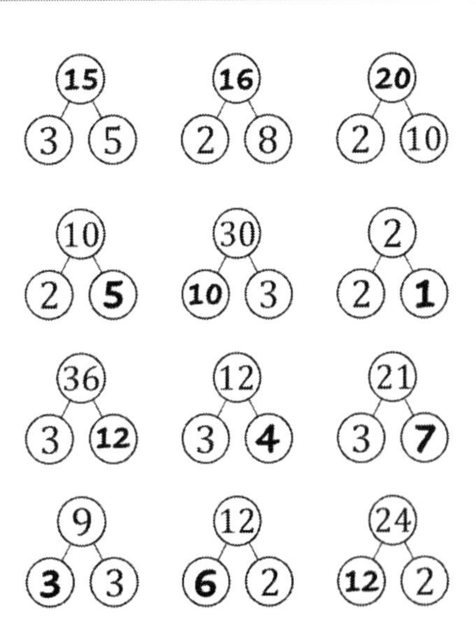

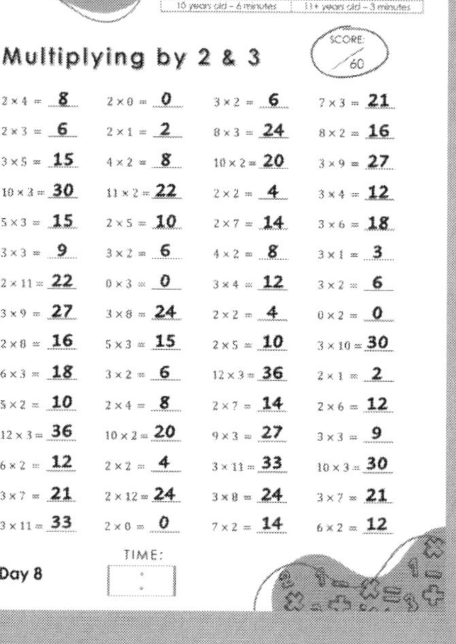

GOAL

8 years old – 12 minutes	9 years old – 9 minutes
10 years old – 6 minutes	11+ years old – 3 minutes

Multiplying by 2 & 3

SCORE: /60

2 × 4 = 8	2 × 0 = 0	3 × 2 = 6	7 × 3 = 21
2 × 3 = 6	2 × 1 = 2	8 × 3 = 24	8 × 2 = 16
3 × 5 = 15	4 × 2 = 8	10 × 2 = 20	3 × 9 = 27
10 × 3 = 30	11 × 2 = 22	2 × 2 = 4	3 × 4 = 12
5 × 3 = 15	2 × 5 = 10	2 × 7 = 14	3 × 6 = 18
3 × 3 = 9	3 × 2 = 6	4 × 2 = 8	3 × 1 = 3
2 × 11 = 22	0 × 3 = 0	3 × 4 = 12	3 × 2 = 6
3 × 9 = 27	3 × 8 = 24	2 × 2 = 4	0 × 2 = 0
2 × 8 = 16	5 × 3 = 15	2 × 5 = 10	3 × 10 = 30
6 × 3 = 18	3 × 2 = 6	12 × 3 = 36	2 × 1 = 2
5 × 2 = 10	2 × 4 = 8	2 × 7 = 14	2 × 6 = 12
12 × 3 = 36	10 × 2 = 20	9 × 3 = 27	3 × 3 = 9
6 × 2 = 12	2 × 2 = 4	3 × 11 = 33	10 × 3 = 30
3 × 7 = 21	2 × 12 = 24	3 × 8 = 24	3 × 7 = 21
3 × 11 = 33	2 × 0 = 0	7 × 2 = 14	6 × 2 = 12

Day 8 TIME: :

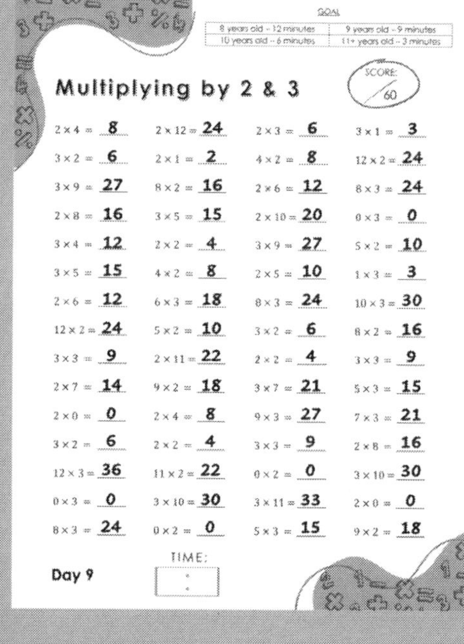

GOAL

8 years old – 12 minutes	9 years old – 9 minutes
10 years old – 6 minutes	11+ years old – 3 minutes

Multiplying by 2 & 3

SCORE: /60

2 × 4 = 8	2 × 12 = 24	2 × 3 = 6	3 × 1 = 3
3 × 2 = 6	2 × 1 = 2	4 × 2 = 8	12 × 2 = 24
3 × 9 = 27	8 × 2 = 16	2 × 6 = 12	8 × 3 = 24
2 × 8 = 16	3 × 5 = 15	2 × 10 = 20	0 × 3 = 0
3 × 4 = 12	2 × 2 = 4	3 × 9 = 27	5 × 2 = 10
3 × 5 = 15	4 × 2 = 8	2 × 5 = 10	1 × 3 = 3
2 × 6 = 12	6 × 3 = 18	8 × 3 = 24	10 × 3 = 30
12 × 2 = 24	5 × 2 = 10	3 × 2 = 6	8 × 2 = 16
3 × 3 = 9	2 × 11 = 22	2 × 2 = 4	3 × 3 = 9
2 × 7 = 14	9 × 2 = 18	3 × 7 = 21	5 × 3 = 15
2 × 0 = 0	2 × 4 = 8	9 × 3 = 27	7 × 3 = 21
3 × 2 = 6	2 × 2 = 4	3 × 3 = 9	2 × 8 = 16
12 × 3 = 36	11 × 2 = 22	0 × 2 = 0	3 × 10 = 30
0 × 3 = 0	3 × 10 = 30	3 × 11 = 33	2 × 0 = 0
8 × 3 = 24	0 × 2 = 0	5 × 3 = 15	9 × 2 = 18

Day 9 TIME: :

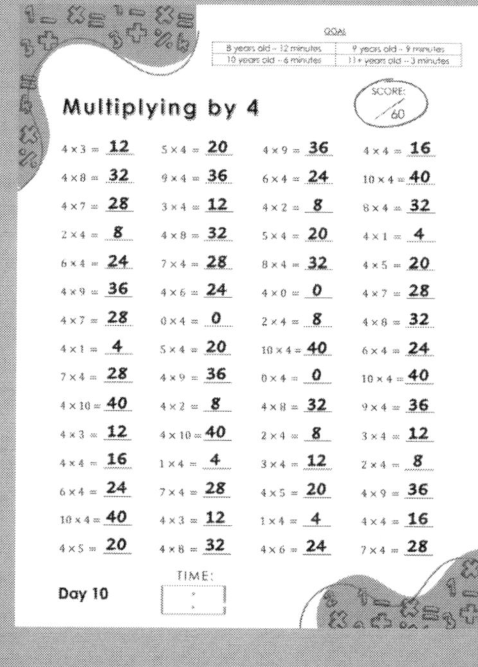

GOAL

8 years old – 12 minutes	9 years old – 9 minutes
10 years old – 6 minutes	11+ years old – 3 minutes

Multiplying by 4

SCORE: /60

4 × 3 = 12	5 × 4 = 20	4 × 9 = 36	4 × 4 = 16
4 × 8 = 32	9 × 4 = 36	6 × 4 = 24	10 × 4 = 40
4 × 7 = 28	3 × 4 = 12	4 × 2 = 8	8 × 4 = 32
2 × 4 = 8	4 × 8 = 32	5 × 4 = 20	4 × 1 = 4
6 × 4 = 24	7 × 4 = 28	8 × 4 = 32	4 × 5 = 20
4 × 9 = 36	4 × 6 = 24	4 × 0 = 0	4 × 7 = 28
4 × 7 = 28	0 × 4 = 0	2 × 4 = 8	4 × 8 = 32
4 × 1 = 4	5 × 4 = 20	10 × 4 = 40	6 × 4 = 24
7 × 4 = 28	4 × 9 = 36	0 × 4 = 0	10 × 4 = 40
4 × 10 = 40	4 × 2 = 8	4 × 8 = 32	9 × 4 = 36
4 × 3 = 12	4 × 10 = 40	2 × 4 = 8	3 × 4 = 12
4 × 4 = 16	1 × 4 = 4	3 × 4 = 12	2 × 4 = 8
6 × 4 = 24	7 × 4 = 28	4 × 5 = 20	4 × 9 = 36
10 × 4 = 40	4 × 3 = 12	1 × 4 = 4	4 × 4 = 16
4 × 5 = 20	4 × 8 = 32	4 × 6 = 24	7 × 4 = 28

Day 10 TIME: :

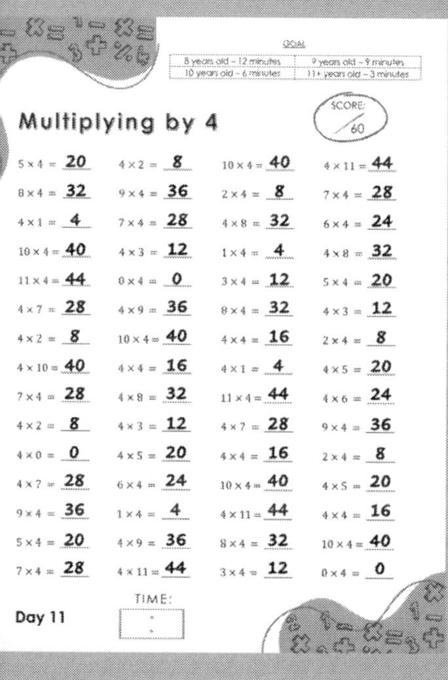

GOAL

8 years old – 12 minutes	9 years old – 9 minutes
10 years old – 6 minutes	11+ years old – 3 minutes

Multiplying by 4

SCORE: /60

5 × 4 = 20	4 × 2 = 8	10 × 4 = 40	4 × 11 = 44
8 × 4 = 32	9 × 4 = 36	2 × 4 = 8	7 × 4 = 28
4 × 1 = 4	7 × 4 = 28	4 × 8 = 32	6 × 4 = 24
10 × 4 = 40	4 × 3 = 12	1 × 4 = 4	4 × 8 = 32
11 × 4 = 44	0 × 4 = 0	3 × 4 = 12	5 × 4 = 20
4 × 7 = 28	4 × 9 = 36	8 × 4 = 32	4 × 3 = 12
4 × 2 = 8	10 × 4 = 40	4 × 4 = 16	2 × 4 = 8
4 × 10 = 40	4 × 4 = 16	4 × 1 = 4	4 × 5 = 20
7 × 4 = 28	4 × 8 = 32	11 × 4 = 44	4 × 6 = 24
4 × 2 = 8	4 × 3 = 12	4 × 7 = 28	9 × 4 = 36
4 × 0 = 0	4 × 5 = 20	4 × 4 = 16	2 × 4 = 8
4 × 7 = 28	6 × 4 = 24	10 × 4 = 40	4 × 5 = 20
9 × 4 = 36	1 × 4 = 4	4 × 11 = 44	4 × 4 = 16
5 × 4 = 20	4 × 9 = 36	8 × 4 = 32	10 × 4 = 40
7 × 4 = 28	4 × 11 = 44	3 × 4 = 12	0 × 4 = 0

Day 11 TIME: :

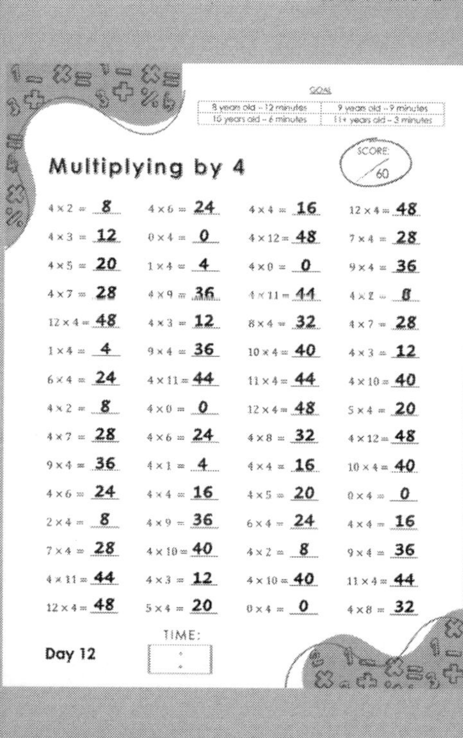

GOAL

8 years old – 12 minutes	9 years old – 9 minutes
10 years old – 6 minutes	11+ years old – 3 minutes

Multiplying by 4

SCORE: /60

4 × 2 = 8	4 × 6 = 24	4 × 4 = 16	12 × 4 = 48
4 × 3 = 12	0 × 4 = 0	4 × 12 = 48	7 × 4 = 28
4 × 5 = 20	1 × 4 = 4	4 × 0 = 0	9 × 4 = 36
4 × 7 = 28	4 × 9 = 36	4 × 11 = 44	4 × 2 = 8
12 × 4 = 48	4 × 3 = 12	8 × 4 = 32	4 × 7 = 28
1 × 4 = 4	9 × 4 = 36	10 × 4 = 40	4 × 3 = 12
6 × 4 = 24	4 × 11 = 44	11 × 4 = 44	4 × 10 = 40
4 × 2 = 8	4 × 0 = 0	12 × 4 = 48	5 × 4 = 20
4 × 7 = 28	4 × 6 = 24	4 × 8 = 32	4 × 12 = 48
9 × 4 = 36	4 × 1 = 4	4 × 4 = 16	10 × 4 = 40
4 × 6 = 24	4 × 4 = 16	4 × 5 = 20	0 × 4 = 0
2 × 4 = 8	4 × 9 = 36	6 × 4 = 24	4 × 4 = 16
7 × 4 = 28	4 × 10 = 40	4 × 2 = 8	9 × 4 = 36
4 × 11 = 44	4 × 3 = 12	4 × 10 = 40	11 × 4 = 44
12 × 4 = 48	5 × 4 = 20	0 × 4 = 0	4 × 8 = 32

Day 12 TIME: :

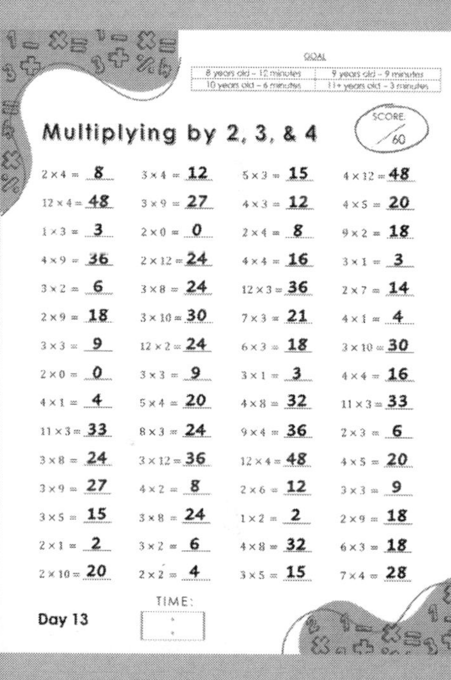

GOAL

8 years old – 12 minutes	9 years old – 9 minutes
10 years old – 6 minutes	11+ years old – 3 minutes

Multiplying by 2, 3, & 4

SCORE: /60

2 × 4 = 8	3 × 4 = 12	5 × 3 = 15	4 × 12 = 48
12 × 4 = 48	3 × 9 = 27	4 × 3 = 12	4 × 5 = 20
1 × 3 = 3	2 × 0 = 0	2 × 4 = 8	9 × 2 = 18
4 × 9 = 36	2 × 12 = 24	4 × 4 = 16	3 × 1 = 3
3 × 2 = 6	3 × 8 = 24	12 × 3 = 36	2 × 7 = 14
2 × 9 = 18	3 × 10 = 30	7 × 3 = 21	4 × 1 = 4
3 × 3 = 9	12 × 2 = 24	6 × 3 = 18	3 × 10 = 30
2 × 0 = 0	3 × 3 = 9	3 × 1 = 3	4 × 4 = 16
4 × 1 = 4	5 × 4 = 20	4 × 8 = 32	11 × 3 = 33
11 × 3 = 33	8 × 3 = 24	9 × 4 = 36	2 × 3 = 6
3 × 8 = 24	3 × 12 = 36	12 × 4 = 48	4 × 5 = 20
3 × 9 = 27	4 × 2 = 8	2 × 6 = 12	3 × 3 = 9
3 × 5 = 15	3 × 8 = 24	1 × 2 = 2	2 × 9 = 18
2 × 1 = 2	3 × 2 = 6	4 × 8 = 32	6 × 3 = 18
2 × 10 = 20	2 × 2 = 4	3 × 5 = 15	7 × 4 = 28

Day 13 TIME: :

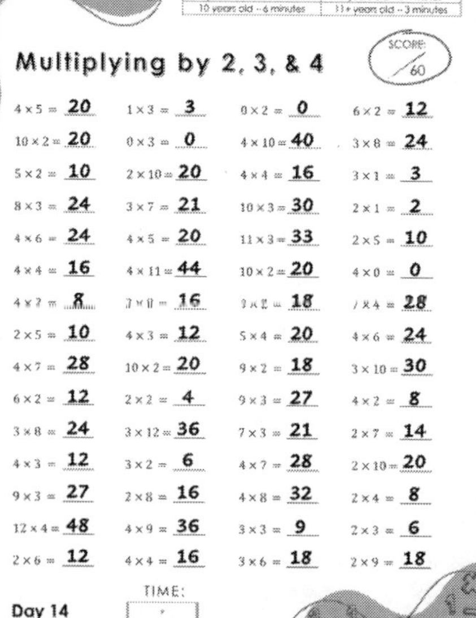

GOAL

8 years old – 12 minutes	9 years old – 9 minutes
10 years old – 6 minutes	11+ years old – 3 minutes

Multiplying by 2, 3, & 4

SCORE: /60

4 × 5 = 20	1 × 3 = 3	0 × 2 = 0	6 × 2 = 12
10 × 2 = 20	0 × 3 = 0	4 × 10 = 40	3 × 8 = 24
5 × 2 = 10	2 × 10 = 20	4 × 4 = 16	3 × 1 = 3
8 × 3 = 24	3 × 7 = 21	10 × 3 = 30	2 × 1 = 2
4 × 6 = 24	4 × 5 = 20	11 × 3 = 33	2 × 5 = 10
4 × 4 = 16	4 × 11 = 44	10 × 2 = 20	4 × 0 = 0
4 × 2 = 8	[illegible] = 16	[illegible] = 18	7 × 4 = 28
2 × 5 = 10	4 × 3 = 12	5 × 4 = 20	4 × 6 = 24
4 × 7 = 28	10 × 2 = 20	9 × 2 = 18	3 × 10 = 30
6 × 2 = 12	2 × 2 = 4	9 × 3 = 27	4 × 2 = 8
3 × 8 = 24	3 × 12 = 36	7 × 3 = 21	2 × 7 = 14
4 × 3 = 12	3 × 2 = 6	4 × 7 = 28	2 × 10 = 20
9 × 3 = 27	2 × 8 = 16	4 × 8 = 32	2 × 4 = 8
12 × 4 = 48	4 × 9 = 36	3 × 3 = 9	2 × 3 = 6
2 × 6 = 12	4 × 4 = 16	3 × 6 = 18	2 × 9 = 18

Day 14 TIME: :

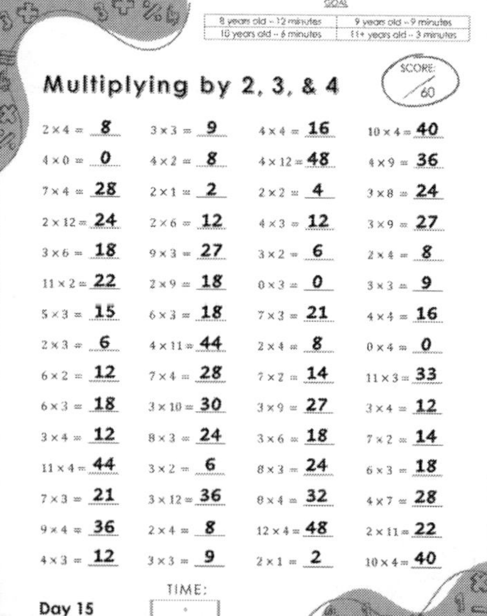

GOAL

8 years old – 12 minutes	9 years old – 9 minutes
10 years old – 6 minutes	11+ years old – 3 minutes

Multiplying by 2, 3, & 4

SCORE: /60

2 × 4 = 8	3 × 3 = 9	4 × 4 = 16	10 × 4 = 40
4 × 0 = 0	4 × 2 = 8	4 × 12 = 48	4 × 9 = 36
7 × 4 = 28	2 × 1 = 2	2 × 2 = 4	3 × 8 = 24
2 × 12 = 24	2 × 6 = 12	4 × 3 = 12	3 × 9 = 27
3 × 6 = 18	9 × 3 = 27	3 × 2 = 6	2 × 4 = 8
11 × 2 = 22	2 × 9 = 18	0 × 3 = 0	3 × 3 = 9
5 × 3 = 15	6 × 3 = 18	7 × 3 = 21	4 × 4 = 16
2 × 3 = 6	4 × 11 = 44	2 × 4 = 8	0 × 4 = 0
6 × 2 = 12	7 × 4 = 28	7 × 2 = 14	11 × 3 = 33
6 × 3 = 18	3 × 10 = 30	3 × 9 = 27	3 × 4 = 12
3 × 4 = 12	8 × 3 = 24	3 × 6 = 18	7 × 2 = 14
11 × 4 = 44	3 × 2 = 6	8 × 3 = 24	6 × 3 = 18
7 × 3 = 21	3 × 12 = 36	8 × 4 = 32	4 × 7 = 28
9 × 4 = 36	2 × 4 = 8	12 × 4 = 48	2 × 11 = 22
4 × 3 = 12	3 × 3 = 9	2 × 1 = 2	10 × 4 = 40

Day 15 TIME: :

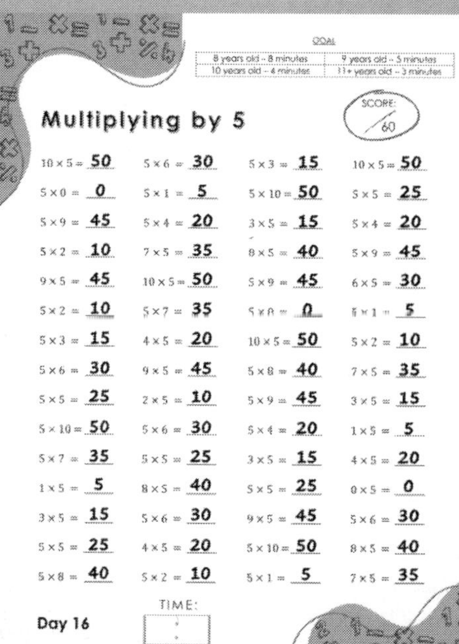

GOAL

8 years old – 8 minutes	9 years old – 5 minutes
10 years old – 4 minutes	11+ years old – 3 minutes

Multiplying by 5

SCORE: /60

10 × 5 = 50	5 × 6 = 30	5 × 3 = 15	10 × 5 = 50
5 × 0 = 0	5 × 1 = 5	5 × 10 = 50	5 × 5 = 25
5 × 9 = 45	5 × 4 = 20	3 × 5 = 15	5 × 4 = 20
5 × 2 = 10	7 × 5 = 35	8 × 5 = 40	5 × 9 = 45
9 × 5 = 45	10 × 5 = 50	5 × 9 = 45	6 × 5 = 30
5 × 2 = 10	5 × 7 = 35	5 × 0 = 0	5 × 1 = 5
5 × 3 = 15	4 × 5 = 20	10 × 5 = 50	5 × 2 = 10
5 × 6 = 30	9 × 5 = 45	5 × 8 = 40	7 × 5 = 35
5 × 5 = 25	2 × 5 = 10	5 × 9 = 45	3 × 5 = 15
5 × 10 = 50	5 × 6 = 30	5 × 4 = 20	1 × 5 = 5
5 × 7 = 35	5 × 5 = 25	3 × 5 = 15	4 × 5 = 20
1 × 5 = 5	8 × 5 = 40	5 × 5 = 25	0 × 5 = 0
3 × 5 = 15	5 × 6 = 30	9 × 5 = 45	5 × 6 = 30
5 × 5 = 25	4 × 5 = 20	5 × 10 = 50	8 × 5 = 40
5 × 8 = 40	5 × 2 = 10	5 × 1 = 5	7 × 5 = 35

Day 16 TIME: :

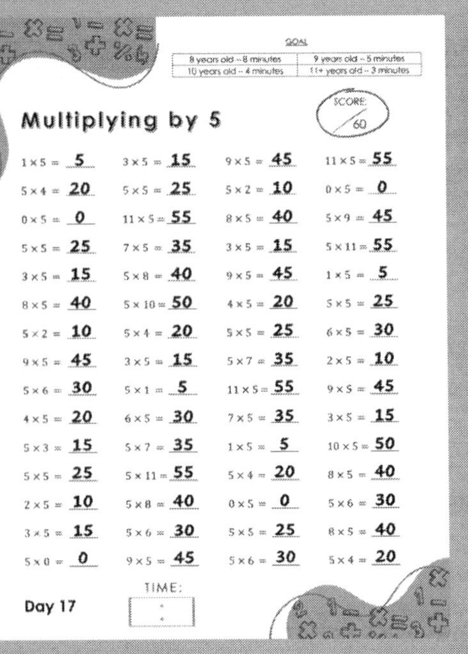

GOAL

8 years old – 8 minutes	9 years old – 5 minutes
10 years old – 4 minutes	11+ years old – 3 minutes

Multiplying by 5

SCORE: /60

1 × 5 = 5	3 × 5 = 15	9 × 5 = 45	11 × 5 = 55
5 × 4 = 20	5 × 5 = 25	5 × 2 = 10	0 × 5 = 0
0 × 5 = 0	11 × 5 = 55	8 × 5 = 40	5 × 9 = 45
5 × 5 = 25	7 × 5 = 35	3 × 5 = 15	5 × 11 = 55
3 × 5 = 15	5 × 8 = 40	9 × 5 = 45	1 × 5 = 5
8 × 5 = 40	5 × 10 = 50	4 × 5 = 20	5 × 5 = 25
5 × 2 = 10	5 × 4 = 20	5 × 5 = 25	6 × 5 = 30
9 × 5 = 45	3 × 5 = 15	5 × 7 = 35	2 × 5 = 10
5 × 6 = 30	5 × 1 = 5	11 × 5 = 55	9 × 5 = 45
4 × 5 = 20	6 × 5 = 30	7 × 5 = 35	3 × 5 = 15
5 × 3 = 15	5 × 7 = 35	1 × 5 = 5	10 × 5 = 50
5 × 5 = 25	5 × 11 = 55	5 × 4 = 20	8 × 5 = 40
2 × 5 = 10	5 × 8 = 40	0 × 5 = 0	5 × 6 = 30
3 × 5 = 15	5 × 6 = 30	5 × 5 = 25	8 × 5 = 40
5 × 0 = 0	9 × 5 = 45	5 × 6 = 30	5 × 4 = 20

Day 17 TIME: :

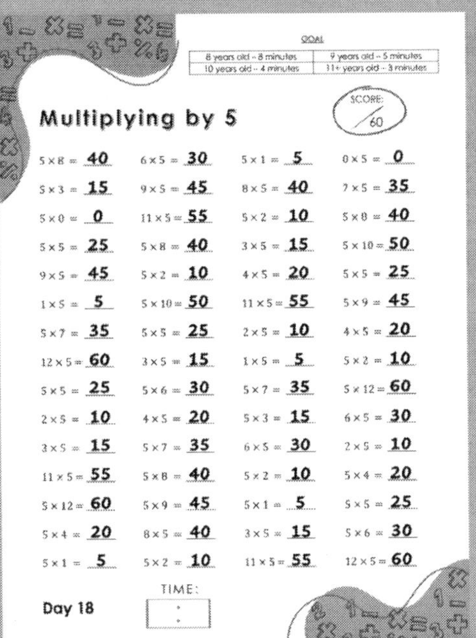

GOAL

8 years old – 8 minutes	9 years old – 5 minutes
10 years old – 4 minutes	11+ years old – 3 minutes

Multiplying by 5

SCORE: /60

5 × 8 = 40	6 × 5 = 30	5 × 1 = 5	0 × 5 = 0
5 × 3 = 15	9 × 5 = 45	8 × 5 = 40	7 × 5 = 35
5 × 0 = 0	11 × 5 = 55	5 × 2 = 10	5 × 8 = 40
5 × 5 = 25	5 × 8 = 40	3 × 5 = 15	5 × 10 = 50
9 × 5 = 45	5 × 2 = 10	4 × 5 = 20	5 × 5 = 25
1 × 5 = 5	5 × 10 = 50	11 × 5 = 55	5 × 9 = 45
5 × 7 = 35	5 × 5 = 25	2 × 5 = 10	4 × 5 = 20
12 × 5 = 60	3 × 5 = 15	1 × 5 = 5	5 × 2 = 10
5 × 5 = 25	5 × 6 = 30	5 × 7 = 35	5 × 12 = 60
2 × 5 = 10	4 × 5 = 20	5 × 3 = 15	6 × 5 = 30
3 × 5 = 15	5 × 7 = 35	6 × 5 = 30	2 × 5 = 10
11 × 5 = 55	5 × 8 = 40	5 × 2 = 10	5 × 4 = 20
5 × 12 = 60	5 × 9 = 45	5 × 1 = 5	5 × 5 = 25
5 × 4 = 20	8 × 5 = 40	3 × 5 = 15	5 × 6 = 30
5 × 1 = 5	5 × 2 = 10	11 × 5 = 55	12 × 5 = 60

Day 18 TIME: :

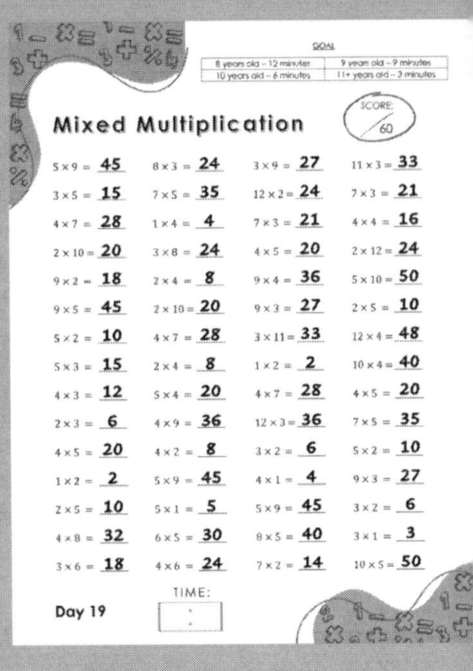

GOAL

8 years old – 12 minutes	9 years old – 9 minutes
10 years old – 6 minutes	11+ years old – 3 minutes

Mixed Multiplication

SCORE: /60

5 × 9 = 45	8 × 3 = 24	3 × 9 = 27	11 × 3 = 33
3 × 5 = 15	7 × 5 = 35	12 × 2 = 24	7 × 3 = 21
4 × 7 = 28	1 × 4 = 4	7 × 3 = 21	4 × 4 = 16
2 × 10 = 20	3 × 8 = 24	4 × 5 = 20	2 × 12 = 24
9 × 2 = 18	2 × 4 = 8	9 × 4 = 36	5 × 10 = 50
9 × 5 = 45	2 × 10 = 20	9 × 3 = 27	2 × 5 = 10
5 × 2 = 10	4 × 7 = 28	3 × 11 = 33	12 × 4 = 48
5 × 3 = 15	2 × 4 = 8	1 × 2 = 2	10 × 4 = 40
4 × 3 = 12	5 × 4 = 20	4 × 7 = 28	4 × 5 = 20
2 × 3 = 6	4 × 9 = 36	12 × 3 = 36	7 × 5 = 35
4 × 5 = 20	4 × 2 = 8	3 × 2 = 6	5 × 2 = 10
1 × 2 = 2	5 × 9 = 45	4 × 1 = 4	9 × 3 = 27
2 × 5 = 10	5 × 1 = 5	5 × 9 = 45	3 × 2 = 6
4 × 8 = 32	6 × 5 = 30	8 × 5 = 40	3 × 1 = 3
3 × 6 = 18	4 × 6 = 24	7 × 2 = 14	10 × 5 = 50

Day 19 TIME: :

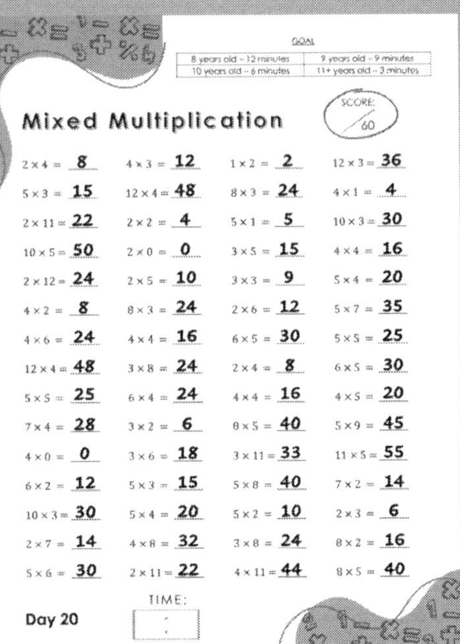

GOAL

8 years old – 12 minutes	9 years old – 9 minutes
10 years old – 6 minutes	11+ years old – 3 minutes

Mixed Multiplication

SCORE: /60

2 × 4 = 8	4 × 3 = 12	1 × 2 = 2	12 × 3 = 36
5 × 3 = 15	12 × 4 = 48	8 × 3 = 24	4 × 1 = 4
2 × 11 = 22	2 × 2 = 4	5 × 1 = 5	10 × 3 = 30
10 × 5 = 50	2 × 0 = 0	3 × 5 = 15	4 × 4 = 16
2 × 12 = 24	2 × 5 = 10	3 × 3 = 9	5 × 4 = 20
4 × 2 = 8	8 × 3 = 24	2 × 6 = 12	5 × 7 = 35
4 × 6 = 24	4 × 4 = 16	6 × 5 = 30	5 × 5 = 25
12 × 4 = 48	3 × 8 = 24	2 × 4 = 8	6 × 5 = 30
5 × 5 = 25	6 × 4 = 24	4 × 4 = 16	4 × 5 = 20
7 × 4 = 28	3 × 2 = 6	8 × 5 = 40	5 × 9 = 45
4 × 0 = 0	3 × 6 = 18	3 × 11 = 33	11 × 5 = 55
6 × 2 = 12	5 × 3 = 15	5 × 8 = 40	7 × 2 = 14
10 × 3 = 30	5 × 4 = 20	5 × 2 = 10	2 × 3 = 6
2 × 7 = 14	4 × 8 = 32	3 × 8 = 24	8 × 2 = 16
5 × 6 = 30	2 × 11 = 22	4 × 11 = 44	8 × 5 = 40

Day 20 TIME: :

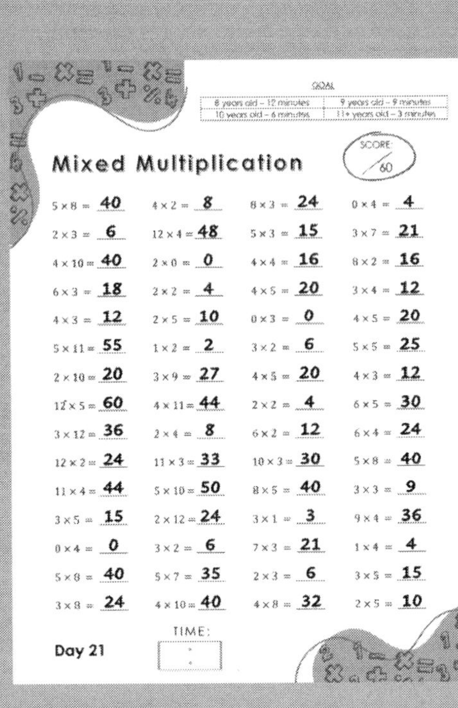

GOAL

8 years old – 12 minutes	9 years old – 9 minutes
10 years old – 6 minutes	11+ years old – 3 minutes

Mixed Multiplication

SCORE: /60

5 × 8 = 40	4 × 2 = 8	8 × 3 = 24	0 × 4 = 4
2 × 3 = 6	12 × 4 = 48	5 × 3 = 15	3 × 7 = 21
4 × 10 = 40	2 × 0 = 0	4 × 4 = 16	8 × 2 = 16
6 × 3 = 18	2 × 2 = 4	4 × 5 = 20	3 × 4 = 12
4 × 3 = 12	2 × 5 = 10	0 × 3 = 0	4 × 5 = 20
5 × 11 = 55	1 × 2 = 2	3 × 2 = 6	5 × 5 = 25
2 × 10 = 20	3 × 9 = 27	4 × 5 = 20	4 × 3 = 12
12 × 5 = 60	4 × 11 = 44	2 × 2 = 4	6 × 5 = 30
3 × 12 = 36	2 × 4 = 8	6 × 2 = 12	6 × 4 = 24
12 × 2 = 24	11 × 3 = 33	10 × 3 = 30	5 × 8 = 40
11 × 4 = 44	5 × 10 = 50	8 × 5 = 40	3 × 3 = 9
3 × 5 = 15	2 × 12 = 24	3 × 1 = 3	9 × 4 = 36
0 × 4 = 0	3 × 2 = 6	7 × 3 = 21	1 × 4 = 4
5 × 8 = 40	5 × 7 = 35	2 × 3 = 6	3 × 5 = 15
3 × 8 = 24	4 × 10 = 40	4 × 8 = 32	2 × 5 = 10

Day 21 TIME: :

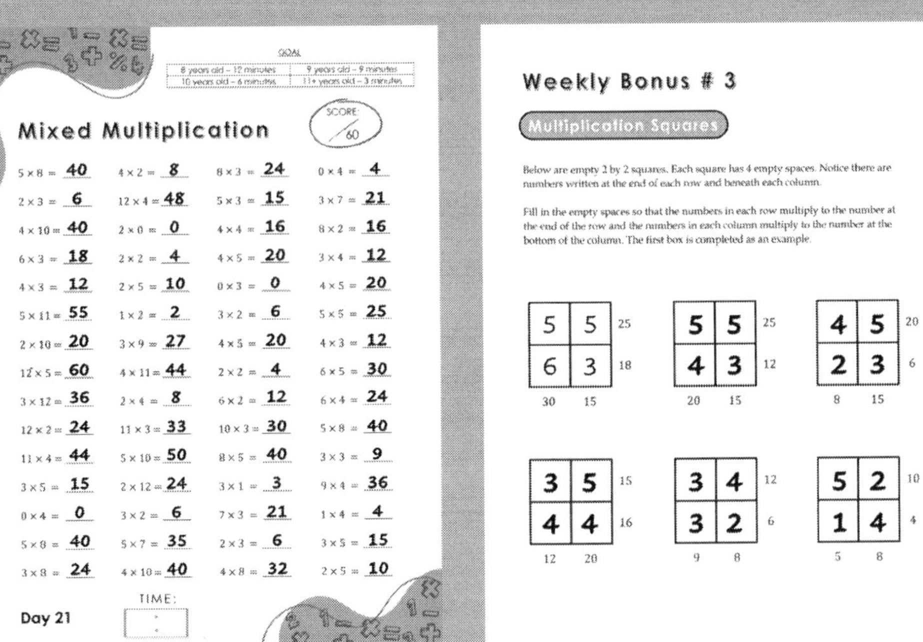

Weekly Bonus # 3

Multiplication Squares

Below are empty 2 by 2 squares. Each square has 4 empty spaces. Notice there are numbers written at the end of each row and beneath each column.

Fill in the empty spaces so that the numbers in each row multiply to the number at the end of the row and the numbers in each column multiply to the number at the bottom of the column. The first box is completed as an example.

5	5	25
6	3	18
30	15	

5	5	25
4	3	12
20	15	

4	5	20
2	3	6
8	15	

3	5	15
4	4	16
12	20	

3	4	12
3	2	6
9	8	

5	2	10
1	4	4
5	8	

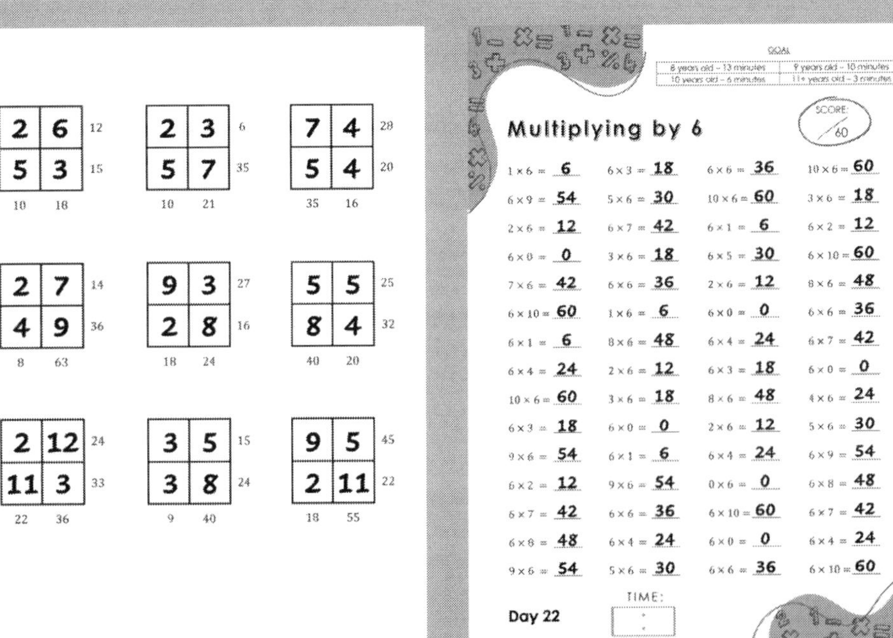

2	6	12
5	3	15
10	18	

2	3	6
5	7	35
10	21	

7	4	28
5	4	20
35	16	

2	7	14
4	9	36
8	63	

9	3	27
2	8	16
18	24	

5	5	25
8	4	32
40	20	

2	12	24
11	3	33
22	36	

3	5	15
3	8	24
9	40	

9	5	45
2	11	22
18	55	

GOAL

8 years old – 13 minutes	9 years old – 10 minutes
10 years old – 6 minutes	11+ years old – 3 minutes

Multiplying by 6

SCORE: /60

1 × 6 = 6	6 × 3 = 18	6 × 6 = 36	10 × 6 = 60
6 × 9 = 54	5 × 6 = 30	10 × 6 = 60	3 × 6 = 18
2 × 6 = 12	6 × 7 = 42	6 × 1 = 6	6 × 2 = 12
6 × 0 = 0	3 × 6 = 18	6 × 5 = 30	6 × 10 = 60
7 × 6 = 42	6 × 6 = 36	2 × 6 = 12	8 × 6 = 48
6 × 10 = 60	1 × 6 = 6	6 × 0 = 0	6 × 6 = 36
6 × 1 = 6	8 × 6 = 48	6 × 4 = 24	6 × 7 = 42
6 × 4 = 24	2 × 6 = 12	6 × 3 = 18	6 × 0 = 0
10 × 6 = 60	3 × 6 = 18	8 × 6 = 48	4 × 6 = 24
6 × 3 = 18	6 × 0 = 0	2 × 6 = 12	5 × 6 = 30
9 × 6 = 54	6 × 1 = 6	6 × 4 = 24	6 × 9 = 54
6 × 2 = 12	9 × 6 = 54	0 × 6 = 0	6 × 8 = 48
6 × 7 = 42	6 × 6 = 36	6 × 10 = 60	6 × 7 = 42
6 × 8 = 48	6 × 4 = 24	6 × 0 = 0	6 × 4 = 24
9 × 6 = 54	5 × 6 = 30	6 × 6 = 36	6 × 10 = 60

Day 22 TIME: :

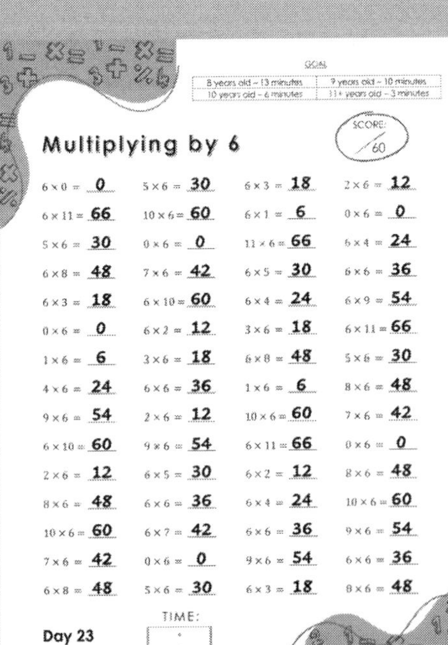

GOAL

8 years old – 13 minutes	9 years old – 10 minutes
10 years old – 6 minutes	11+ years old – 3 minutes

Multiplying by 6

SCORE: /60

6 × 0 = 0	5 × 6 = 30	6 × 3 = 18	2 × 6 = 12
6 × 11 = 66	10 × 6 = 60	6 × 1 = 6	0 × 6 = 0
5 × 6 = 30	0 × 6 = 0	11 × 6 = 66	6 × 4 = 24
6 × 8 = 48	7 × 6 = 42	6 × 5 = 30	6 × 6 = 36
6 × 3 = 18	6 × 10 = 60	6 × 4 = 24	6 × 9 = 54
0 × 6 = 0	6 × 2 = 12	3 × 6 = 18	6 × 11 = 66
1 × 6 = 6	3 × 6 = 18	6 × 8 = 48	5 × 6 = 30
4 × 6 = 24	6 × 6 = 36	1 × 6 = 6	8 × 6 = 48
9 × 6 = 54	2 × 6 = 12	10 × 6 = 60	7 × 6 = 42
6 × 10 = 60	9 × 6 = 54	6 × 11 = 66	0 × 6 = 0
2 × 6 = 12	6 × 5 = 30	6 × 2 = 12	8 × 6 = 48
8 × 6 = 48	6 × 6 = 36	6 × 4 = 24	10 × 6 = 60
10 × 6 = 60	6 × 7 = 42	6 × 6 = 36	9 × 6 = 54
7 × 6 = 42	0 × 6 = 0	9 × 6 = 54	6 × 6 = 36
6 × 8 = 48	5 × 6 = 30	6 × 3 = 18	8 × 6 = 48

Day 23 TIME: :

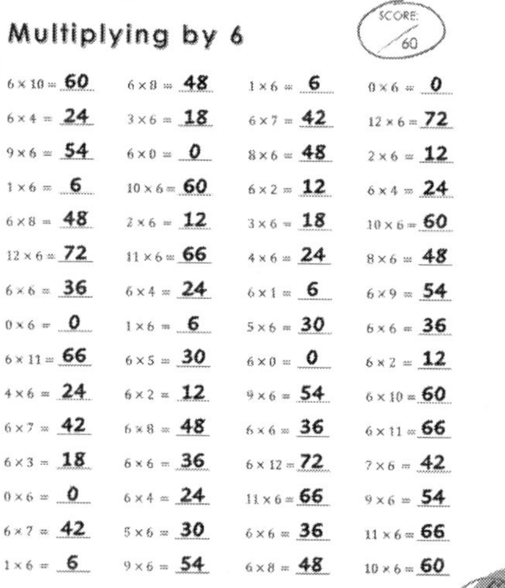

GOAL

8 years old – 13 minutes	9 years old – 10 minutes
10 years old – 6 minutes	11+ years old – 3 minutes

Multiplying by 6

SCORE: /60

6 × 10 = 60	6 × 8 = 48	1 × 6 = 6	0 × 6 = 0
6 × 4 = 24	3 × 6 = 18	6 × 7 = 42	12 × 6 = 72
9 × 6 = 54	6 × 0 = 0	8 × 6 = 48	2 × 6 = 12
1 × 6 = 6	10 × 6 = 60	6 × 2 = 12	6 × 4 = 24
6 × 8 = 48	2 × 6 = 12	3 × 6 = 18	10 × 6 = 60
12 × 6 = 72	11 × 6 = 66	4 × 6 = 24	8 × 6 = 48
6 × 6 = 36	6 × 4 = 24	6 × 1 = 6	6 × 9 = 54
0 × 6 = 0	1 × 6 = 6	5 × 6 = 30	6 × 6 = 36
6 × 11 = 66	6 × 5 = 30	6 × 0 = 0	6 × 2 = 12
4 × 6 = 24	6 × 2 = 12	9 × 6 = 54	6 × 10 = 60
6 × 7 = 42	6 × 8 = 48	6 × 6 = 36	6 × 11 = 66
6 × 3 = 18	6 × 6 = 36	6 × 12 = 72	7 × 6 = 42
0 × 6 = 0	6 × 4 = 24	11 × 6 = 66	9 × 6 = 54
6 × 7 = 42	5 × 6 = 30	6 × 6 = 36	11 × 6 = 66
1 × 6 = 6	9 × 6 = 54	6 × 8 = 48	10 × 6 = 60

Day 24 TIME: :

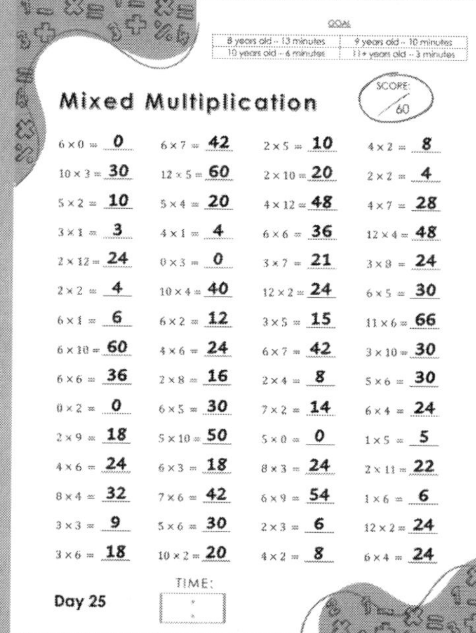

GOAL

8 years old – 13 minutes	9 years old – 10 minutes
10 years old – 6 minutes	11+ years old – 3 minutes

Mixed Multiplication

SCORE: /60

6 × 0 = 0	6 × 7 = 42	2 × 5 = 10	4 × 2 = 8
10 × 3 = 30	12 × 5 = 60	2 × 10 = 20	2 × 2 = 4
5 × 2 = 10	5 × 4 = 20	4 × 12 = 48	4 × 7 = 28
3 × 1 = 3	4 × 1 = 4	6 × 6 = 36	12 × 4 = 48
2 × 12 = 24	0 × 3 = 0	3 × 7 = 21	3 × 8 = 24
2 × 2 = 4	10 × 4 = 40	12 × 2 = 24	6 × 5 = 30
6 × 1 = 6	6 × 2 = 12	3 × 5 = 15	11 × 6 = 66
6 × 10 = 60	4 × 6 = 24	6 × 7 = 42	3 × 10 = 30
6 × 6 = 36	2 × 8 = 16	2 × 4 = 8	5 × 6 = 30
0 × 2 = 0	6 × 5 = 30	7 × 2 = 14	6 × 4 = 24
2 × 9 = 18	5 × 10 = 50	5 × 0 = 0	1 × 5 = 5
4 × 6 = 24	6 × 3 = 18	8 × 3 = 24	2 × 11 = 22
8 × 4 = 32	7 × 6 = 42	6 × 9 = 54	1 × 6 = 6
3 × 3 = 9	5 × 6 = 30	2 × 3 = 6	12 × 2 = 24
3 × 6 = 18	10 × 2 = 20	4 × 2 = 8	6 × 4 = 24

Day 25 TIME: :

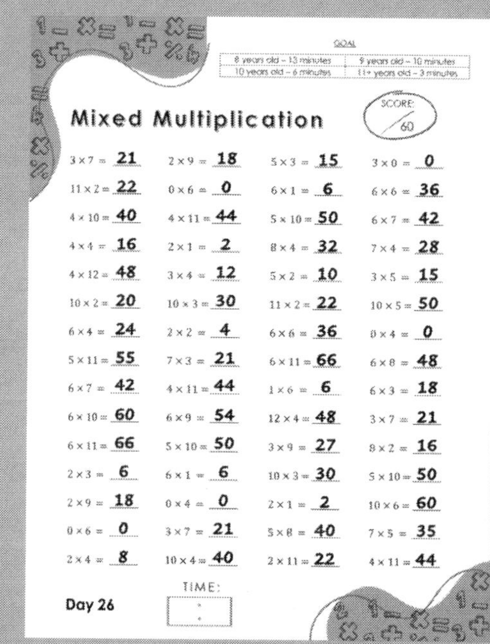

GOAL

8 years old – 13 minutes	9 years old – 10 minutes
10 years old – 6 minutes	11+ years old – 3 minutes

Mixed Multiplication

SCORE: /60

3 × 7 = 21	2 × 9 = 18	5 × 3 = 15	3 × 0 = 0
11 × 2 = 22	0 × 6 = 0	6 × 1 = 6	6 × 6 = 36
4 × 10 = 40	4 × 11 = 44	5 × 10 = 50	6 × 7 = 42
4 × 4 = 16	2 × 1 = 2	8 × 4 = 32	7 × 4 = 28
4 × 12 = 48	3 × 4 = 12	5 × 2 = 10	3 × 5 = 15
10 × 2 = 20	10 × 3 = 30	11 × 2 = 22	10 × 5 = 50
6 × 4 = 24	2 × 2 = 4	6 × 6 = 36	0 × 4 = 0
5 × 11 = 55	7 × 3 = 21	6 × 11 = 66	6 × 8 = 48
6 × 7 = 42	4 × 11 = 44	1 × 6 = 6	6 × 3 = 18
6 × 10 = 60	6 × 9 = 54	12 × 4 = 48	3 × 7 = 21
6 × 11 = 66	5 × 10 = 50	3 × 9 = 27	8 × 2 = 16
2 × 3 = 6	6 × 1 = 6	10 × 3 = 30	5 × 10 = 50
2 × 9 = 18	0 × 4 = 0	2 × 1 = 2	10 × 6 = 60
0 × 6 = 0	3 × 7 = 21	5 × 8 = 40	7 × 5 = 35
2 × 4 = 8	10 × 4 = 40	2 × 11 = 22	4 × 11 = 44

Day 26 TIME: :

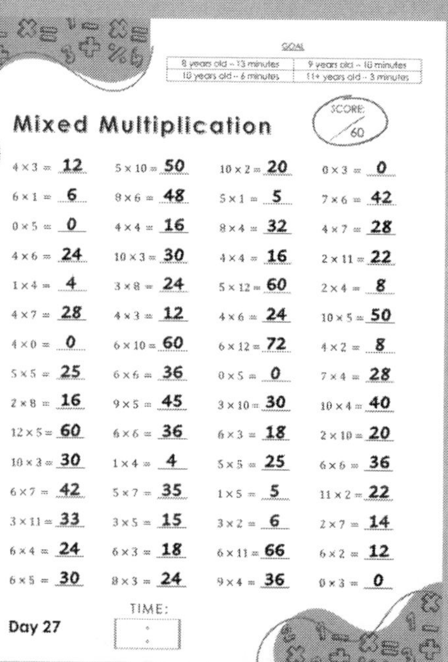

GOAL

8 years old – 13 minutes	9 years old – 10 minutes
10 years old – 6 minutes	11+ years old – 3 minutes

Mixed Multiplication

SCORE: /60

4 × 3 = 12	5 × 10 = 50	10 × 2 = 20	0 × 3 = 0
6 × 1 = 6	8 × 6 = 48	5 × 1 = 5	7 × 6 = 42
0 × 5 = 0	4 × 4 = 16	8 × 4 = 32	4 × 7 = 28
4 × 6 = 24	10 × 3 = 30	4 × 4 = 16	2 × 11 = 22
1 × 4 = 4	3 × 8 = 24	5 × 12 = 60	2 × 4 = 8
4 × 7 = 28	4 × 3 = 12	4 × 6 = 24	10 × 5 = 50
4 × 0 = 0	6 × 10 = 60	6 × 12 = 72	4 × 2 = 8
5 × 5 = 25	6 × 6 = 36	0 × 5 = 0	7 × 4 = 28
2 × 8 = 16	9 × 5 = 45	3 × 10 = 30	10 × 4 = 40
12 × 5 = 60	6 × 6 = 36	6 × 3 = 18	2 × 10 = 20
10 × 3 = 30	1 × 4 = 4	5 × 5 = 25	6 × 6 = 36
6 × 7 = 42	5 × 7 = 35	1 × 5 = 5	11 × 2 = 22
3 × 11 = 33	3 × 5 = 15	3 × 2 = 6	2 × 7 = 14
6 × 4 = 24	6 × 3 = 18	6 × 11 = 66	6 × 2 = 12
6 × 5 = 30	8 × 3 = 24	9 × 4 = 36	0 × 3 = 0

Day 27 TIME: :

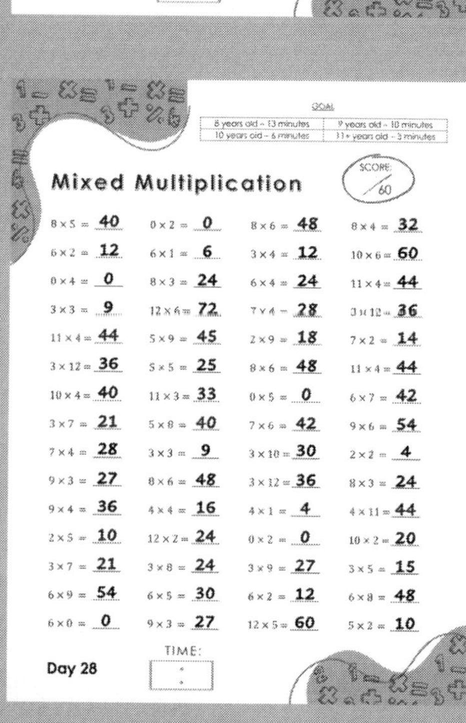
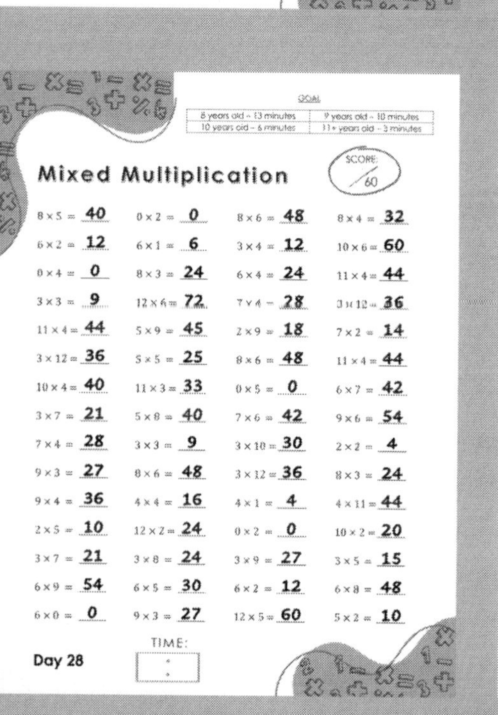

GOAL

8 years old – 13 minutes	9 years old – 10 minutes
10 years old – 6 minutes	11+ years old – 3 minutes

Mixed Multiplication

SCORE: /60

8 × 5 = 40	0 × 2 = 0	8 × 6 = 48	8 × 4 = 32
6 × 2 = 12	6 × 1 = 6	3 × 4 = 12	10 × 6 = 60
0 × 4 = 0	8 × 3 = 24	6 × 4 = 24	11 × 4 = 44
3 × 3 = 9	12 × 6 = 72	7 × 4 = 28	3 × 12 = 36
11 × 4 = 44	5 × 9 = 45	2 × 9 = 18	7 × 2 = 14
3 × 12 = 36	5 × 5 = 25	8 × 6 = 48	11 × 4 = 44
10 × 4 = 40	11 × 3 = 33	0 × 5 = 0	6 × 7 = 42
3 × 7 = 21	5 × 8 = 40	7 × 6 = 42	9 × 6 = 54
7 × 4 = 28	3 × 3 = 9	3 × 10 = 30	2 × 2 = 4
9 × 3 = 27	8 × 6 = 48	3 × 12 = 36	8 × 3 = 24
9 × 4 = 36	4 × 4 = 16	4 × 1 = 4	4 × 11 = 44
2 × 5 = 10	12 × 2 = 24	0 × 2 = 0	10 × 2 = 20
3 × 7 = 21	3 × 8 = 24	3 × 9 = 27	3 × 5 = 15
6 × 9 = 54	6 × 5 = 30	6 × 2 = 12	6 × 8 = 48
6 × 0 = 0	9 × 3 = 27	12 × 5 = 60	5 × 2 = 10

Day 28 TIME: :

Weekly Bonus # 4

Find the Path

Begin with the "Start" number and highlight the correct path to reach the "End" number.

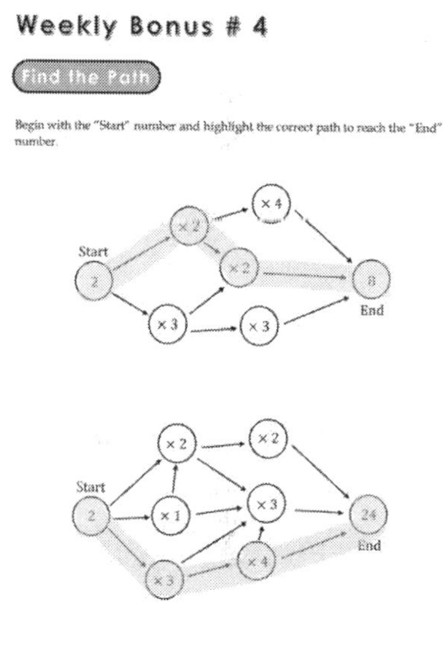

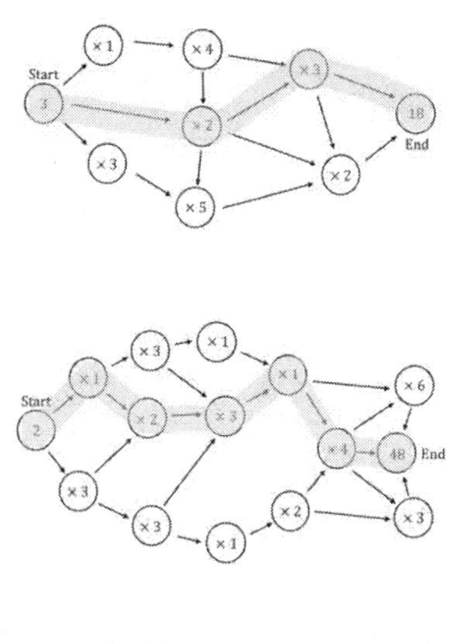

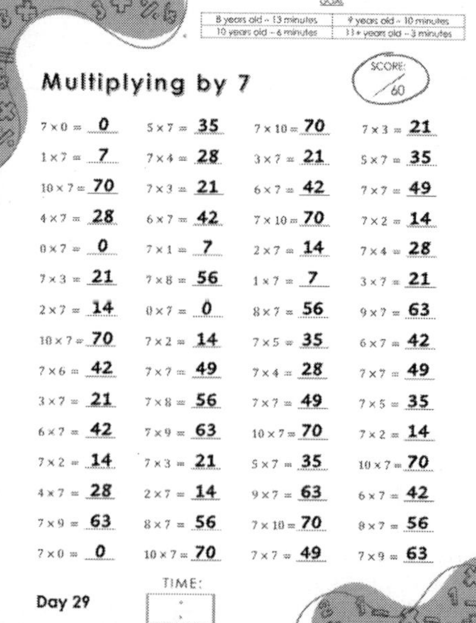

GOAL

8 years old – 13 minutes	9 years old – 10 minutes
10 years old – 6 minutes	11+ years old – 3 minutes

Multiplying by 7

SCORE: /60

7 × 0 = 0	5 × 7 = 35	7 × 10 = 70	7 × 3 = 21
1 × 7 = 7	7 × 4 = 28	3 × 7 = 21	5 × 7 = 35
10 × 7 = 70	7 × 3 = 21	6 × 7 = 42	7 × 7 = 49
4 × 7 = 28	6 × 7 = 42	7 × 10 = 70	7 × 2 = 14
0 × 7 = 0	7 × 1 = 7	2 × 7 = 14	7 × 4 = 28
7 × 3 = 21	7 × 8 = 56	1 × 7 = 7	3 × 7 = 21
2 × 7 = 14	0 × 7 = 0	8 × 7 = 56	9 × 7 = 63
10 × 7 = 70	7 × 2 = 14	7 × 5 = 35	6 × 7 = 42
7 × 6 = 42	7 × 7 = 49	7 × 4 = 28	7 × 7 = 49
3 × 7 = 21	7 × 8 = 56	7 × 7 = 49	7 × 5 = 35
6 × 7 = 42	7 × 9 = 63	10 × 7 = 70	7 × 2 = 14
7 × 2 = 14	7 × 3 = 21	5 × 7 = 35	10 × 7 = 70
4 × 7 = 28	2 × 7 = 14	9 × 7 = 63	6 × 7 = 42
7 × 9 = 63	8 × 7 = 56	7 × 10 = 70	8 × 7 = 56
7 × 0 = 0	10 × 7 = 70	7 × 7 = 49	7 × 9 = 63

Day 29 TIME: :

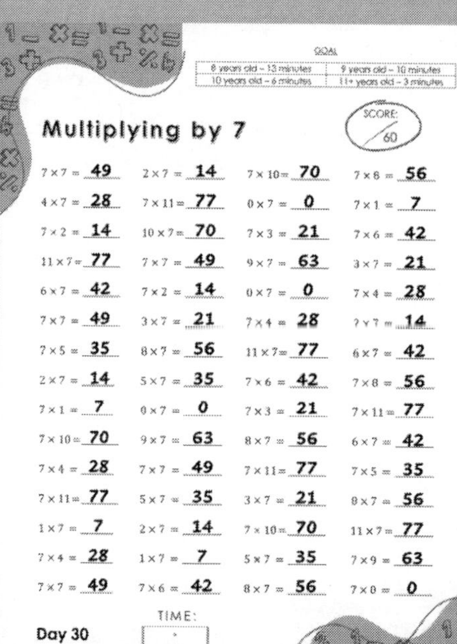

GOAL

8 years old – 13 minutes	9 years old – 10 minutes
10 years old – 6 minutes	11+ years old – 3 minutes

Multiplying by 7

SCORE: /60

7 × 7 = 49	2 × 7 = 14	7 × 10 = 70	7 × 8 = 56
4 × 7 = 28	7 × 11 = 77	0 × 7 = 0	7 × 1 = 7
7 × 2 = 14	10 × 7 = 70	7 × 3 = 21	7 × 6 = 42
11 × 7 = 77	7 × 7 = 49	9 × 7 = 63	3 × 7 = 21
6 × 7 = 42	7 × 2 = 14	0 × 7 = 0	7 × 4 = 28
7 × 7 = 49	3 × 7 = 21	7 × 4 = 28	2 × 7 = 14
7 × 5 = 35	8 × 7 = 56	11 × 7 = 77	6 × 7 = 42
2 × 7 = 14	5 × 7 = 35	7 × 6 = 42	7 × 8 = 56
7 × 1 = 7	0 × 7 = 0	7 × 3 = 21	7 × 11 = 77
7 × 10 = 70	9 × 7 = 63	8 × 7 = 56	6 × 7 = 42
7 × 4 = 28	7 × 7 = 49	7 × 11 = 77	7 × 5 = 35
7 × 11 = 77	5 × 7 = 35	3 × 7 = 21	8 × 7 = 56
1 × 7 = 7	2 × 7 = 14	7 × 10 = 70	11 × 7 = 77
7 × 4 = 28	1 × 7 = 7	5 × 7 = 35	7 × 9 = 63
7 × 7 = 49	7 × 6 = 42	8 × 7 = 56	7 × 0 = 0

Day 30 TIME: :

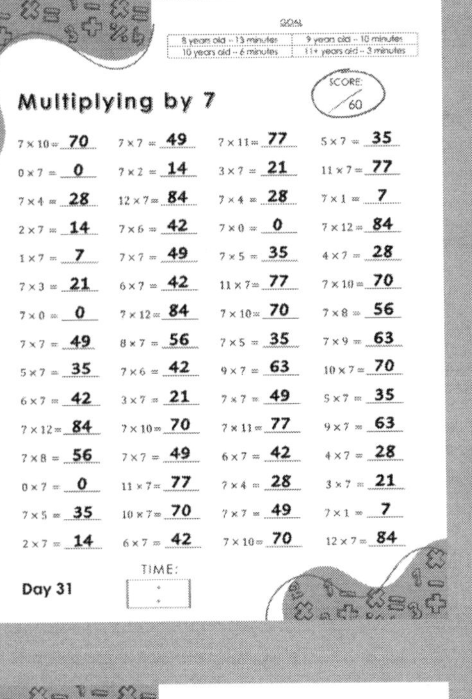

GOAL

8 years old – 13 minutes | 9 years old – 10 minutes
10 years old – 6 minutes | 11+ years old – 3 minutes

Multiplying by 7

SCORE: /60

7 × 10 = 70 | 7 × 7 = 49 | 7 × 11 = 77 | 5 × 7 = 35
0 × 7 = 0 | 7 × 2 = 14 | 3 × 7 = 21 | 11 × 7 = 77
7 × 4 = 28 | 12 × 7 = 84 | 7 × 4 = 28 | 7 × 1 = 7
2 × 7 = 14 | 7 × 6 = 42 | 7 × 0 = 0 | 7 × 12 = 84
1 × 7 = 7 | 7 × 7 = 49 | 7 × 5 = 35 | 4 × 7 = 28
7 × 3 = 21 | 6 × 7 = 42 | 11 × 7 = 77 | 7 × 10 = 70
7 × 0 = 0 | 7 × 12 = 84 | 7 × 10 = 70 | 7 × 8 = 56
7 × 7 = 49 | 8 × 7 = 56 | 7 × 5 = 35 | 7 × 9 = 63
5 × 7 = 35 | 7 × 6 = 42 | 9 × 7 = 63 | 10 × 7 = 70
6 × 7 = 42 | 3 × 7 = 21 | 7 × 7 = 49 | 5 × 7 = 35
7 × 12 = 84 | 7 × 10 = 70 | 7 × 11 = 77 | 9 × 7 = 63
7 × 8 = 56 | 7 × 7 = 49 | 6 × 7 = 42 | 4 × 7 = 28
0 × 7 = 0 | 11 × 7 = 77 | 7 × 4 = 28 | 3 × 7 = 21
7 × 5 = 35 | 10 × 7 = 70 | 7 × 7 = 49 | 7 × 1 = 7
2 × 7 = 14 | 6 × 7 = 42 | 7 × 10 = 70 | 12 × 7 = 84

TIME:

Day 31

GOAL

8 years old – 13 minutes | 9 years old – 10 minutes
10 years old – 6 minutes | 11+ years old – 3 minutes

Mixed Multiplication

SCORE: /60

5 × 12 = 60 | 5 × 0 = 0 | 12 × 6 = 72 | 10 × 3 = 30
6 × 3 = 18 | 9 × 7 = 63 | 5 × 9 = 45 | 8 × 7 = 56
7 × 8 = 56 | 11 × 5 = 55 | 5 × 5 = 25 | 2 × 8 = 16
7 × 5 = 35 | 6 × 5 = 30 | 4 × 3 = 12 | 6 × 9 = 54
6 × 7 = 42 | 10 × 7 = 70 | 4 × 6 = 24 | 5 × 3 = 15
7 × 0 = 0 | 2 × 3 = 6 | 4 × 2 = 8 | 3 × 11 = 33
2 × 12 = 24 | 3 × 1 = 3 | 5 × 3 = 15 | 2 × 10 = 20
6 × 6 = 36 | 2 × 7 = 14 | 4 × 5 = 20 | 7 × 9 = 63
7 × 11 = 77 | 9 × 7 = 63 | 1 × 7 = 7 | 8 × 6 = 48
11 × 4 = 44 | 2 × 2 = 4 | 9 × 5 = 45 | 5 × 0 = 0
7 × 8 = 56 | 4 × 12 = 48 | 4 × 0 = 0 | 6 × 6 = 36
4 × 8 = 32 | 9 × 5 = 45 | 8 × 6 = 48 | 11 × 7 = 77
2 × 3 = 6 | 11 × 2 = 22 | 3 × 7 = 21 | 7 × 4 = 28
0 × 2 = 0 | 8 × 4 = 32 | 7 × 11 = 77 | 4 × 12 = 48
2 × 9 = 18 | 7 × 7 = 49 | 6 × 4 = 24 | 8 × 7 = 56

TIME:

Day 32

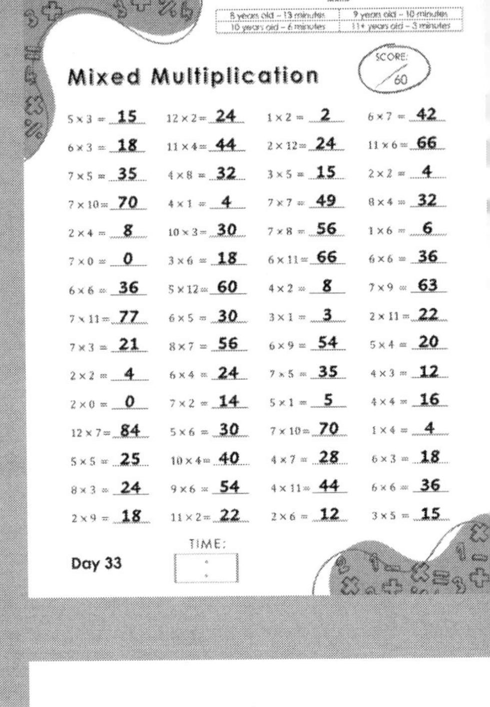

GOAL

8 years old – 13 minutes | 9 years old – 10 minutes
10 years old – 6 minutes | 11+ years old – 3 minutes

Mixed Multiplication

SCORE: /60

5 × 3 = 15 | 12 × 2 = 24 | 1 × 2 = 2 | 6 × 7 = 42
6 × 3 = 18 | 11 × 4 = 44 | 2 × 12 = 24 | 11 × 6 = 66
7 × 5 = 35 | 4 × 8 = 32 | 3 × 5 = 15 | 2 × 2 = 4
7 × 10 = 70 | 4 × 1 = 4 | 7 × 7 = 49 | 8 × 4 = 32
2 × 4 = 8 | 10 × 3 = 30 | 7 × 8 = 56 | 1 × 6 = 6
7 × 0 = 0 | 3 × 6 = 18 | 6 × 11 = 66 | 6 × 6 = 36
6 × 6 = 36 | 5 × 12 = 60 | 4 × 2 = 8 | 7 × 9 = 63
7 × 11 = 77 | 6 × 5 = 30 | 3 × 1 = 3 | 2 × 11 = 22
7 × 3 = 21 | 8 × 7 = 56 | 6 × 9 = 54 | 5 × 4 = 20
2 × 2 = 4 | 6 × 4 = 24 | 7 × 5 = 35 | 4 × 3 = 12
2 × 0 = 0 | 7 × 2 = 14 | 5 × 1 = 5 | 4 × 4 = 16
12 × 7 = 84 | 5 × 6 = 30 | 7 × 10 = 70 | 1 × 4 = 4
5 × 5 = 25 | 10 × 4 = 40 | 4 × 7 = 28 | 6 × 3 = 18
8 × 3 = 24 | 9 × 6 = 54 | 4 × 11 = 44 | 6 × 6 = 36
2 × 9 = 18 | 11 × 2 = 22 | 2 × 6 = 12 | 3 × 5 = 15

TIME:

Day 33

GOAL

8 years old – 13 minutes | 9 years old – 10 minutes
10 years old – 6 minutes | 11+ years old – 3 minutes

Mixed Multiplication

SCORE: /60

3 × 3 = 9 | 10 × 6 = 60 | 5 × 11 = 55 | 12 × 7 = 84
2 × 11 = 22 | 11 × 7 = 77 | 5 × 8 = 40 | 5 × 6 = 30
11 × 6 = 66 | 3 × 1 = 3 | 3 × 5 = 15 | 8 × 2 = 16
5 × 7 = 35 | 7 × 10 = 70 | 4 × 4 = 16 | 5 × 4 = 20
2 × 5 = 10 | 10 × 5 = 50 | 12 × 7 = 84 | 7 × 2 = 14
5 × 10 = 50 | 7 × 8 = 56 | 7 × 5 = 35 | 7 × 0 = 0
6 × 2 = 12 | 4 × 5 = 20 | 9 × 5 = 45 | 3 × 10 = 30
7 × 10 = 70 | 2 × 7 = 14 | 3 × 11 = 33 | 7 × 6 = 42
0 × 7 = 0 | 6 × 12 = 72 | 4 × 3 = 12 | 2 × 5 = 10
3 × 3 = 9 | 12 × 7 = 84 | 4 × 4 = 16 | 3 × 6 = 18
7 × 6 = 42 | 5 × 9 = 45 | 4 × 7 = 28 | 11 × 3 = 33
5 × 4 = 20 | 2 × 1 = 2 | 4 × 11 = 44 | 2 × 7 = 14
2 × 12 = 24 | 6 × 7 = 42 | 3 × 9 = 27 | 7 × 9 = 63
10 × 7 = 70 | 9 × 4 = 36 | 7 × 3 = 21 | 3 × 11 = 33
6 × 0 = 0 | 10 × 6 = 60 | 5 × 9 = 45 | 7 × 6 = 42

TIME:

Day 34

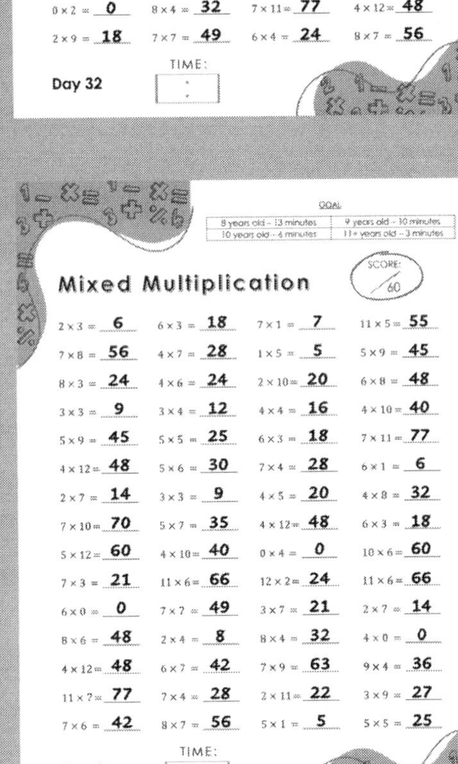

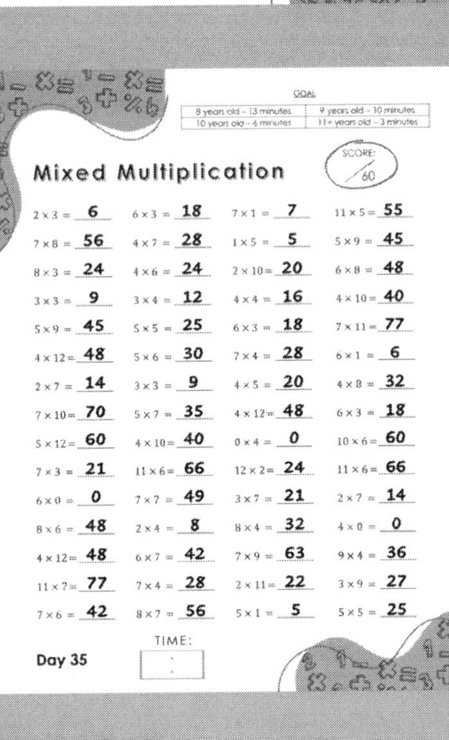

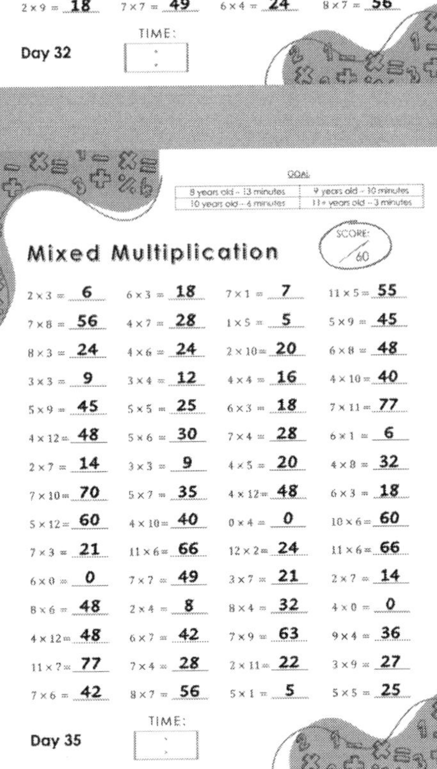

GOAL

8 years old – 13 minutes | 9 years old – 10 minutes
10 years old – 6 minutes | 11+ years old – 3 minutes

Mixed Multiplication

SCORE: /60

2 × 3 = 6 | 6 × 3 = 18 | 7 × 1 = 7 | 11 × 5 = 55
7 × 8 = 56 | 4 × 7 = 28 | 1 × 5 = 5 | 5 × 9 = 45
8 × 3 = 24 | 4 × 6 = 24 | 2 × 10 = 20 | 6 × 8 = 48
3 × 3 = 9 | 3 × 4 = 12 | 4 × 4 = 16 | 4 × 10 = 40
5 × 9 = 45 | 5 × 5 = 25 | 6 × 3 = 18 | 7 × 11 = 77
4 × 12 = 48 | 5 × 6 = 30 | 7 × 4 = 28 | 6 × 1 = 6
2 × 7 = 14 | 3 × 3 = 9 | 4 × 5 = 20 | 4 × 8 = 32
7 × 10 = 70 | 5 × 7 = 35 | 4 × 12 = 48 | 6 × 3 = 18
5 × 12 = 60 | 4 × 10 = 40 | 0 × 4 = 0 | 10 × 6 = 60
7 × 3 = 21 | 11 × 6 = 66 | 12 × 2 = 24 | 11 × 6 = 66
6 × 0 = 0 | 7 × 7 = 49 | 3 × 7 = 21 | 2 × 7 = 14
8 × 6 = 48 | 2 × 4 = 8 | 8 × 4 = 32 | 4 × 0 = 0
4 × 12 = 48 | 6 × 7 = 42 | 7 × 9 = 63 | 9 × 4 = 36
11 × 7 = 77 | 7 × 4 = 28 | 2 × 11 = 22 | 3 × 9 = 27
7 × 6 = 42 | 8 × 7 = 56 | 5 × 1 = 5 | 5 × 5 = 25

TIME:

Day 35

Weekly Bonus # 5

Multiplication Crossword

Fill in the empty squares with numbers so that the equations in each row and column are correct.

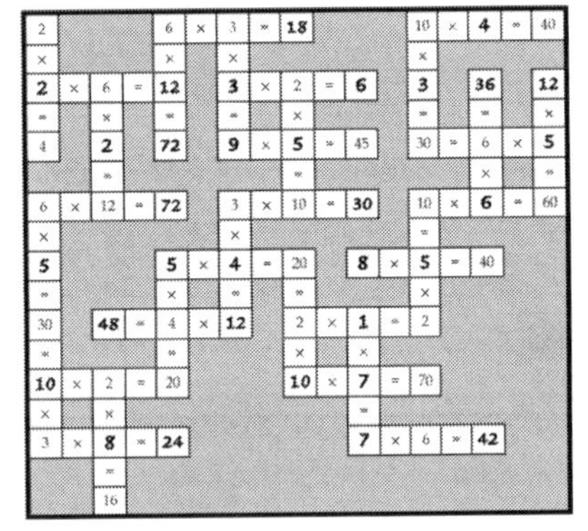

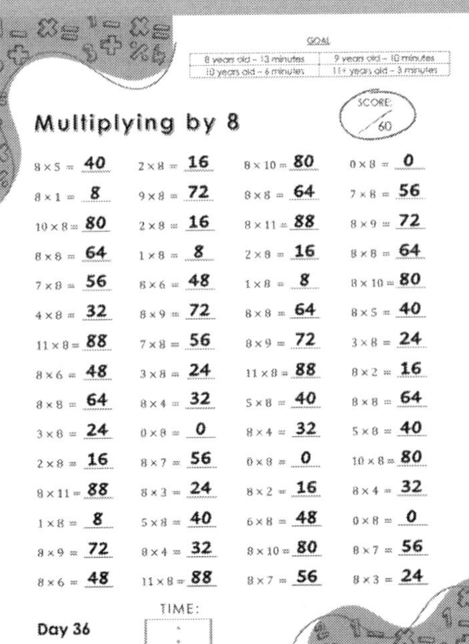

GOAL

8 years old – 13 minutes | 9 years old – 10 minutes
10 years old – 6 minutes | 11+ years old – 3 minutes

Multiplying by 8

SCORE: /60

8 × 5 = 40 | 2 × 8 = 16 | 8 × 10 = 80 | 0 × 8 = 0
8 × 1 = 8 | 9 × 8 = 72 | 8 × 8 = 64 | 7 × 8 = 56
10 × 8 = 80 | 2 × 8 = 16 | 8 × 11 = 88 | 8 × 9 = 72
8 × 8 = 64 | 1 × 8 = 8 | 2 × 8 = 16 | 8 × 8 = 64
7 × 8 = 56 | 8 × 6 = 48 | 1 × 8 = 8 | 8 × 10 = 80
4 × 8 = 32 | 8 × 9 = 72 | 8 × 8 = 64 | 8 × 5 = 40
11 × 8 = 88 | 7 × 8 = 56 | 8 × 9 = 72 | 3 × 8 = 24
8 × 6 = 48 | 3 × 8 = 24 | 11 × 8 = 88 | 8 × 2 = 16
8 × 8 = 64 | 8 × 4 = 32 | 5 × 8 = 40 | 8 × 8 = 64
3 × 8 = 24 | 0 × 8 = 0 | 8 × 4 = 32 | 5 × 8 = 40
2 × 8 = 16 | 8 × 7 = 56 | 0 × 8 = 0 | 10 × 8 = 80
8 × 11 = 88 | 8 × 3 = 24 | 8 × 2 = 16 | 8 × 4 = 32
1 × 8 = 8 | 5 × 8 = 40 | 6 × 8 = 48 | 0 × 8 = 0
8 × 9 = 72 | 8 × 4 = 32 | 8 × 10 = 80 | 8 × 7 = 56
8 × 6 = 48 | 11 × 8 = 88 | 8 × 7 = 56 | 8 × 3 = 24

TIME:

Day 36

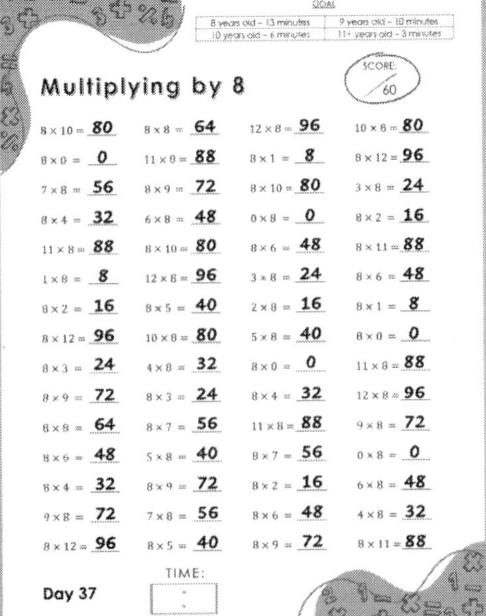

GOAL

8 years old – 13 minutes | 9 years old – 10 minutes
10 years old – 6 minutes | 11+ years old – 3 minutes

Multiplying by 8

SCORE: /60

8 × 10 = 80 | 8 × 8 = 64 | 12 × 8 = 96 | 10 × 8 = 80
8 × 0 = 0 | 11 × 8 = 88 | 8 × 1 = 8 | 8 × 12 = 96
7 × 8 = 56 | 8 × 9 = 72 | 8 × 10 = 80 | 3 × 8 = 24
8 × 4 = 32 | 6 × 8 = 48 | 0 × 8 = 0 | 8 × 2 = 16
11 × 8 = 88 | 8 × 10 = 80 | 8 × 6 = 48 | 8 × 11 = 88
1 × 8 = 8 | 12 × 8 = 96 | 3 × 8 = 24 | 8 × 6 = 48
8 × 2 = 16 | 8 × 5 = 40 | 2 × 8 = 16 | 8 × 1 = 8
8 × 12 = 96 | 10 × 8 = 80 | 5 × 8 = 40 | 8 × 0 = 0
8 × 3 = 24 | 4 × 8 = 32 | 8 × 0 = 0 | 11 × 8 = 88
8 × 9 = 72 | 8 × 3 = 24 | 8 × 4 = 32 | 12 × 8 = 96
8 × 8 = 64 | 8 × 7 = 56 | 11 × 8 = 88 | 9 × 8 = 72
8 × 6 = 48 | 5 × 8 = 40 | 8 × 7 = 56 | 0 × 8 = 0
8 × 4 = 32 | 8 × 9 = 72 | 8 × 2 = 16 | 6 × 8 = 48
9 × 8 = 72 | 7 × 8 = 56 | 8 × 6 = 48 | 4 × 8 = 32
8 × 12 = 96 | 8 × 5 = 40 | 8 × 9 = 72 | 8 × 11 = 88

TIME:

Day 37

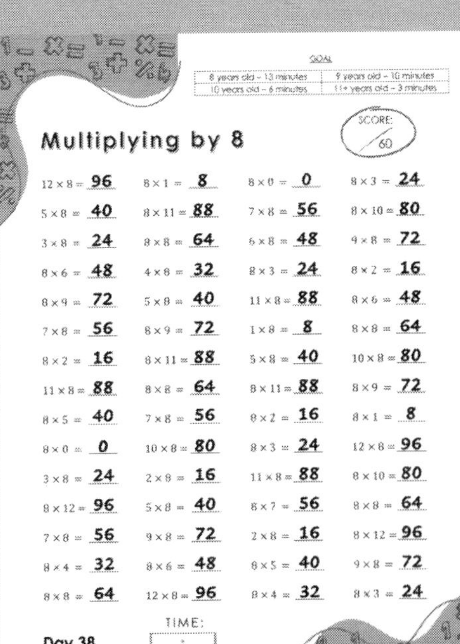

GOAL

8 years old – 13 minutes | 9 years old – 10 minutes
10 years old – 6 minutes | 11+ years old – 3 minutes

Multiplying by 8

SCORE: /60

12 × 8 = 96 | 8 × 1 = 8 | 8 × 0 = 0 | 8 × 3 = 24
5 × 8 = 40 | 8 × 11 = 88 | 7 × 8 = 56 | 8 × 10 = 80
3 × 8 = 24 | 8 × 8 = 64 | 6 × 8 = 48 | 9 × 8 = 72
8 × 6 = 48 | 4 × 8 = 32 | 8 × 3 = 24 | 8 × 2 = 16
8 × 9 = 72 | 5 × 8 = 40 | 11 × 8 = 88 | 8 × 6 = 48
7 × 8 = 56 | 8 × 9 = 72 | 1 × 8 = 8 | 8 × 8 = 64
8 × 2 = 16 | 8 × 11 = 88 | 5 × 8 = 40 | 10 × 8 = 80
11 × 8 = 88 | 8 × 8 = 64 | 8 × 11 = 88 | 8 × 9 = 72
8 × 5 = 40 | 7 × 8 = 56 | 8 × 2 = 16 | 8 × 1 = 8
8 × 0 = 0 | 10 × 8 = 80 | 8 × 3 = 24 | 12 × 8 = 96
3 × 8 = 24 | 2 × 8 = 16 | 11 × 8 = 88 | 8 × 10 = 80
8 × 12 = 96 | 5 × 8 = 40 | 8 × 7 = 56 | 8 × 8 = 64
7 × 8 = 56 | 9 × 8 = 72 | 2 × 8 = 16 | 8 × 12 = 96
8 × 4 = 32 | 8 × 6 = 48 | 8 × 5 = 40 | 9 × 8 = 72
8 × 8 = 64 | 12 × 8 = 96 | 8 × 4 = 32 | 8 × 3 = 24

TIME:

Day 38

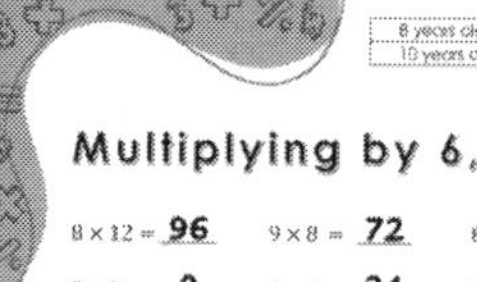
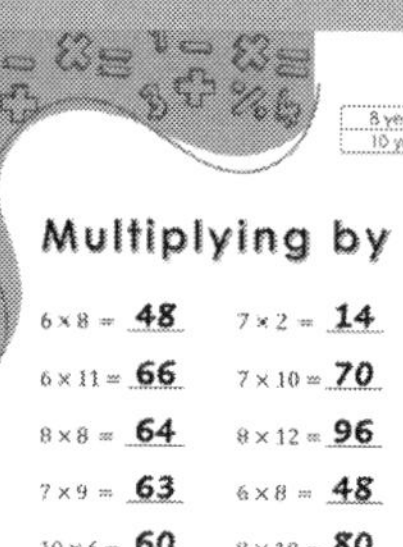

GOAL

8 years old – 13 minutes	9 years old – 10 minutes
10 years old – 6 minutes	11+ years old – 3 minutes

Multiplying by 6, 7, & 8

SCORE: /60

2×6 = 12	6×12 = 72	8×4 = 32	6×11 = 66
7×3 = 21	8×12 = 96	5×8 = 40	7×2 = 14
9×6 = 54	6×8 = 48	7×4 = 28	7×7 = 49
8×4 = 32	8×5 = 40	10×8 = 80	3×8 = 24
2×8 = 16	7×3 = 21	2×6 = 12	8×9 = 72
7×5 = 35	7×10 = 70	7×12 = 84	8×2 = 16
7×8 = 56	6×6 = 36	6×3 = 18	11×8 = 88
2×7 = 14	8×2 = 16	8×1 = 8	9×8 = 72
8×9 = 72	7×0 = 0	11×7 = 77	7×3 = 21
0×6 = 0	8×2 = 16	7×3 = 21	12×7 = 84
6×4 = 24	9×8 = 72	12×8 = 96	6×5 = 30
8×8 = 64	8×6 = 48	8×7 = 56	8×6 = 48
6×10 = 60	6×7 = 42	4×7 = 28	3×8 = 24
6×6 = 36	12×8 = 96	6×3 = 18	8×2 = 16
3×8 = 24	7×4 = 28	7×6 = 42	6×10 = 60

TIME:

Day 39

GOAL

8 years old – 13 minutes	9 years old – 10 minutes
10 years old – 6 minutes	11+ years old – 3 minutes

Multiplying by 6, 7, & 8

SCORE: /60

8×12 = 96	9×8 = 72	8×4 = 32	5×8 = 40
0×8 = 0	6×4 = 24	7×5 = 35	7×8 = 56
7×8 = 56	6×7 = 42	7×9 = 63	7×1 = 7
6×11 = 66	7×8 = 56	8×6 = 48	7×10 = 70
10×7 = 70	8×10 = 80	6×3 = 18	7×6 = 42
8×1 = 8	6×2 = 12	6×0 = 0	8×2 = 16
6×11 = 66	7×3 = 21	8×3 = 24	8×6 = 48
7×6 = 42	8×7 = 56	12×8 = 96	6×9 = 54
7×7 = 49	10×8 = 80	7×8 = 56	8×5 = 40
12×6 = 72	8×6 = 48	11×7 = 77	12×8 = 96
8×8 = 64	6×12 = 72	11×6 = 66	10×8 = 80
8×9 = 72	6×7 = 42	10×6 = 60	7×9 = 63
8×12 = 96	8×11 = 88	7×10 = 70	7×12 = 84
6×9 = 54	10×6 = 60	7×7 = 49	7×8 = 56
9×8 = 72	7×6 = 42	10×6 = 60	7×11 = 77

TIME:

Day 40

GOAL

8 years old – 13 minutes	9 years old – 10 minutes
10 years old – 6 minutes	11+ years old – 3 minutes

Multiplying by 6, 7, & 8

SCORE: /60

6×8 = 48	7×2 = 14	6×11 = 66	6×9 = 54
6×11 = 66	7×10 = 70	11×7 = 77	7×10 = 70
8×8 = 64	8×12 = 96	6×8 = 48	8×9 = 72
7×9 = 63	6×8 = 48	10×8 = 80	7×11 = 77
10×6 = 60	8×10 = 80	7×12 = 84	6×7 = 42
8×12 = 96	7×8 = 56	8×11 = 88	6×6 = 36
8×8 = 64	7×7 = 49	7×6 = 42	9×8 = 72
6×10 = 60	8×6 = 48	12×6 = 72	7×6 = 42
9×7 = 63	11×8 = 88	8×9 = 72	6×8 = 48
8×7 = 56	8×12 = 96	9×6 = 54	8×5 = 40
10×8 = 80	7×12 = 84	7×7 = 49	11×7 = 77
8×4 = 32	8×3 = 24	6×7 = 42	7×10 = 70
7×6 = 42	8×7 = 56	7×3 = 21	6×6 = 36
7×8 = 56	6×7 = 42	3×8 = 24	7×2 = 14
3×6 = 18	7×2 = 14	8×6 = 48	6×10 = 60

TIME:

Day 41

GOAL

8 years old – 13 minutes	9 years old – 10 minutes
10 years old – 6 minutes	11+ years old – 3 minutes

Mixed Multiplication

SCORE: /60

2×10 = 20	8×0 = 0	8×11 = 88	5×3 = 15
5×2 = 10	3×8 = 24	6×6 = 36	8×10 = 80
7×9 = 63	4×12 = 48	10×8 = 80	6×5 = 30
4×7 = 28	6×2 = 12	4×4 = 16	3×10 = 30
2×3 = 6	8×7 = 56	5×11 = 55	4×8 = 32
8×11 = 88	9×7 = 63	3×1 = 3	12×8 = 96
3×12 = 36	6×6 = 36	8×8 = 64	8×1 = 8
6×3 = 18	11×6 = 66	3×2 = 6	5×5 = 25
4×1 = 4	3×5 = 15	8×9 = 72	3×12 = 36
5×4 = 20	7×8 = 56	7×4 = 28	8×8 = 64
4×3 = 12	5×0 = 0	11×8 = 88	6×8 = 48
8×2 = 16	3×3 = 9	7×12 = 84	8×5 = 40
1×5 = 5	6×3 = 18	2×2 = 4	8×12 = 96
12×2 = 24	2×4 = 8	1×8 = 8	12×4 = 48
4×4 = 16	6×4 = 24	5×10 = 50	7×5 = 35

TIME:

Day 42

Weekly Bonus # 6

Number Bonds

Look at each number bond below. The numbers in the two bottom circles multiply together to make the number in the top circle. Fill in the missing numbers.

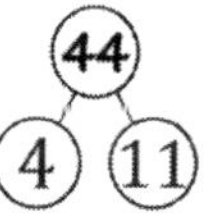

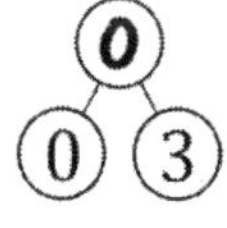

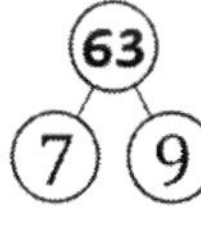

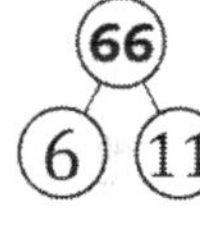

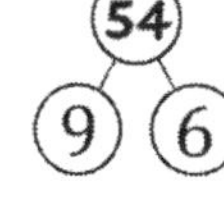

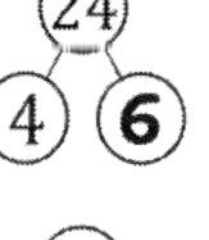

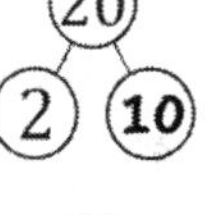

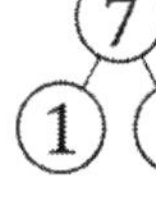

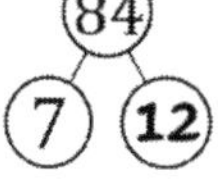

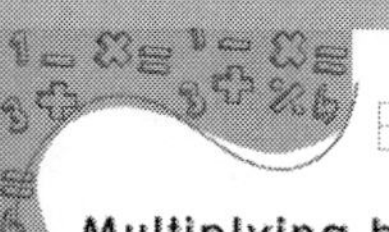

GOAL

8 years old – 13 minutes	9 years old – 10 minutes
10 years old – 6 minutes	11+ years old – 3 minutes

Mixed Multiplication

SCORE: /60

7×9 = 63	2×6 = 12	2×1 = 2	4×12 = 48
5×10 = 50	7×5 = 35	7×8 = 56	4×0 = 0
6×7 = 42	8×4 = 32	0×8 = 0	5×6 = 30
6×4 = 24	4×10 = 40	4×9 = 36	4×2 = 8
4×7 = 28	6×5 = 30	9×2 = 18	11×8 = 88
7×5 = 35	2×5 = 10	4×7 = 28	8×1 = 8
[illegible] = 24	[illegible] = 31	[illegible] = 40	4×11 = 44
4×4 = 16	11×5 = 55	2×2 = 4	5×10 = 50
3×7 = 21	8×10 = 80	4×1 = 4	5×5 = 25
5×3 = 15	5×7 = 35	3×7 = 21	8×12 = 96
3×12 = 36	10×4 = 40	2×6 = 12	3×4 = 12
7×7 = 49	9×6 = 54	5×11 = 55	4×9 = 36
8×3 = 24	8×1 = 8	5×10 = 50	8×6 = 48
2×4 = 8	8×0 = 0	8×4 = 32	12×4 = 48
9×4 = 36	3×6 = 18	12×5 = 60	7×9 = 63

TIME:

Day 43

GOAL

8 years old – 13 minutes	9 years old – 10 minutes
10 years old – 6 minutes	11+ years old – 3 minutes

Mixed Multiplication

SCORE: /60

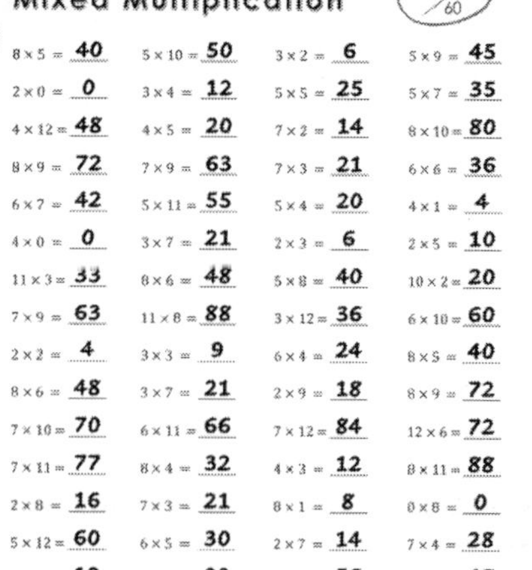

8×5 = 40	5×10 = 50	3×2 = 6	5×9 = 45
2×0 = 0	3×4 = 12	5×5 = 25	5×7 = 35
4×12 = 48	4×5 = 20	7×2 = 14	8×10 = 80
8×9 = 72	7×9 = 63	7×3 = 21	6×6 = 36
6×7 = 42	5×11 = 55	5×4 = 20	4×1 = 4
4×0 = 0	3×7 = 21	2×3 = 6	2×5 = 10
11×3 = 33	8×6 = 48	5×8 = 40	10×2 = 20
7×9 = 63	11×8 = 88	3×12 = 36	6×10 = 60
2×2 = 4	3×3 = 9	6×4 = 24	8×5 = 40
8×6 = 48	3×7 = 21	2×9 = 18	8×9 = 72
7×10 = 70	6×11 = 66	7×12 = 84	12×6 = 72
7×11 = 77	8×4 = 32	4×3 = 12	8×11 = 88
2×8 = 16	7×3 = 21	8×1 = 8	0×8 = 0
5×12 = 60	6×5 = 30	2×7 = 14	7×4 = 28
4×3 = 12	3×11 = 33	8×7 = 56	12×4 = 48

TIME:

Day 44

GOAL

8 years old – 13 minutes	9 years old – 10 minutes
10 years old – 6 minutes	11+ years old – 3 minutes

Multiplying by 9

SCORE: /60

2×9 = 18	9×9 = 81	9×12 = 108	5×9 = 45
8×9 = 72	6×9 = 54	9×9 = 81	9×10 = 90
4×9 = 36	1×9 = 9	9×6 = 54	9×2 = 18
10×9 = 90	9×8 = 72	5×9 = 45	12×9 = 108
9×9 = 81	9×3 = 27	9×11 = 99	10×9 = 90
9×2 = 18	9×4 = 36	6×9 = 54	9×0 = 0
12×9 = 108	11×9 = 99	9×7 = 63	9×9 = 81
7×9 = 63	9×6 = 54	9×5 = 45	3×9 = 27
0×9 = 0	2×9 = 18	9×4 = 36	9×1 = 9
5×9 = 45	9×12 = 108	9×3 = 27	9×4 = 36
9×11 = 99	9×10 = 90	9×12 = 108	9×8 = 72
8×9 = 72	4×9 = 36	5×9 = 45	9×3 = 27
9×7 = 63	9×11 = 99	9×9 = 81	9×6 = 54
9×3 = 27	0×9 = 0	2×9 = 18	9×7 = 63
9×10 = 90	9×9 = 81	8×9 = 72	9×12 = 108

TIME:

Day 45

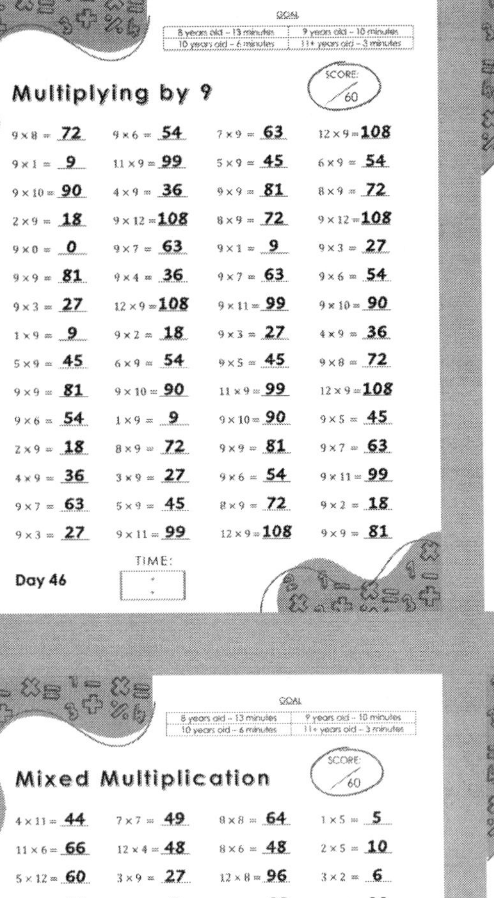

GOAL

8 years old – 13 minutes	9 years old – 10 minutes
10 years old – 6 minutes	11+ years old – 3 minutes

Multiplying by 9

SCORE: /60

9 × 8 = 72	9 × 6 = 54	7 × 9 = 63	12 × 9 = 108
9 × 1 = 9	11 × 9 = 99	5 × 9 = 45	6 × 9 = 54
9 × 10 = 90	4 × 9 = 36	9 × 9 = 81	8 × 9 = 72
2 × 9 = 18	9 × 12 = 108	8 × 9 = 72	9 × 12 = 108
9 × 0 = 0	9 × 7 = 63	9 × 1 = 9	9 × 3 = 27
9 × 9 = 81	9 × 4 = 36	9 × 7 = 63	9 × 6 = 54
9 × 3 = 27	12 × 9 = 108	9 × 11 = 99	9 × 10 = 90
1 × 9 = 9	9 × 2 = 18	9 × 3 = 27	4 × 9 = 36
5 × 9 = 45	6 × 9 = 54	9 × 5 = 45	9 × 8 = 72
9 × 9 = 81	9 × 10 = 90	11 × 9 = 99	12 × 9 = 108
9 × 6 = 54	1 × 9 = 9	9 × 10 = 90	9 × 5 = 45
2 × 9 = 18	8 × 9 = 72	9 × 9 = 81	9 × 7 = 63
4 × 9 = 36	3 × 9 = 27	9 × 6 = 54	9 × 11 = 99
9 × 7 = 63	5 × 9 = 45	8 × 9 = 72	9 × 2 = 18
9 × 3 = 27	9 × 11 = 99	12 × 9 = 108	9 × 9 = 81

TIME: :

Day 46

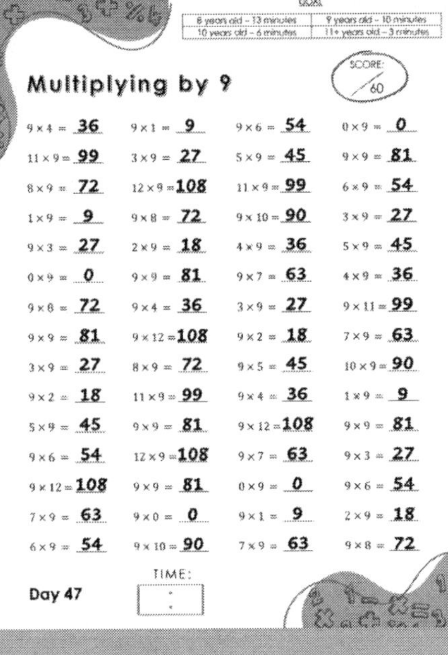

GOAL

8 years old – 13 minutes	9 years old – 10 minutes
10 years old – 6 minutes	11+ years old – 3 minutes

Multiplying by 9

SCORE: /60

9 × 4 = 36	9 × 1 = 9	9 × 6 = 54	0 × 9 = 0
11 × 9 = 99	3 × 9 = 27	5 × 9 = 45	9 × 9 = 81
8 × 9 = 72	12 × 9 = 108	11 × 9 = 99	6 × 9 = 54
1 × 9 = 9	9 × 8 = 72	9 × 10 = 90	3 × 9 = 27
9 × 3 = 27	2 × 9 = 18	4 × 9 = 36	5 × 9 = 45
0 × 9 = 0	9 × 9 = 81	9 × 7 = 63	4 × 9 = 36
9 × 8 = 72	9 × 4 = 36	3 × 9 = 27	9 × 11 = 99
9 × 9 = 81	9 × 12 = 108	9 × 2 = 18	7 × 9 = 63
3 × 9 = 27	8 × 9 = 72	9 × 5 = 45	10 × 9 = 90
9 × 2 = 18	11 × 9 = 99	9 × 4 = 36	1 × 9 = 9
5 × 9 = 45	9 × 9 = 81	9 × 12 = 108	9 × 9 = 81
9 × 6 = 54	12 × 9 = 108	9 × 7 = 63	9 × 3 = 27
9 × 12 = 108	9 × 9 = 81	0 × 9 = 0	9 × 6 = 54
7 × 9 = 63	9 × 0 = 0	9 × 1 = 9	2 × 9 = 18
6 × 9 = 54	9 × 10 = 90	7 × 9 = 63	9 × 8 = 72

TIME: :

Day 47

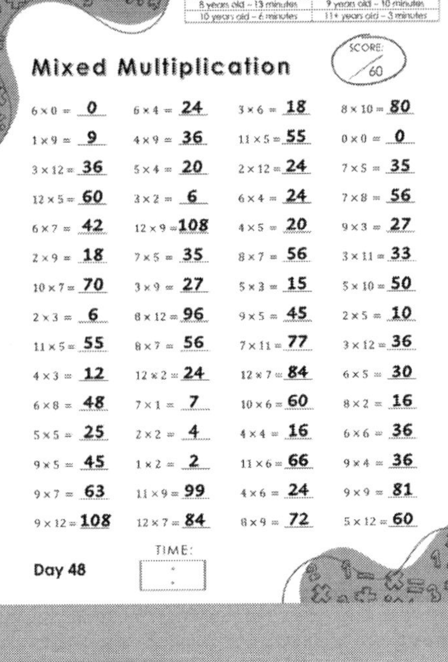

GOAL

8 years old – 13 minutes	9 years old – 10 minutes
10 years old – 6 minutes	11+ years old – 3 minutes

Mixed Multiplication

SCORE: /60

6 × 0 = 0	6 × 4 = 24	3 × 6 = 18	8 × 10 = 80
1 × 9 = 9	4 × 9 = 36	11 × 5 = 55	0 × 0 = 0
3 × 12 = 36	5 × 4 = 20	2 × 12 = 24	7 × 5 = 35
12 × 5 = 60	3 × 2 = 6	6 × 4 = 24	7 × 8 = 56
6 × 7 = 42	12 × 9 = 108	4 × 5 = 20	9 × 3 = 27
2 × 9 = 18	7 × 5 = 35	8 × 7 = 56	3 × 11 = 33
10 × 7 = 70	3 × 9 = 27	5 × 3 = 15	5 × 10 = 50
2 × 3 = 6	8 × 12 = 96	9 × 5 = 45	2 × 5 = 10
11 × 5 = 55	8 × 7 = 56	7 × 11 = 77	3 × 12 = 36
4 × 3 = 12	12 × 2 = 24	12 × 7 = 84	6 × 5 = 30
6 × 8 = 48	7 × 1 = 7	10 × 6 = 60	8 × 2 = 16
5 × 5 = 25	2 × 2 = 4	4 × 4 = 16	6 × 6 = 36
9 × 5 = 45	1 × 2 = 2	11 × 6 = 66	9 × 4 = 36
9 × 7 = 63	11 × 9 = 99	4 × 6 = 24	9 × 9 = 81
9 × 12 = 108	12 × 7 = 84	8 × 9 = 72	5 × 12 = 60

TIME: :

Day 48

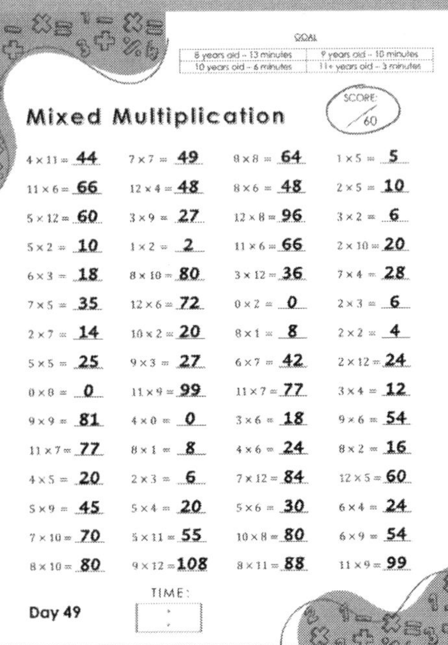

GOAL

8 years old – 13 minutes	9 years old – 10 minutes
10 years old – 6 minutes	11+ years old – 3 minutes

Mixed Multiplication

SCORE: /60

4 × 11 = 44	7 × 7 = 49	8 × 8 = 64	1 × 5 = 5
11 × 6 = 66	12 × 4 = 48	8 × 6 = 48	2 × 5 = 10
5 × 12 = 60	3 × 9 = 27	12 × 8 = 96	3 × 2 = 6
5 × 2 = 10	1 × 2 = 2	11 × 6 = 66	2 × 10 = 20
6 × 3 = 18	8 × 10 = 80	3 × 12 = 36	7 × 4 = 28
7 × 5 = 35	12 × 6 = 72	0 × 2 = 0	2 × 3 = 6
2 × 7 = 14	10 × 2 = 20	8 × 1 = 8	2 × 2 = 4
5 × 5 = 25	9 × 3 = 27	6 × 7 = 42	2 × 12 = 24
0 × 8 = 0	11 × 9 = 99	11 × 7 = 77	3 × 4 = 12
9 × 9 = 81	4 × 0 = 0	3 × 6 = 18	9 × 6 = 54
11 × 7 = 77	8 × 1 = 8	4 × 6 = 24	8 × 2 = 16
4 × 5 = 20	2 × 3 = 6	7 × 12 = 84	12 × 5 = 60
5 × 9 = 45	5 × 4 = 20	5 × 6 = 30	6 × 4 = 24
7 × 10 = 70	5 × 11 = 55	10 × 8 = 80	6 × 9 = 54
8 × 10 = 80	9 × 12 = 108	8 × 11 = 88	11 × 9 = 99

TIME: :

Day 49

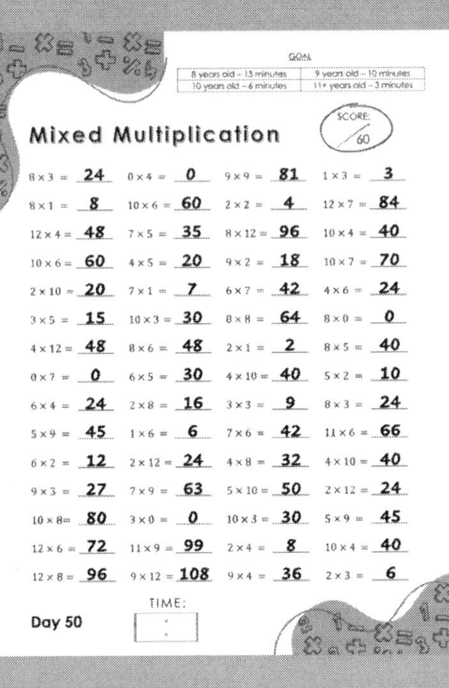

GOAL

8 years old – 13 minutes	9 years old – 10 minutes
10 years old – 6 minutes	11+ years old – 3 minutes

Mixed Multiplication

SCORE: /60

8 × 3 = 24	0 × 4 = 0	9 × 9 = 81	1 × 3 = 3
8 × 1 = 8	10 × 6 = 60	2 × 2 = 4	12 × 7 = 84
12 × 4 = 48	7 × 5 = 35	8 × 12 = 96	10 × 4 = 40
10 × 6 = 60	4 × 5 = 20	9 × 2 = 18	10 × 7 = 70
2 × 10 = 20	7 × 1 = 7	6 × 7 = 42	4 × 6 = 24
3 × 5 = 15	10 × 3 = 30	8 × 8 = 64	8 × 0 = 0
4 × 12 = 48	8 × 6 = 48	2 × 1 = 2	8 × 5 = 40
0 × 7 = 0	6 × 5 = 30	4 × 10 = 40	5 × 2 = 10
6 × 4 = 24	2 × 8 = 16	3 × 3 = 9	8 × 3 = 24
5 × 9 = 45	1 × 6 = 6	7 × 6 = 42	11 × 6 = 66
6 × 2 = 12	2 × 12 = 24	4 × 8 = 32	4 × 10 = 40
9 × 3 = 27	7 × 9 = 63	5 × 10 = 50	2 × 12 = 24
10 × 8 = 80	3 × 0 = 0	10 × 3 = 30	5 × 9 = 45
12 × 6 = 72	11 × 9 = 99	2 × 4 = 8	10 × 4 = 40
12 × 8 = 96	9 × 12 = 108	9 × 4 = 36	2 × 3 = 6

TIME: :

Day 50

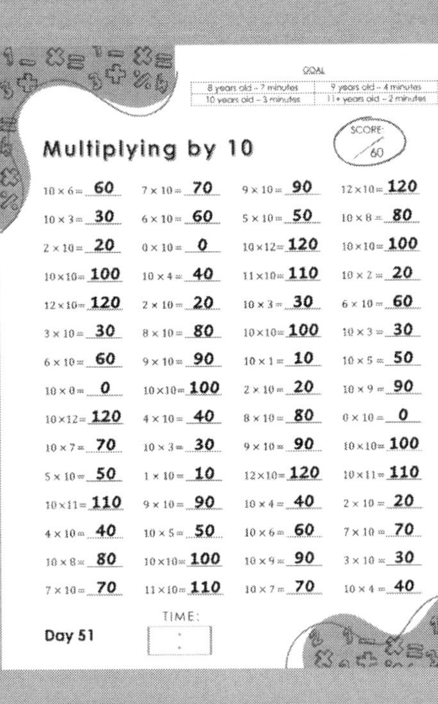

GOAL

8 years old – 7 minutes	9 years old – 4 minutes
10 years old – 3 minutes	11+ years old – 2 minutes

Multiplying by 10

SCORE: /60

10 × 6 = 60	7 × 10 = 70	9 × 10 = 90	12 × 10 = 120
10 × 3 = 30	6 × 10 = 60	5 × 10 = 50	10 × 8 = 80
2 × 10 = 20	0 × 10 = 0	10 × 12 = 120	10 × 10 = 100
10 × 10 = 100	10 × 4 = 40	11 × 10 = 110	10 × 2 = 20
12 × 10 = 120	2 × 10 = 20	10 × 3 = 30	6 × 10 = 60
3 × 10 = 30	8 × 10 = 80	10 × 10 = 100	10 × 3 = 30
6 × 10 = 60	9 × 10 = 90	10 × 1 = 10	10 × 5 = 50
10 × 0 = 0	10 × 10 = 100	2 × 10 = 20	10 × 9 = 90
10 × 12 = 120	4 × 10 = 40	8 × 10 = 80	0 × 10 = 0
10 × 7 = 70	10 × 3 = 30	9 × 10 = 90	10 × 10 = 100
5 × 10 = 50	1 × 10 = 10	12 × 10 = 120	10 × 11 = 110
10 × 11 = 110	9 × 10 = 90	10 × 4 = 40	2 × 10 = 20
4 × 10 = 40	10 × 5 = 50	10 × 6 = 60	7 × 10 = 70
10 × 8 = 80	10 × 10 = 100	10 × 9 = 90	3 × 10 = 30
7 × 10 = 70	11 × 10 = 110	10 × 7 = 70	10 × 4 = 40

TIME: :

Day 51

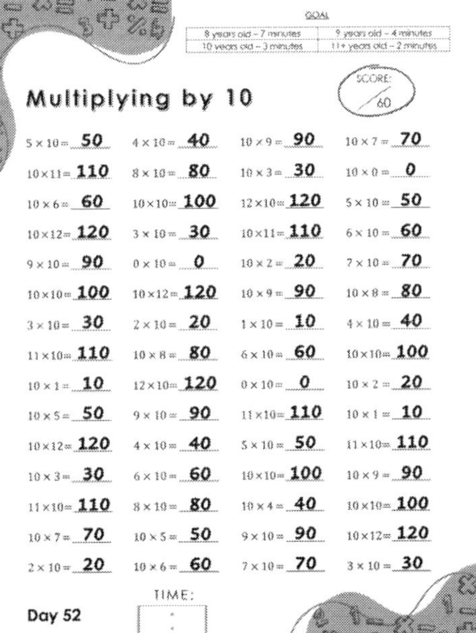

GOAL

8 years old – 7 minutes	9 years old – 4 minutes
10 years old – 3 minutes	11+ years old – 2 minutes

Multiplying by 10

SCORE: /60

5 × 10 = 50	4 × 10 = 40	10 × 9 = 90	10 × 7 = 70
10 × 11 = 110	8 × 10 = 80	10 × 3 = 30	10 × 0 = 0
10 × 6 = 60	10 × 10 = 100	12 × 10 = 120	5 × 10 = 50
10 × 12 = 120	3 × 10 = 30	10 × 11 = 110	6 × 10 = 60
9 × 10 = 90	0 × 10 = 0	10 × 2 = 20	7 × 10 = 70
10 × 10 = 100	10 × 12 = 120	10 × 9 = 90	10 × 8 = 80
3 × 10 = 30	2 × 10 = 20	1 × 10 = 10	4 × 10 = 40
11 × 10 = 110	10 × 8 = 80	6 × 10 = 60	10 × 10 = 100
10 × 1 = 10	12 × 10 = 120	0 × 10 = 0	10 × 2 = 20
10 × 5 = 50	9 × 10 = 90	11 × 10 = 110	10 × 1 = 10
10 × 12 = 120	4 × 10 = 40	5 × 10 = 50	11 × 10 = 110
10 × 3 = 30	6 × 10 = 60	10 × 10 = 100	10 × 9 = 90
11 × 10 = 110	8 × 10 = 80	10 × 4 = 40	10 × 10 = 100
10 × 7 = 70	10 × 5 = 50	9 × 10 = 90	10 × 12 = 120
2 × 10 = 20	10 × 6 = 60	7 × 10 = 70	3 × 10 = 30

TIME: :

Day 52

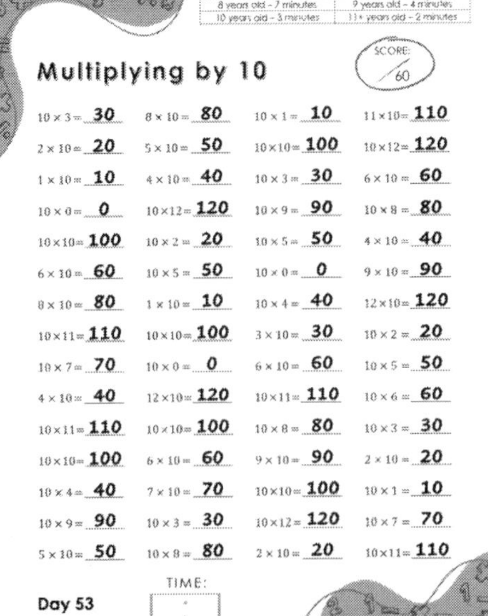

GOAL

8 years old – 7 minutes	9 years old – 4 minutes
10 years old – 3 minutes	11+ years old – 2 minutes

Multiplying by 10

SCORE: /60

10 × 3 = 30	8 × 10 = 80	10 × 1 = 10	11 × 10 = 110
2 × 10 = 20	5 × 10 = 50	10 × 10 = 100	10 × 12 = 120
1 × 10 = 10	4 × 10 = 40	10 × 3 = 30	6 × 10 = 60
10 × 0 = 0	10 × 12 = 120	10 × 9 = 90	10 × 8 = 80
10 × 10 = 100	10 × 2 = 20	10 × 5 = 50	4 × 10 = 40
6 × 10 = 60	10 × 5 = 50	10 × 0 = 0	9 × 10 = 90
8 × 10 = 80	1 × 10 = 10	10 × 4 = 40	12 × 10 = 120
10 × 11 = 110	10 × 10 = 100	3 × 10 = 30	10 × 2 = 20
10 × 7 = 70	10 × 0 = 0	6 × 10 = 60	10 × 5 = 50
4 × 10 = 40	12 × 10 = 120	10 × 11 = 110	10 × 6 = 60
10 × 11 = 110	10 × 10 = 100	10 × 8 = 80	10 × 3 = 30
10 × 10 = 100	6 × 10 = 60	9 × 10 = 90	2 × 10 = 20
10 × 4 = 40	7 × 10 = 70	10 × 10 = 100	10 × 1 = 10
10 × 9 = 90	10 × 3 = 30	10 × 12 = 120	10 × 7 = 70
5 × 10 = 50	10 × 8 = 80	2 × 10 = 20	10 × 11 = 110

TIME: :

Day 53

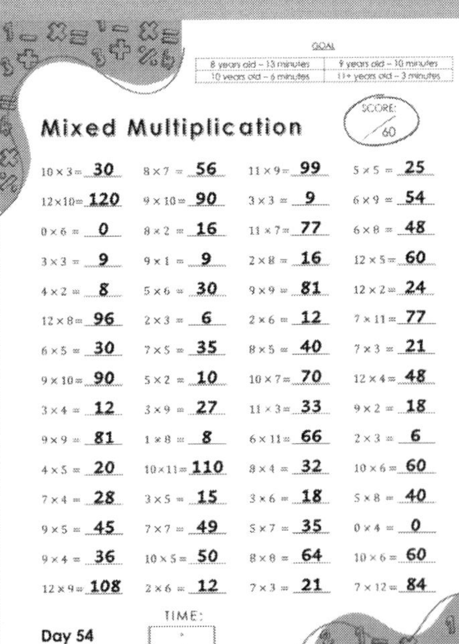

GOAL

8 years old – 13 minutes	9 years old – 10 minutes
10 years old – 6 minutes	11+ years old – 3 minutes

Mixed Multiplication

SCORE: /60

10 × 3 = 30	8 × 7 = 56	11 × 9 = 99	5 × 5 = 25
12 × 10 = 120	9 × 10 = 90	3 × 3 = 9	6 × 9 = 54
0 × 6 = 0	8 × 2 = 16	11 × 7 = 77	6 × 8 = 48
3 × 3 = 9	9 × 1 = 9	2 × 8 = 16	12 × 5 = 60
4 × 2 = 8	5 × 6 = 30	9 × 9 = 81	12 × 2 = 24
12 × 8 = 96	2 × 3 = 6	2 × 6 = 12	7 × 11 = 77
6 × 5 = 30	7 × 5 = 35	8 × 5 = 40	7 × 3 = 21
9 × 10 = 90	5 × 2 = 10	10 × 7 = 70	12 × 4 = 48
3 × 4 = 12	3 × 9 = 27	11 × 3 = 33	9 × 2 = 18
9 × 9 = 81	1 × 8 = 8	6 × 11 = 66	2 × 3 = 6
4 × 5 = 20	10 × 11 = 110	8 × 4 = 32	10 × 6 = 60
7 × 4 = 28	3 × 5 = 15	3 × 6 = 18	5 × 8 = 40
9 × 5 = 45	7 × 7 = 49	5 × 7 = 35	0 × 4 = 0
9 × 4 = 36	10 × 5 = 50	8 × 8 = 64	10 × 6 = 60
12 × 9 = 108	2 × 6 = 12	7 × 3 = 21	7 × 12 = 84

TIME: :

Day 54

GOAL

8 years old – 13 minutes	9 years old – 10 minutes
10 years old – 6 minutes	11+ years old – 3 minutes

Mixed Multiplication

12 × 2 = 24	12 × 9 = 108	5 × 2 = 10	4 × 12 = 48
7 × 2 = 14	7 × 9 = 63	9 × 11 = 99	4 × 9 = 36
4 × 8 = 32	4 × 9 = 36	12 × 10 = 120	8 × 2 = 16
8 × 2 = 16	10 × 6 = 60	8 × 7 = 56	0 × 4 = 0
7 × 5 = 35	7 × 6 = 42	12 × 2 = 24	9 × 3 = 27
10 × 8 = 80	3 × 0 = 0	5 × 8 = 40	7 × 9 = 63
3 × 7 = 21	10 × 4 = 40	9 × 8 = 72	10 × 2 = 20
11 × 10 = 110	8 × 8 = 64	8 × 10 = 80	12 × 4 = 48
6 × 5 = 30	10 × 5 = 50	4 × 11 = 44	3 × 10 = 30
4 × 7 = 28	6 × 9 = 54	6 × 11 = 66	4 × 4 = 16
10 × 10 = 100	8 × 9 = 72	6 × 8 = 48	8 × 4 = 32
7 × 9 = 63	5 × 5 = 25	8 × 5 = 40	9 × 10 = 90
10 × 12 = 120	9 × 5 = 45	1 × 10 = 10	11 × 5 = 55
0 × 10 = 0	10 × 11 = 110	12 × 5 = 60	10 × 6 = 60
1 × 5 = 5	8 × 4 = 32	4 × 5 = 20	4 × 11 = 44

Day 55

TIME:

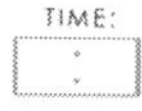

GOAL

8 years old – 13 minutes	9 years old – 10 minutes
10 years old – 6 minutes	11+ years old – 3 minutes

Mixed Multiplication

9 × 4 = 36	1 × 5 = 5	10 × 10 = 100	9 × 2 = 18
11 × 8 = 88	2 × 3 = 6	10 × 4 = 40	7 × 0 = 0
3 × 4 = 12	3 × 6 = 18	12 × 2 = 24	3 × 5 = 15
0 × 10 = 0	10 × 6 = 60	9 × 7 = 63	9 × 2 = 18
5 × 11 = 55	9 × 2 = 18	9 × 3 = 27	4 × 6 = 24
10 × 1 = 10	6 × 12 = 72	11 × 8 = 88	7 × 11 = 77
12 × 8 = 96	11 × 7 = 77	10 × 6 = 60	9 × 5 = 45
7 × 2 = 14	3 × 0 = 0	12 × 7 = 84	9 × 3 = 27
6 × 12 = 72	2 × 12 = 24	10 × 4 = 40	6 × 9 = 54
3 × 4 = 12	7 × 6 = 42	11 × 6 = 66	8 × 0 = 0
3 × 6 = 18	2 × 6 = 12	4 × 9 = 36	12 × 9 = 108
9 × 10 = 90	0 × 3 = 0	10 × 5 = 50	3 × 7 = 21
7 × 9 = 63	10 × 11 = 110	9 × 1 = 9	2 × 3 = 6
6 × 7 = 42	8 × 10 = 80	7 × 4 = 28	1 × 10 = 10
8 × 11 = 88	5 × 4 = 20	10 × 7 = 70	2 × 11 = 22

Day 56

TIME:

Weekly Bonus # 8

Multiplication Squares

Below are empty 2 by 2 squares. Each square has 4 empty spaces. Notice there are numbers written at the end of each row and beneath each column.

Fill in the empty spaces so that the numbers in each row multiply to the number at the end of the row and the numbers in each column multiply to the number at the bottom of the column. The first box is completed as an example.

3	3	9
2	5	10
6	15	

2	2	4
1	3	3
2	6	

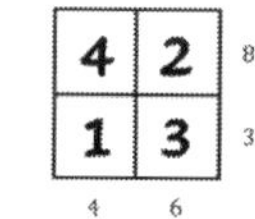

4	2	8
1	3	3
4	6	

5	1	5
3	3	9
15	3	

3	4	12
3	1	3
9	4	

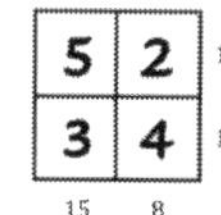

5	2	10
3	4	12
15	8	

1	5	5
3	5	15
3	25	

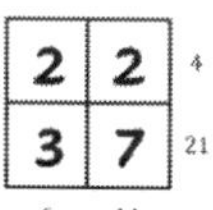

2	2	4
3	7	21
6	14	

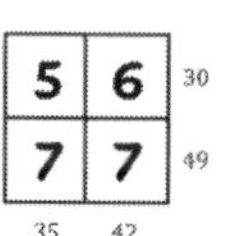

5	6	30
7	7	49
35	42	

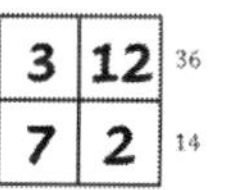

3	12	36
7	2	14
21	24	

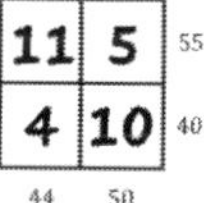

11	5	55
4	10	40
44	50	

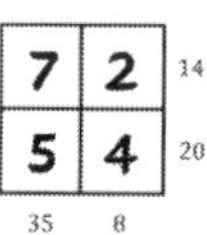

7	2	14
5	4	20
35	8	

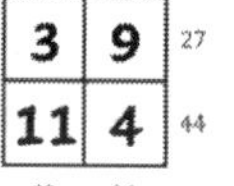

3	9	27
11	4	44
33	36	

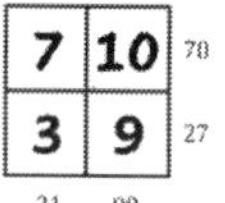

7	10	70
3	9	27
21	90	

8	7	56
9	3	27
72	21	

GOAL

8 years old – 7 minutes	9 years old – 4 minutes
10 years old – 3 minutes	11+ years old – 2 minutes

Multiplying by 11

11 × 9 = 99	1 × 11 = 11	10 × 11 = 110	11 × 12 = 132
2 × 11 = 22	5 × 11 = 55	3 × 11 = 33	4 × 11 = 44
11 × 7 = 77	0 × 11 = 0	6 × 11 = 66	11 × 5 = 55
11 × 11 = 121	11 × 2 = 22	11 × 5 = 55	8 × 11 = 88
6 × 11 = 66	11 × 5 = 55	11 × 0 = 0	9 × 11 = 99
11 × 8 = 88	11 × 1 = 11	11 × 4 = 44	12 × 11 = 132
3 × 11 = 33	4 × 11 = 44	11 × 7 = 77	11 × 2 = 22
10 × 11 = 110	11 × 11 = 121	3 × 11 = 33	11 × 9 = 99
11 × 12 = 132	1 × 11 = 11	5 × 11 = 55	11 × 11 = 121
11 × 3 = 33	6 × 11 = 66	10 × 11 = 110	11 × 4 = 44
11 × 11 = 121	11 × 8 = 88	11 × 4 = 44	11 × 10 = 110
11 × 7 = 77	11 × 5 = 55	9 × 11 = 99	12 × 11 = 132
2 × 11 = 22	11 × 6 = 66	7 × 11 = 77	3 × 11 = 33
11 × 11 = 121	10 × 11 = 110	8 × 11 = 88	11 × 7 = 77
12 × 11 = 132	8 × 11 = 88	0 × 11 = 0	11 × 11 = 121

Day 57

TIME:

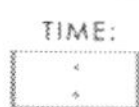

GOAL

8 years old – 7 minutes	9 years old – 4 minutes
10 years old – 3 minutes	11+ years old – 2 minutes

Multiplying by 11

8 × 11 = 88	3 × 11 = 33	0 × 11 = 0	11 × 11 = 121
11 × 7 = 77	11 × 4 = 44	11 × 11 = 121	11 × 12 = 132
11 × 2 = 22	12 × 11 = 132	11 × 8 = 88	7 × 11 = 77
11 × 8 = 88	11 × 9 = 99	11 × 1 = 11	11 × 3 = 33
7 × 11 = 77	1 × 11 = 11	11 × 0 = 0	11 × 4 = 44
11 × 4 = 44	11 × 3 = 33	11 × 7 = 77	8 × 11 = 88
0 × 11 = 0	11 × 11 = 121	12 × 11 = 132	11 × 10 = 110
1 × 11 = 11	11 × 2 = 22	3 × 11 = 33	11 × 4 = 44
5 × 11 = 55	11 × 6 = 66	7 × 11 = 77	11 × 8 = 88
9 × 11 = 99	11 × 10 = 110	11 × 11 = 121	11 × 12 = 132
4 × 11 = 44	11 × 8 = 88	11 × 2 = 22	11 × 5 = 55
11 × 3 = 33	11 × 5 = 55	4 × 11 = 44	6 × 11 = 66
12 × 11 = 132	6 × 11 = 66	11 × 1 = 11	2 × 11 = 22
10 × 11 = 110	0 × 11 = 0	11 × 3 = 33	11 × 9 = 99
11 × 5 = 55	9 × 11 = 99	11 × 6 = 66	11 × 7 = 77

Day 58

TIME:

GOAL

8 years old – 7 minutes	9 years old – 4 minutes
10 years old – 3 minutes	11+ years old – 2 minutes

Multiplying by 11

11 × 4 = 44	11 × 1 = 11	11 × 2 = 22	11 × 8 = 88
0 × 11 = 0	9 × 11 = 99	11 × 7 = 77	11 × 11 = 121
7 × 11 = 77	2 × 11 = 22	10 × 11 = 110	6 × 11 = 66
11 × 2 = 22	0 × 11 = 0	11 × 5 = 55	11 × 9 = 99
11 × 10 = 110	11 × 4 = 44	11 × 6 = 66	7 × 11 = 77
11 × 11 = 121	11 × 2 = 22	11 × 3 = 33	10 × 11 = 110
12 × 11 = 132	1 × 11 = 11	5 × 11 = 55	11 × 0 = 0
11 × 7 = 77	11 × 11 = 121	6 × 11 = 66	11 × 4 = 44
11 × 5 = 55	11 × 0 = 0	11 × 10 = 110	5 × 11 = 55
3 × 11 = 33	6 × 11 = 66	11 × 1 = 11	11 × 11 = 121
11 × 8 = 88	11 × 5 = 55	11 × 2 = 22	3 × 11 = 33
11 × 0 = 0	7 × 11 = 77	4 × 11 = 44	8 × 11 = 88
9 × 11 = 99	11 × 3 = 33	12 × 11 = 132	11 × 7 = 77
4 × 11 = 44	8 × 11 = 88	11 × 3 = 33	11 × 5 = 55
2 × 11 = 22	12 × 11 = 132	11 × 9 = 99	11 × 12 = 132

Day 59

TIME:

GOAL

8 years old – 13 minutes	9 years old – 10 minutes
10 years old – 6 minutes	11+ years old – 3 minutes

Mixed Multiplication

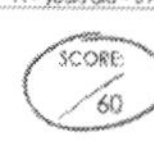

0 × 5 = 0	4 × 12 = 48	11 × 11 = 121	4 × 10 = 40
6 × 7 = 42	12 × 3 = 36	6 × 2 = 12	7 × 5 = 35
2 × 0 = 0	9 × 12 = 108	4 × 7 = 28	7 × 11 = 77
8 × 11 = 88	11 × 3 = 33	11 × 9 = 99	6 × 1 = 6
1 × 4 = 4	5 × 7 = 35	12 × 7 = 84	6 × 12 = 72
8 × 2 = 16	12 × 10 = 120	7 × 6 = 42	4 × 12 = 48
4 × 11 = 44	10 × 6 = 60	2 × 7 = 14	9 × 5 = 45
3 × 2 = 6	8 × 5 = 40	9 × 6 = 54	9 × 7 = 63
4 × 4 = 16	7 × 8 = 56	10 × 11 = 110	6 × 6 = 36
7 × 11 = 77	8 × 0 = 0	5 × 12 = 60	4 × 6 = 24
12 × 11 = 132	6 × 11 = 66	10 × 8 = 80	9 × 10 = 90
4 × 8 = 32	3 × 5 = 15	8 × 2 = 16	11 × 10 = 110
3 × 7 = 21	11 × 12 = 132	11 × 9 = 99	4 × 2 = 8
7 × 12 = 84	3 × 8 = 24	10 × 7 = 70	3 × 9 = 27
5 × 11 = 55	12 × 4 = 48	11 × 4 = 44	11 × 11 = 121

Day 60

TIME:

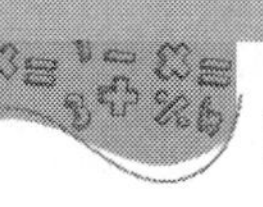

GOAL

8 years old – 13 minutes	9 years old – 10 minutes
10 years old – 6 minutes	11+ years old – 3 minutes

Mixed Multiplication

0 × 2 = 0	12 × 11 = 132	10 × 8 = 80	10 × 3 = 30
12 × 8 = 96	1 × 9 = 9	9 × 7 = 63	2 × 12 = 24
1 × 11 = 11	3 × 4 = 12	0 × 6 = 0	7 × 12 = 84
2 × 11 = 22	8 × 3 = 24	3 × 9 = 27	12 × 8 = 96
4 × 3 = 12	4 × 10 = 40	2 × 8 = 16	10 × 11 = 110
10 × 7 = 70	11 × 9 = 99	9 × 1 = 9	7 × 6 = 12
10 × 2 = 20	2 × 12 = 24	0 × 11 = 0	10 × 12 = 120
0 × 4 = 0	3 × 9 = 27	4 × 11 = 44	3 × 8 = 24
2 × 4 = 8	2 × 3 = 6	8 × 4 = 32	7 × 12 = 84
4 × 9 = 36	1 × 6 = 6	8 × 11 = 88	5 × 7 = 35
2 × 8 = 16	6 × 9 = 54	3 × 10 = 30	5 × 8 = 40
9 × 9 = 81	8 × 10 = 80	12 × 3 = 36	8 × 8 = 64
5 × 5 = 25	6 × 4 = 24	7 × 7 = 49	11 × 12 = 132
11 × 4 = 44	5 × 2 = 10	2 × 6 = 12	6 × 7 = 42
5 × 9 = 45	10 × 3 = 30	12 × 5 = 60	8 × 6 = 48

Day 61

TIME:

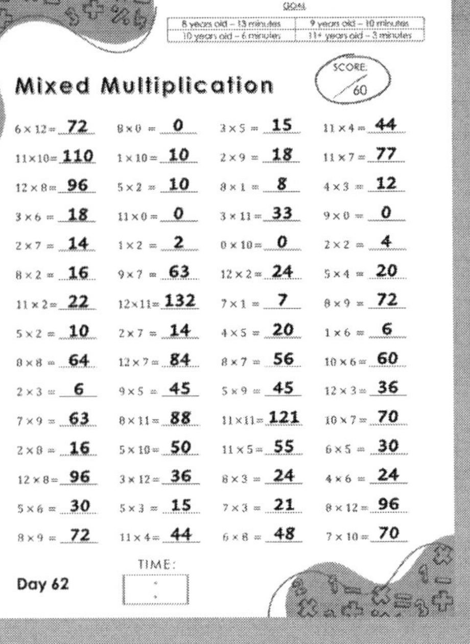

GOAL

8 years old – 13 minutes	9 years old – 10 minutes
10 years old – 6 minutes	11+ years old – 3 minutes

Mixed Multiplication

SCORE: /60

6×12= 72	8×0 = 0	3×5 = 15	11×4 = 44
11×10= 110	1×10 = 10	2×9 = 18	11×7 = 77
12×8= 96	5×2 = 10	8×1 = 8	4×3 = 12
3×6 = 18	11×0 = 0	3×11 = 33	9×0 = 0
2×7 = 14	1×2 = 2	0×10 = 0	2×2 = 4
8×2 = 16	9×7 = 63	12×2 = 24	5×4 = 20
11×2 = 22	12×11= 132	7×1 = 7	8×9 = 72
5×2 = 10	2×7 = 14	4×5 = 20	1×6 = 6
8×8 = 64	12×7 = 84	8×7 = 56	10×6 = 60
2×3 = 6	9×5 = 45	5×9 = 45	12×3 = 36
7×9 = 63	8×11 = 88	11×11= 121	10×7 = 70
2×8 = 16	5×10 = 50	11×5 = 55	6×5 = 30
12×8 = 96	3×12 = 36	8×3 = 24	4×6 = 24
5×6 = 30	5×3 = 15	7×3 = 21	8×12 = 96
8×9 = 72	11×4 = 44	6×8 = 48	7×10 = 70

Day 62 TIME:

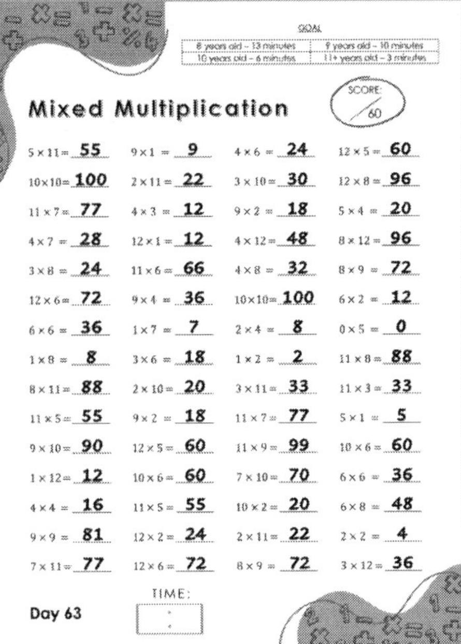
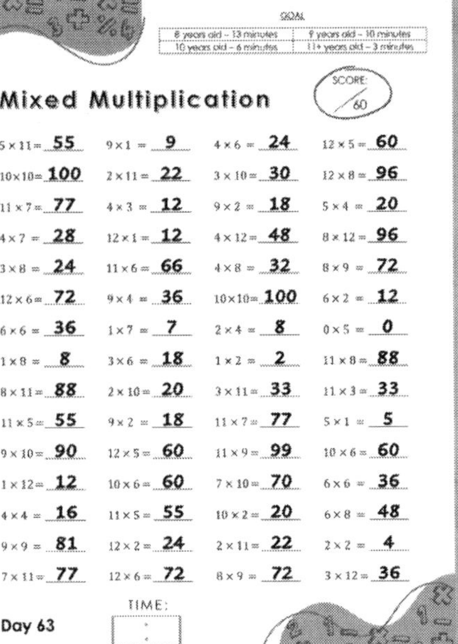

GOAL

8 years old – 13 minutes	9 years old – 10 minutes
10 years old – 6 minutes	11+ years old – 3 minutes

Mixed Multiplication

SCORE: /60

5×11= 55	9×1 = 9	4×6 = 24	12×5 = 60
10×10= 100	2×11 = 22	3×10 = 30	12×8 = 96
11×7 = 77	4×3 = 12	9×2 = 18	5×4 = 20
4×7 = 28	12×1 = 12	4×12 = 48	8×12 = 96
3×8 = 24	11×6 = 66	4×8 = 32	8×9 = 72
12×6 = 72	9×4 = 36	10×10= 100	6×2 = 12
6×6 = 36	1×7 = 7	2×4 = 8	0×5 = 0
1×8 = 8	3×6 = 18	1×2 = 2	11×8 = 88
8×11 = 88	2×10 = 20	3×11 = 33	11×3 = 33
11×5 = 55	9×2 = 18	11×7 = 77	5×1 = 5
9×10 = 90	12×5 = 60	11×9 = 99	10×6 = 60
1×12 = 12	10×6 = 60	7×10 = 70	6×6 = 36
4×4 = 16	11×5 = 55	10×2 = 20	6×8 = 48
9×9 = 81	12×2 = 24	2×11 = 22	2×2 = 4
7×11 = 77	12×6 = 72	8×9 = 72	3×12 = 36

Day 63 TIME:

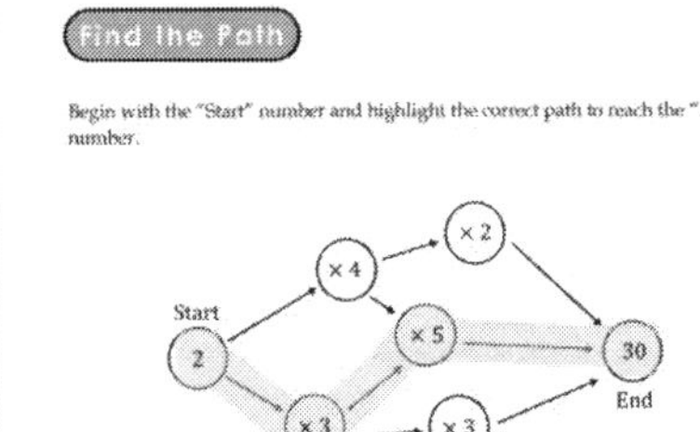

Weekly Bonus # 9

Find the Path

Begin with the "Start" number and highlight the correct path to reach the "End" number.

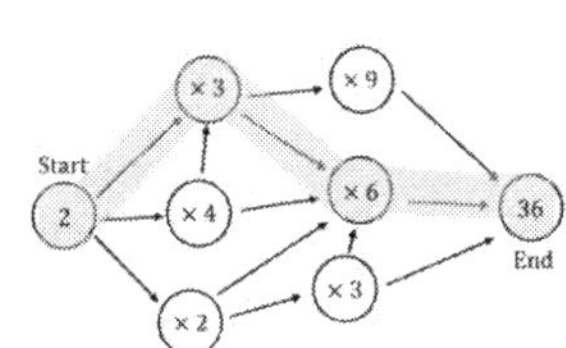

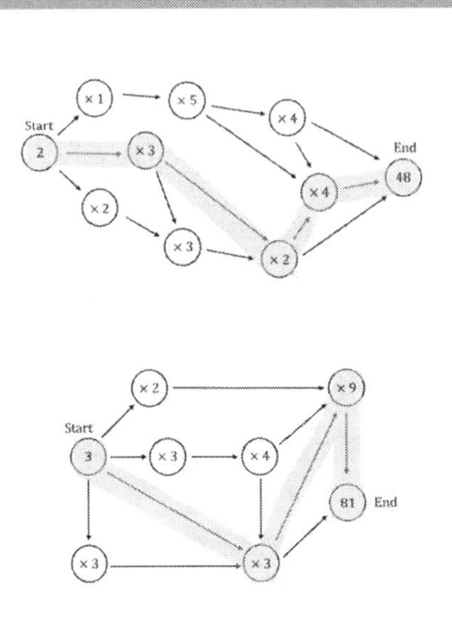

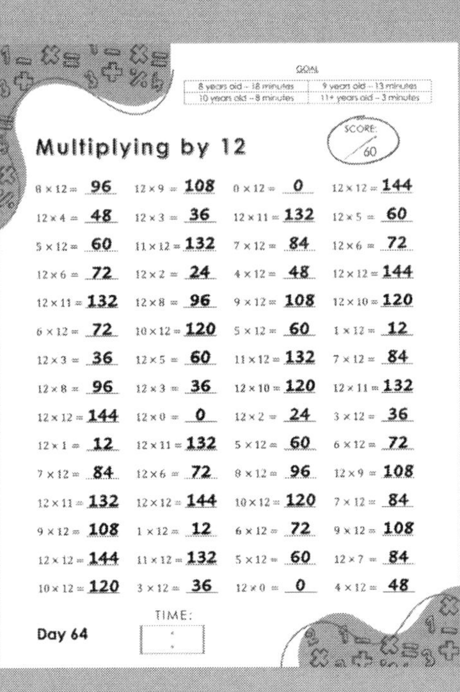

GOAL

8 years old – 18 minutes	9 years old – 13 minutes
10 years old – 8 minutes	11+ years old – 3 minutes

Multiplying by 12

SCORE: /60

8×12 = 96	12×9 = 108	0×12 = 0	12×12 = 144
12×4 = 48	12×3 = 36	12×11 = 132	12×5 = 60
5×12 = 60	11×12 = 132	7×12 = 84	12×6 = 72
12×6 = 72	12×2 = 24	4×12 = 48	12×12 = 144
12×11 = 132	12×8 = 96	9×12 = 108	12×10 = 120
6×12 = 72	10×12 = 120	5×12 = 60	1×12 = 12
12×3 = 36	12×5 = 60	11×12 = 132	7×12 = 84
12×8 = 96	12×3 = 36	12×10 = 120	12×11 = 132
12×12 = 144	12×0 = 0	12×2 = 24	3×12 = 36
12×1 = 12	12×11 = 132	5×12 = 60	6×12 = 72
7×12 = 84	12×6 = 72	8×12 = 96	12×9 = 108
12×11 = 132	12×12 = 144	10×12 = 120	7×12 = 84
9×12 = 108	1×12 = 12	6×12 = 72	9×12 = 108
12×12 = 144	11×12 = 132	5×12 = 60	12×7 = 84
10×12 = 120	3×12 = 36	12×0 = 0	4×12 = 48

Day 64 TIME:

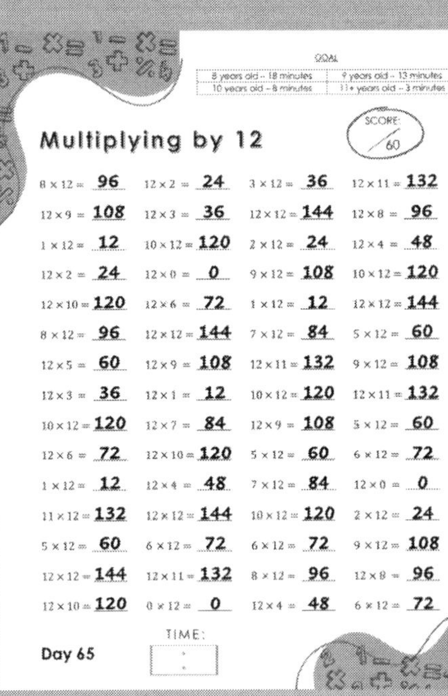

GOAL

8 years old – 18 minutes	9 years old – 13 minutes
10 years old – 8 minutes	11+ years old – 3 minutes

Multiplying by 12

SCORE: /60

8×12 = 96	12×2 = 24	3×12 = 36	12×11 = 132
12×9 = 108	12×3 = 36	12×12 = 144	12×8 = 96
1×12 = 12	10×12 = 120	2×12 = 24	12×4 = 48
12×2 = 24	12×0 = 0	9×12 = 108	10×12 = 120
12×10 = 120	12×6 = 72	1×12 = 12	12×12 = 144
8×12 = 96	12×12 = 144	7×12 = 84	5×12 = 60
12×5 = 60	12×9 = 108	12×11 = 132	9×12 = 108
12×3 = 36	12×1 = 12	10×12 = 120	12×11 = 132
10×12 = 120	12×7 = 84	12×9 = 108	5×12 = 60
12×6 = 72	12×10 = 120	5×12 = 60	6×12 = 72
1×12 = 12	12×4 = 48	7×12 = 84	12×0 = 0
11×12 = 132	12×12 = 144	10×12 = 120	2×12 = 24
5×12 = 60	6×12 = 72	6×12 = 72	9×12 = 108
12×12 = 144	12×11 = 132	8×12 = 96	12×8 = 96
12×10 = 120	0×12 = 0	12×4 = 48	6×12 = 72

Day 65 TIME:

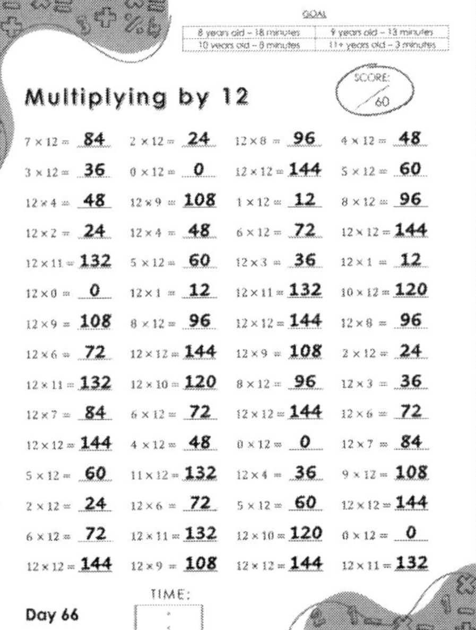

GOAL

8 years old – 18 minutes	9 years old – 13 minutes
10 years old – 8 minutes	11+ years old – 3 minutes

Multiplying by 12

SCORE: /60

7×12 = 84	2×12 = 24	12×8 = 96	4×12 = 48
3×12 = 36	0×12 = 0	12×12 = 144	5×12 = 60
12×4 = 48	12×9 = 108	1×12 = 12	8×12 = 96
12×2 = 24	12×4 = 48	6×12 = 72	12×12 = 144
12×11 = 132	5×12 = 60	12×3 = 36	12×1 = 12
12×0 = 0	12×1 = 12	12×11 = 132	10×12 = 120
12×9 = 108	8×12 = 96	12×12 = 144	12×8 = 96
12×6 = 72	12×12 = 144	12×9 = 108	2×12 = 24
12×11 = 132	12×10 = 120	8×12 = 96	12×3 = 36
12×7 = 84	6×12 = 72	12×12 = 144	12×6 = 72
12×12 = 144	4×12 = 48	0×12 = 0	12×7 = 84
5×12 = 60	11×12 = 132	12×4 = 36	9×12 = 108
2×12 = 24	12×6 = 72	5×12 = 60	12×12 = 144
6×12 = 72	12×11 = 132	12×10 = 120	0×12 = 0
12×12 = 144	12×9 = 108	12×12 = 144	12×11 = 132

Day 66 TIME:

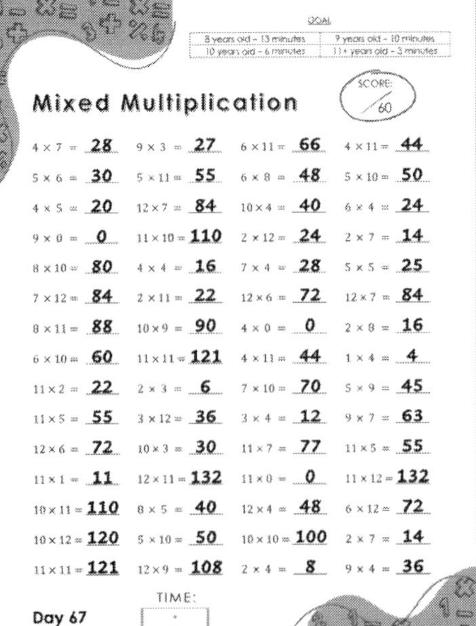

GOAL

8 years old – 13 minutes	9 years old – 10 minutes
10 years old – 6 minutes	11+ years old – 3 minutes

Mixed Multiplication

SCORE: /60

4×7 = 28	9×3 = 27	6×11 = 66	4×11 = 44
5×6 = 30	5×11 = 55	6×8 = 48	5×10 = 50
4×5 = 20	12×7 = 84	10×4 = 40	6×4 = 24
9×0 = 0	11×10 = 110	2×12 = 24	2×7 = 14
8×10 = 80	4×4 = 16	7×4 = 28	5×5 = 25
7×12 = 84	2×11 = 22	12×6 = 72	12×7 = 84
8×11 = 88	10×9 = 90	4×0 = 0	2×8 = 16
6×10 = 60	11×11 = 121	4×11 = 44	1×4 = 4
11×2 = 22	2×3 = 6	7×10 = 70	5×9 = 45
11×5 = 55	3×12 = 36	3×4 = 12	9×7 = 63
12×6 = 72	10×3 = 30	11×7 = 77	11×5 = 55
11×1 = 11	12×11 = 132	11×0 = 0	11×12 = 132
10×11 = 110	8×5 = 40	12×4 = 48	6×12 = 72
10×12 = 120	5×10 = 50	10×10 = 100	2×7 = 14
11×11 = 121	12×9 = 108	2×4 = 8	9×4 = 36

Day 67 TIME:

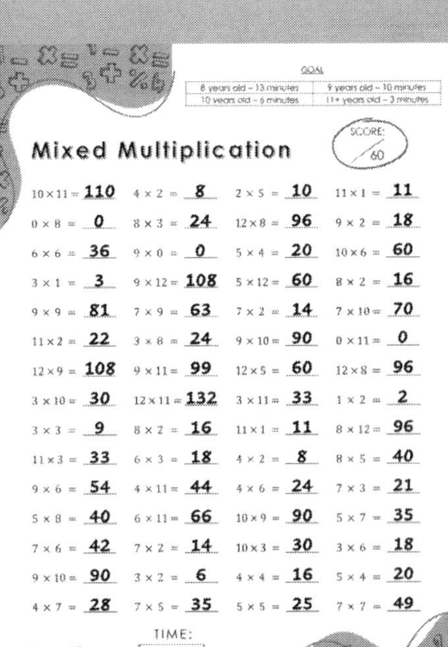

GOAL

8 years old – 13 minutes	9 years old – 10 minutes
10 years old – 6 minutes	11+ years old – 3 minutes

Mixed Multiplication

SCORE: /60

10×11 = 110	4×2 = 8	2×5 = 10	11×1 = 11
0×8 = 0	8×3 = 24	12×8 = 96	9×2 = 18
6×6 = 36	9×0 = 0	5×4 = 20	10×6 = 60
3×1 = 3	9×12 = 108	5×12 = 60	8×2 = 16
9×9 = 81	7×9 = 63	7×2 = 14	7×10 = 70
11×2 = 22	3×8 = 24	9×10 = 90	0×11 = 0
12×9 = 108	9×11 = 99	12×5 = 60	12×8 = 96
3×10 = 30	12×11 = 132	3×11 = 33	1×2 = 2
3×3 = 9	8×2 = 16	11×1 = 11	8×12 = 96
11×3 = 33	6×3 = 18	4×2 = 8	8×5 = 40
9×6 = 54	4×11 = 44	4×6 = 24	7×3 = 21
5×8 = 40	6×11 = 66	10×9 = 90	5×7 = 35
7×6 = 42	7×2 = 14	10×3 = 30	3×6 = 18
9×10 = 90	3×2 = 6	4×4 = 16	5×4 = 20
4×7 = 28	7×5 = 35	5×5 = 25	7×7 = 49

Day 68 TIME:

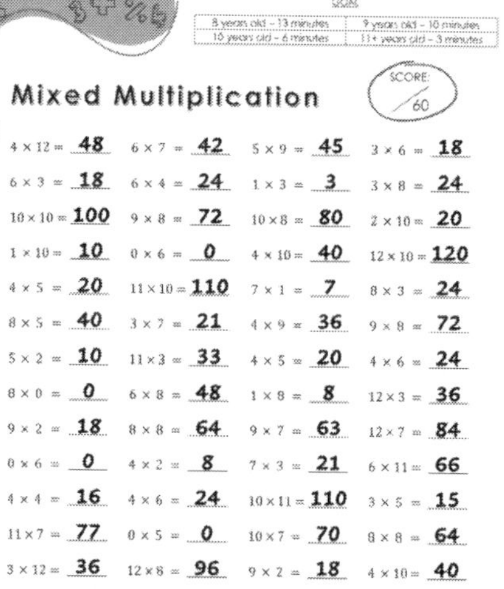

GOAL

8 years old – 13 minutes	9 years old – 10 minutes
10 years old – 6 minutes	11+ years old – 3 minutes

Mixed Multiplication

SCORE: /60

4 × 12 = 48	6 × 7 = 42	5 × 9 = 45	3 × 6 = 18
6 × 3 = 18	6 × 4 = 24	1 × 3 = 3	3 × 8 = 24
10 × 10 = 100	9 × 8 = 72	10 × 8 = 80	2 × 10 = 20
1 × 10 = 10	0 × 6 = 0	4 × 10 = 40	12 × 10 = 120
4 × 5 = 20	11 × 10 = 110	7 × 1 = 7	8 × 3 = 24
8 × 5 = 40	3 × 7 = 21	4 × 9 = 36	9 × 8 = 72
5 × 2 = 10	11 × 3 = 33	4 × 5 = 20	4 × 6 = 24
8 × 0 = 0	6 × 8 = 48	1 × 8 = 8	12 × 3 = 36
9 × 2 = 18	8 × 8 = 64	9 × 7 = 63	12 × 7 = 84
0 × 6 = 0	4 × 2 = 8	7 × 3 = 21	6 × 11 = 66
4 × 4 = 16	4 × 6 = 24	10 × 11 = 110	3 × 5 = 15
11 × 7 = 77	0 × 5 = 0	10 × 7 = 70	8 × 8 = 64
3 × 12 = 36	12 × 8 = 96	9 × 2 = 18	4 × 10 = 40
12 × 7 = 84	12 × 3 = 36	12 × 9 = 108	9 × 6 = 54
2 × 11 = 22	5 × 4 = 20	2 × 7 = 14	7 × 12 = 84

Day 69 TIME:

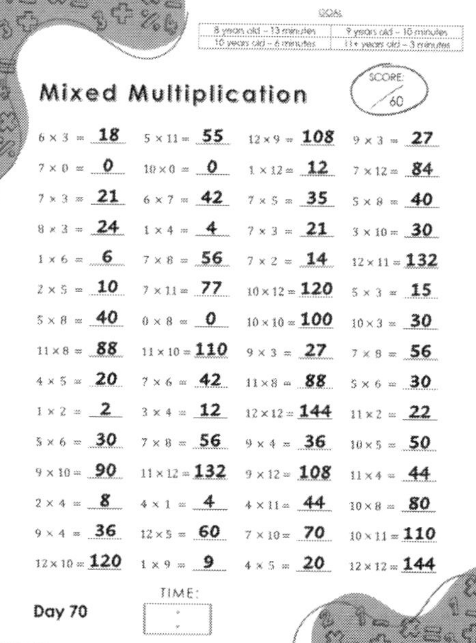

GOAL

8 years old – 13 minutes	9 years old – 10 minutes
10 years old – 6 minutes	11+ years old – 3 minutes

Mixed Multiplication

SCORE: /60

6 × 3 = 18	5 × 11 = 55	12 × 9 = 108	9 × 3 = 27
7 × 0 = 0	10 × 0 = 0	1 × 12 = 12	7 × 12 = 84
7 × 3 = 21	6 × 7 = 42	7 × 5 = 35	5 × 8 = 40
8 × 3 = 24	1 × 4 = 4	7 × 3 = 21	3 × 10 = 30
1 × 6 = 6	7 × 8 = 56	7 × 2 = 14	12 × 11 = 132
2 × 5 = 10	7 × 11 = 77	10 × 12 = 120	5 × 3 = 15
5 × 8 = 40	0 × 8 = 0	10 × 10 = 100	10 × 3 = 30
11 × 8 = 88	11 × 10 = 110	9 × 3 = 27	7 × 8 = 56
4 × 5 = 20	7 × 6 = 42	11 × 8 = 88	5 × 6 = 30
1 × 2 = 2	3 × 4 = 12	12 × 12 = 144	11 × 2 = 22
5 × 6 = 30	7 × 8 = 56	9 × 4 = 36	10 × 5 = 50
9 × 10 = 90	11 × 12 = 132	9 × 12 = 108	11 × 4 = 44
2 × 4 = 8	4 × 1 = 4	4 × 11 = 44	10 × 8 = 80
9 × 4 = 36	12 × 5 = 60	7 × 10 = 70	10 × 11 = 110
12 × 10 = 120	1 × 9 = 9	4 × 5 = 20	12 × 12 = 144

Day 70 TIME:

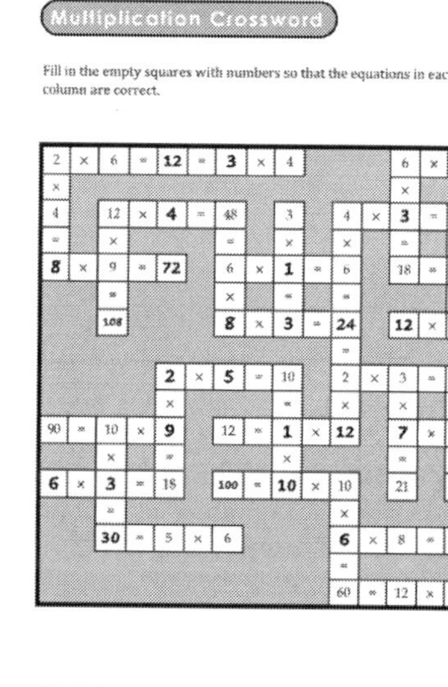

Weekly Bonus # 10

Multiplication Crossword

Fill in the empty squares with numbers so that the equations in each row and column are correct.

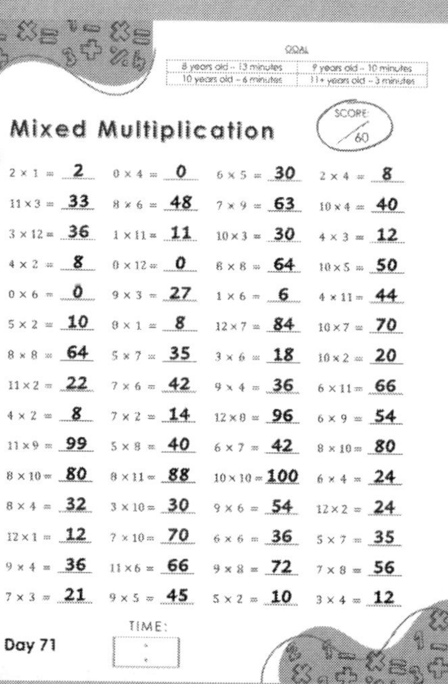

GOAL

8 years old – 13 minutes	9 years old – 10 minutes
10 years old – 6 minutes	11+ years old – 3 minutes

Mixed Multiplication

SCORE: /60

2 × 1 = 2	0 × 4 = 0	6 × 5 = 30	2 × 4 = 8
11 × 3 = 33	8 × 6 = 48	7 × 9 = 63	10 × 4 = 40
3 × 12 = 36	1 × 11 = 11	10 × 3 = 30	4 × 3 = 12
4 × 2 = 8	0 × 12 = 0	8 × 8 = 64	10 × 5 = 50
0 × 6 = 0	9 × 3 = 27	1 × 6 = 6	4 × 11 = 44
5 × 2 = 10	8 × 1 = 8	12 × 7 = 84	10 × 7 = 70
8 × 8 = 64	5 × 7 = 35	3 × 6 = 18	10 × 2 = 20
11 × 2 = 22	7 × 6 = 42	9 × 4 = 36	6 × 11 = 66
4 × 2 = 8	7 × 2 = 14	12 × 8 = 96	6 × 9 = 54
11 × 9 = 99	5 × 8 = 40	6 × 7 = 42	8 × 10 = 80
8 × 10 = 80	8 × 11 = 88	10 × 10 = 100	6 × 4 = 24
8 × 4 = 32	3 × 10 = 30	9 × 6 = 54	12 × 2 = 24
12 × 1 = 12	7 × 10 = 70	6 × 6 = 36	5 × 7 = 35
9 × 4 = 36	11 × 6 = 66	9 × 8 = 72	7 × 8 = 56
7 × 3 = 21	9 × 5 = 45	5 × 2 = 10	3 × 4 = 12

Day 71 TIME:

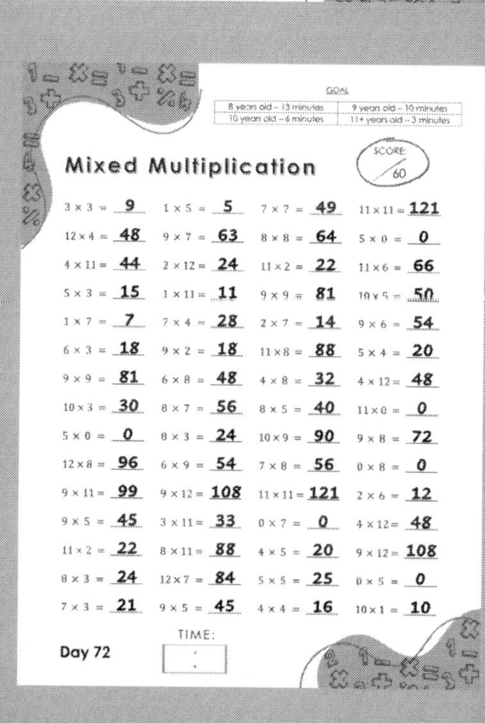

GOAL

8 years old – 13 minutes	9 years old – 10 minutes
10 years old – 6 minutes	11+ years old – 3 minutes

Mixed Multiplication

SCORE: /60

3 × 3 = 9	1 × 5 = 5	7 × 7 = 49	11 × 11 = 121
12 × 4 = 48	9 × 7 = 63	8 × 8 = 64	5 × 0 = 0
4 × 11 = 44	2 × 12 = 24	11 × 2 = 22	11 × 6 = 66
5 × 3 = 15	1 × 11 = 11	9 × 9 = 81	10 × 5 = 50
1 × 7 = 7	7 × 4 = 28	2 × 7 = 14	9 × 6 = 54
6 × 3 = 18	9 × 2 = 18	11 × 8 = 88	5 × 4 = 20
9 × 9 = 81	6 × 8 = 48	4 × 8 = 32	4 × 12 = 48
10 × 3 = 30	8 × 7 = 56	8 × 5 = 40	11 × 0 = 0
5 × 0 = 0	8 × 3 = 24	10 × 9 = 90	9 × 8 = 72
12 × 8 = 96	6 × 9 = 54	7 × 8 = 56	0 × 8 = 0
9 × 11 = 99	9 × 12 = 108	11 × 11 = 121	2 × 6 = 12
9 × 5 = 45	3 × 11 = 33	0 × 7 = 0	4 × 12 = 48
11 × 2 = 22	8 × 11 = 88	4 × 5 = 20	9 × 12 = 108
8 × 3 = 24	12 × 7 = 84	5 × 5 = 25	0 × 5 = 0
7 × 3 = 21	9 × 5 = 45	4 × 4 = 16	10 × 1 = 10

Day 72 TIME:

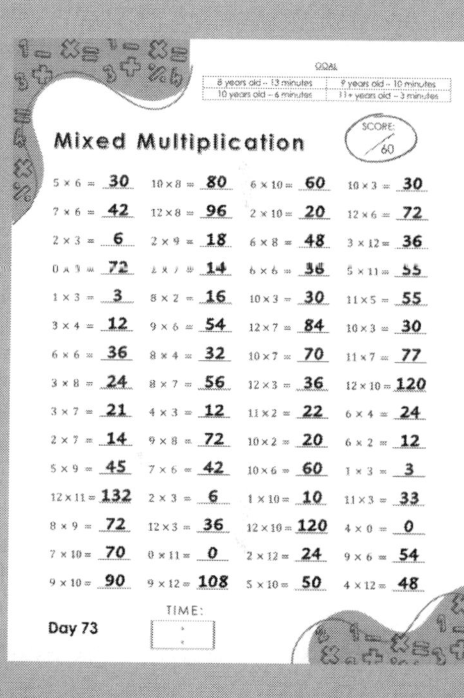

GOAL

8 years old – 13 minutes	9 years old – 10 minutes
10 years old – 6 minutes	11+ years old – 3 minutes

Mixed Multiplication

SCORE: /60

5 × 6 = 30	10 × 8 = 80	6 × 10 = 60	10 × 3 = 30
7 × 6 = 42	12 × 8 = 96	2 × 10 = 20	12 × 6 = 72
2 × 3 = 6	2 × 9 = 18	6 × 8 = 48	3 × 12 = 36
8 × 9 = 72	2 × 7 = 14	6 × 6 = 36	5 × 11 = 55
1 × 3 = 3	8 × 2 = 16	10 × 3 = 30	11 × 5 = 55
3 × 4 = 12	9 × 6 = 54	12 × 7 = 84	10 × 3 = 30
6 × 6 = 36	8 × 4 = 32	10 × 7 = 70	11 × 7 = 77
3 × 8 = 24	8 × 7 = 56	12 × 3 = 36	12 × 10 = 120
3 × 7 = 21	4 × 3 = 12	11 × 2 = 22	6 × 4 = 24
2 × 7 = 14	9 × 8 = 72	10 × 2 = 20	6 × 2 = 12
5 × 9 = 45	7 × 6 = 42	10 × 6 = 60	1 × 3 = 3
12 × 11 = 132	2 × 3 = 6	1 × 10 = 10	11 × 3 = 33
8 × 9 = 72	12 × 3 = 36	12 × 10 = 120	4 × 0 = 0
7 × 10 = 70	0 × 11 = 0	2 × 12 = 24	9 × 6 = 54
9 × 10 = 90	9 × 12 = 108	5 × 10 = 50	4 × 12 = 48

Day 73 TIME:

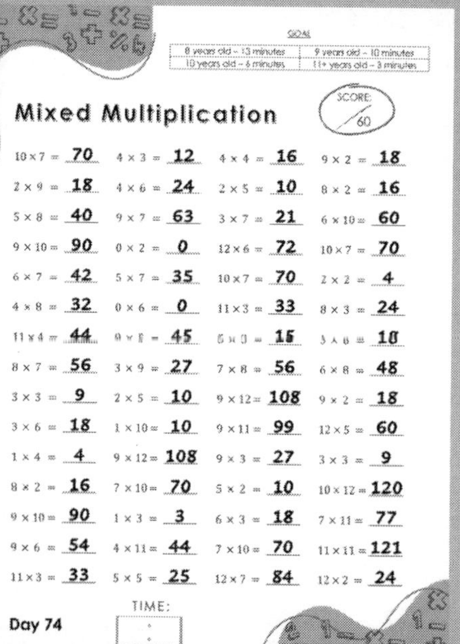

GOAL

8 years old – 13 minutes	9 years old – 10 minutes
10 years old – 6 minutes	11+ years old – 3 minutes

Mixed Multiplication

SCORE: /60

10 × 7 = 70	4 × 3 = 12	4 × 4 = 16	9 × 2 = 18
2 × 9 = 18	4 × 6 = 24	2 × 5 = 10	8 × 2 = 16
5 × 8 = 40	9 × 7 = 63	3 × 7 = 21	6 × 10 = 60
9 × 10 = 90	0 × 2 = 0	12 × 6 = 72	10 × 7 = 70
6 × 7 = 42	5 × 7 = 35	10 × 7 = 70	2 × 2 = 4
4 × 8 = 32	0 × 6 = 0	11 × 3 = 33	8 × 3 = 24
11 × 4 = 44	9 × 5 = 45	5 × 3 = 15	3 × 6 = 18
8 × 7 = 56	3 × 9 = 27	7 × 8 = 56	6 × 8 = 48
3 × 3 = 9	2 × 5 = 10	9 × 12 = 108	9 × 2 = 18
3 × 6 = 18	1 × 10 = 10	9 × 11 = 99	12 × 5 = 60
1 × 4 = 4	9 × 12 = 108	9 × 3 = 27	3 × 3 = 9
8 × 2 = 16	7 × 10 = 70	5 × 2 = 10	10 × 12 = 120
9 × 10 = 90	1 × 3 = 3	6 × 3 = 18	7 × 11 = 77
9 × 6 = 54	4 × 11 = 44	7 × 10 = 70	11 × 11 = 121
11 × 3 = 33	5 × 5 = 25	12 × 7 = 84	12 × 2 = 24

Day 74 TIME:

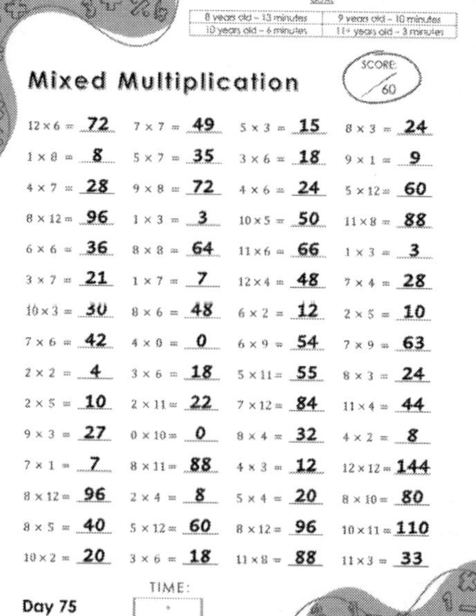

GOAL

8 years old – 13 minutes	9 years old – 10 minutes
10 years old – 6 minutes	11+ years old – 3 minutes

Mixed Multiplication

SCORE: /60

12 × 6 = 72	7 × 7 = 49	5 × 3 = 15	8 × 3 = 24
1 × 8 = 8	5 × 7 = 35	3 × 6 = 18	9 × 1 = 9
4 × 7 = 28	9 × 8 = 72	4 × 6 = 24	5 × 12 = 60
8 × 12 = 96	1 × 3 = 3	10 × 5 = 50	11 × 8 = 88
6 × 6 = 36	8 × 8 = 64	11 × 6 = 66	1 × 3 = 3
3 × 7 = 21	1 × 7 = 7	12 × 4 = 48	7 × 4 = 28
10 × 3 = 30	8 × 6 = 48	6 × 2 = 12	2 × 5 = 10
7 × 6 = 42	4 × 0 = 0	6 × 9 = 54	7 × 9 = 63
2 × 2 = 4	3 × 6 = 18	5 × 11 = 55	8 × 3 = 24
2 × 5 = 10	2 × 11 = 22	7 × 12 = 84	11 × 4 = 44
9 × 3 = 27	0 × 10 = 0	8 × 4 = 32	4 × 2 = 8
7 × 1 = 7	8 × 11 = 88	4 × 3 = 12	12 × 12 = 144
8 × 12 = 96	2 × 4 = 8	5 × 4 = 20	8 × 10 = 80
8 × 5 = 40	5 × 12 = 60	8 × 12 = 96	10 × 11 = 110
10 × 2 = 20	3 × 6 = 18	11 × 8 = 88	11 × 3 = 33

Day 75 TIME:

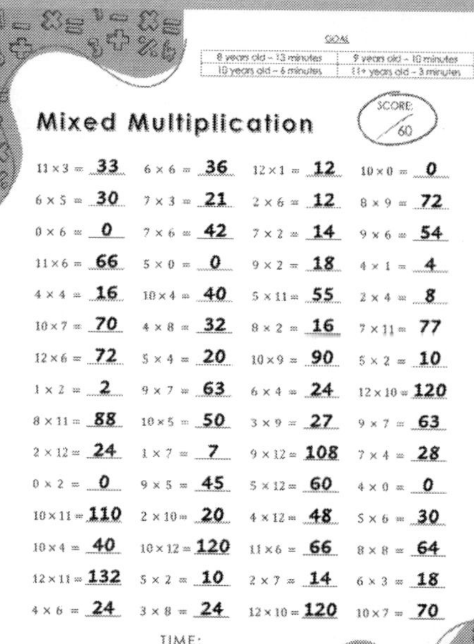

GOAL

8 years old – 13 minutes	9 years old – 10 minutes
10 years old – 6 minutes	11+ years old – 3 minutes

Mixed Multiplication

SCORE: /60

11 × 3 = 33	6 × 6 = 36	12 × 1 = 12	10 × 0 = 0
6 × 5 = 30	7 × 3 = 21	2 × 6 = 12	8 × 9 = 72
0 × 6 = 0	7 × 6 = 42	7 × 2 = 14	9 × 6 = 54
11 × 6 = 66	5 × 0 = 0	9 × 2 = 18	4 × 1 = 4
4 × 4 = 16	10 × 4 = 40	5 × 11 = 55	2 × 4 = 8
10 × 7 = 70	4 × 8 = 32	8 × 2 = 16	7 × 11 = 77
12 × 6 = 72	5 × 4 = 20	10 × 9 = 90	5 × 2 = 10
1 × 2 = 2	9 × 7 = 63	6 × 4 = 24	12 × 10 = 120
8 × 11 = 88	10 × 5 = 50	3 × 9 = 27	9 × 7 = 63
2 × 12 = 24	1 × 7 = 7	9 × 12 = 108	7 × 4 = 28
0 × 2 = 0	9 × 5 = 45	5 × 12 = 60	4 × 0 = 0
10 × 11 = 110	2 × 10 = 20	4 × 12 = 48	5 × 6 = 30
10 × 4 = 40	10 × 12 = 120	11 × 6 = 66	8 × 8 = 64
12 × 11 = 132	5 × 2 = 10	2 × 7 = 14	6 × 3 = 18
4 × 6 = 24	3 × 8 = 24	12 × 10 = 120	10 × 7 = 70

Day 76 TIME:

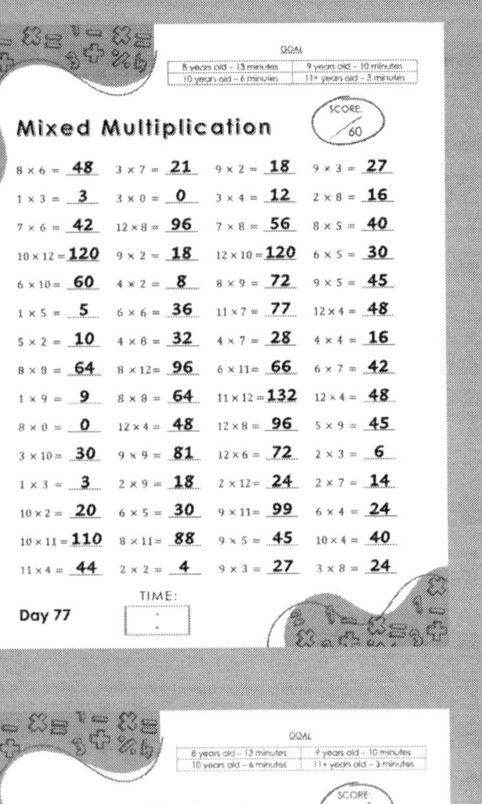

GOAL

8 years old – 13 minutes	9 years old – 10 minutes
10 years old – 6 minutes	11+ years old – 3 minutes

Mixed Multiplication

SCORE: /60

8 × 6 = 48	3 × 7 = 21	9 × 2 = 18	9 × 3 = 27
1 × 3 = 3	3 × 0 = 0	3 × 4 = 12	2 × 8 = 16
7 × 6 = 42	12 × 8 = 96	7 × 8 = 56	8 × 5 = 40
10 × 12 = 120	9 × 2 = 18	12 × 10 = 120	6 × 5 = 30
6 × 10 = 60	4 × 2 = 8	8 × 9 = 72	9 × 5 = 45
1 × 5 = 5	6 × 6 = 36	11 × 7 = 77	12 × 4 = 48
5 × 2 = 10	4 × 8 = 32	4 × 7 = 28	4 × 4 = 16
8 × 8 = 64	8 × 12 = 96	6 × 11 = 66	6 × 7 = 42
1 × 9 = 9	8 × 8 = 64	11 × 12 = 132	12 × 4 = 48
8 × 0 = 0	12 × 4 = 48	12 × 8 = 96	5 × 9 = 45
3 × 10 = 30	9 × 9 = 81	12 × 6 = 72	2 × 3 = 6
1 × 3 = 3	2 × 9 = 18	2 × 12 = 24	2 × 7 = 14
10 × 2 = 20	6 × 5 = 30	9 × 11 = 99	6 × 4 = 24
10 × 11 = 110	8 × 11 = 88	9 × 5 = 45	10 × 4 = 40
11 × 4 = 44	2 × 2 = 4	9 × 3 = 27	3 × 8 = 24

TIME:

Day 77

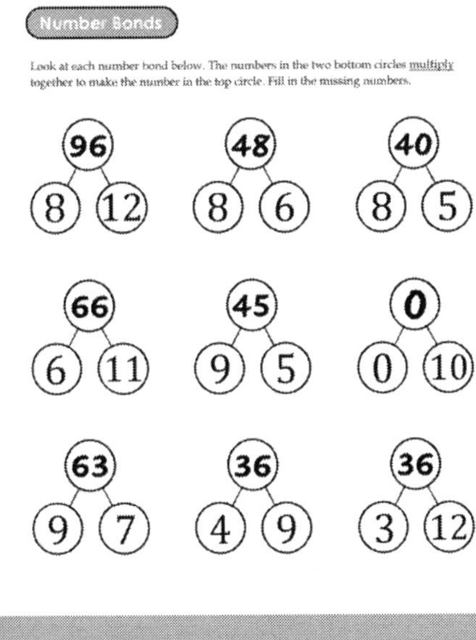

Weekly Bonus # 11

Number Bonds

Look at each number bond below. The numbers in the two bottom circles multiply together to make the number in the top circle. Fill in the missing numbers.

Top	Bottom	Bottom
96	8	12
48	8	6
40	8	5
66	6	11
45	9	5
0	0	10
63	9	7
36	4	9
36	3	12

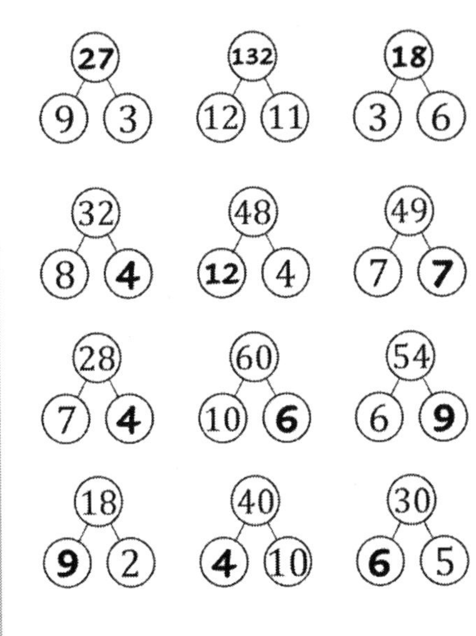

Top	Bottom	Bottom
27	9	3
132	12	11
18	3	6
32	8	4
48	12	4
49	7	7
28	7	4
60	10	6
54	6	9
18	9	2
40	4	10
30	6	5

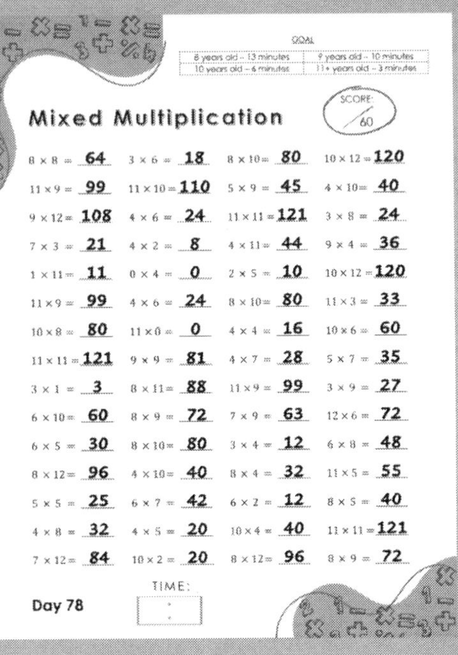

GOAL

8 years old – 13 minutes	9 years old – 10 minutes
10 years old – 6 minutes	11+ years old – 3 minutes

Mixed Multiplication

SCORE: /60

8 × 8 = 64	3 × 6 = 18	8 × 10 = 80	10 × 12 = 120
11 × 9 = 99	11 × 10 = 110	5 × 9 = 45	4 × 10 = 40
9 × 12 = 108	4 × 6 = 24	11 × 11 = 121	3 × 8 = 24
7 × 3 = 21	4 × 2 = 8	4 × 11 = 44	9 × 4 = 36
1 × 11 = 11	0 × 4 = 0	2 × 5 = 10	10 × 12 = 120
11 × 9 = 99	4 × 6 = 24	8 × 10 = 80	11 × 3 = 33
10 × 8 = 80	11 × 0 = 0	4 × 4 = 16	10 × 6 = 60
11 × 11 = 121	9 × 9 = 81	4 × 7 = 28	5 × 7 = 35
3 × 1 = 3	8 × 11 = 88	11 × 9 = 99	3 × 9 = 27
6 × 10 = 60	8 × 9 = 72	7 × 9 = 63	12 × 6 = 72
6 × 5 = 30	8 × 10 = 80	3 × 4 = 12	6 × 8 = 48
8 × 12 = 96	4 × 10 = 40	8 × 4 = 32	11 × 5 = 55
5 × 5 = 25	6 × 7 = 42	6 × 2 = 12	8 × 5 = 40
4 × 8 = 32	4 × 5 = 20	10 × 4 = 40	11 × 11 = 121
7 × 12 = 84	10 × 2 = 20	8 × 12 = 96	8 × 9 = 72

TIME:

Day 78

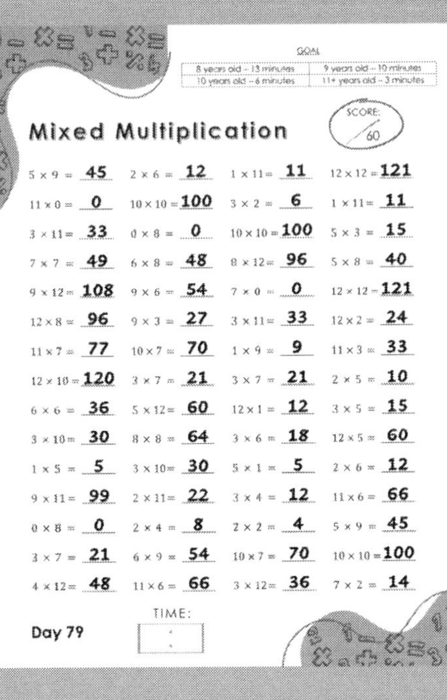

GOAL

8 years old – 13 minutes	9 years old – 10 minutes
10 years old – 6 minutes	11+ years old – 3 minutes

Mixed Multiplication

SCORE: /60

5 × 9 = 45	2 × 6 = 12	1 × 11 = 11	12 × 12 = 121
11 × 0 = 0	10 × 10 = 100	3 × 2 = 6	1 × 11 = 11
3 × 11 = 33	0 × 8 = 0	10 × 10 = 100	5 × 3 = 15
7 × 7 = 49	6 × 8 = 48	8 × 12 = 96	5 × 8 = 40
9 × 12 = 108	9 × 6 = 54	7 × 0 = 0	12 × 12 = 121
12 × 8 = 96	9 × 3 = 27	3 × 11 = 33	12 × 2 = 24
11 × 7 = 77	10 × 7 = 70	1 × 9 = 9	11 × 3 = 33
12 × 10 = 120	3 × 7 = 21	3 × 7 = 21	2 × 5 = 10
6 × 6 = 36	5 × 12 = 60	12 × 1 = 12	3 × 5 = 15
3 × 10 = 30	8 × 8 = 64	3 × 6 = 18	12 × 5 = 60
1 × 5 = 5	3 × 10 = 30	5 × 1 = 5	2 × 6 = 12
9 × 11 = 99	2 × 11 = 22	3 × 4 = 12	11 × 6 = 66
0 × 8 = 0	2 × 4 = 8	2 × 2 = 4	5 × 9 = 45
3 × 7 = 21	6 × 9 = 54	10 × 7 = 70	10 × 10 = 100
4 × 12 = 48	11 × 6 = 66	3 × 12 = 36	7 × 2 = 14

TIME:

Day 79

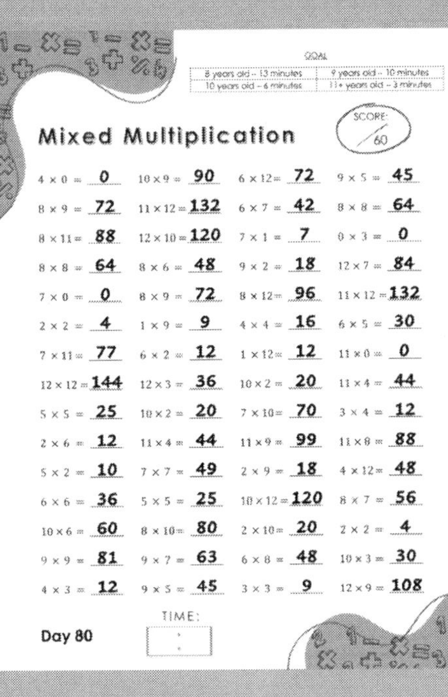

GOAL

8 years old – 13 minutes	9 years old – 10 minutes
10 years old – 6 minutes	11+ years old – 3 minutes

Mixed Multiplication

SCORE: /60

4 × 0 = 0	10 × 9 = 90	6 × 12 = 72	9 × 5 = 45
8 × 9 = 72	11 × 12 = 132	6 × 7 = 42	8 × 8 = 64
8 × 11 = 88	12 × 10 = 120	7 × 1 = 7	0 × 3 = 0
8 × 8 = 64	8 × 6 = 48	9 × 2 = 18	12 × 7 = 84
7 × 0 = 0	8 × 9 = 72	8 × 12 = 96	11 × 12 = 132
2 × 2 = 4	1 × 9 = 9	4 × 4 = 16	6 × 5 = 30
7 × 11 = 77	6 × 2 = 12	1 × 12 = 12	11 × 0 = 0
12 × 12 = 144	12 × 3 = 36	10 × 2 = 20	11 × 4 = 44
5 × 5 = 25	10 × 2 = 20	7 × 10 = 70	3 × 4 = 12
2 × 6 = 12	11 × 4 = 44	11 × 9 = 99	11 × 8 = 88
5 × 2 = 10	7 × 7 = 49	2 × 9 = 18	4 × 12 = 48
6 × 6 = 36	5 × 5 = 25	10 × 12 = 120	8 × 7 = 56
10 × 6 = 60	8 × 10 = 80	2 × 10 = 20	2 × 2 = 4
9 × 9 = 81	9 × 7 = 63	6 × 8 = 48	10 × 3 = 30
4 × 3 = 12	9 × 5 = 45	3 × 3 = 9	12 × 9 = 108

TIME:

Day 80

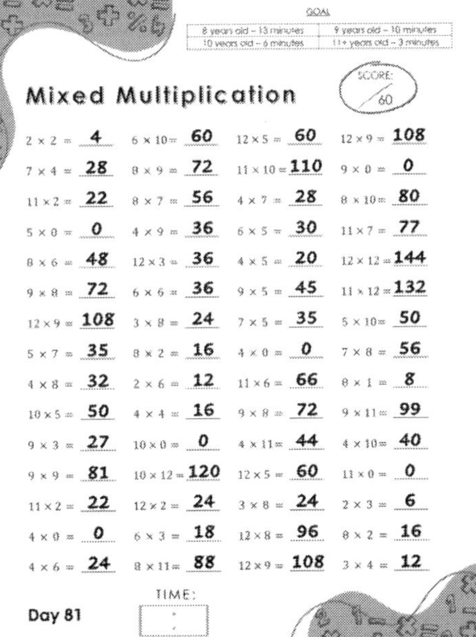

GOAL

8 years old – 13 minutes	9 years old – 10 minutes
10 years old – 6 minutes	11+ years old – 3 minutes

Mixed Multiplication

SCORE: /60

2 × 2 = 4	6 × 10 = 60	12 × 5 = 60	12 × 9 = 108
7 × 4 = 28	8 × 9 = 72	11 × 10 = 110	9 × 0 = 0
11 × 2 = 22	8 × 7 = 56	4 × 7 = 28	8 × 10 = 80
5 × 0 = 0	4 × 9 = 36	6 × 5 = 30	11 × 7 = 77
8 × 6 = 48	12 × 3 = 36	4 × 5 = 20	12 × 12 = 144
9 × 8 = 72	6 × 6 = 36	9 × 5 = 45	11 × 12 = 132
12 × 9 = 108	3 × 8 = 24	7 × 5 = 35	5 × 10 = 50
5 × 7 = 35	8 × 2 = 16	4 × 0 = 0	7 × 8 = 56
4 × 8 = 32	2 × 6 = 12	11 × 6 = 66	8 × 1 = 8
10 × 5 = 50	4 × 4 = 16	9 × 8 = 72	9 × 11 = 99
9 × 3 = 27	10 × 0 = 0	4 × 11 = 44	4 × 10 = 40
9 × 9 = 81	10 × 12 = 120	12 × 5 = 60	11 × 0 = 0
11 × 2 = 22	12 × 2 = 24	3 × 8 = 24	2 × 3 = 6
4 × 0 = 0	6 × 3 = 18	12 × 8 = 96	8 × 2 = 16
4 × 6 = 24	8 × 11 = 88	12 × 9 = 108	3 × 4 = 12

TIME:

Day 81

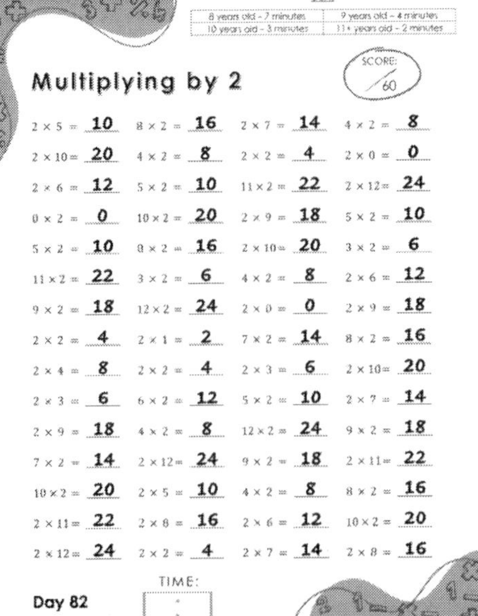

GOAL

8 years old – 7 minutes	9 years old – 4 minutes
10 years old – 3 minutes	11+ years old – 2 minutes

Multiplying by 2

SCORE: /60

2 × 5 = 10	8 × 2 = 16	2 × 7 = 14	4 × 2 = 8
2 × 10 = 20	4 × 2 = 8	2 × 2 = 4	2 × 0 = 0
2 × 6 = 12	5 × 2 = 10	11 × 2 = 22	2 × 12 = 24
0 × 2 = 0	10 × 2 = 20	2 × 9 = 18	5 × 2 = 10
5 × 2 = 10	8 × 2 = 16	2 × 10 = 20	3 × 2 = 6
11 × 2 = 22	3 × 2 = 6	4 × 2 = 8	2 × 6 = 12
9 × 2 = 18	12 × 2 = 24	2 × 0 = 0	2 × 9 = 18
2 × 2 = 4	2 × 1 = 2	7 × 2 = 14	8 × 2 = 16
2 × 4 = 8	2 × 2 = 4	2 × 3 = 6	2 × 10 = 20
2 × 3 = 6	6 × 2 = 12	5 × 2 = 10	2 × 7 = 14
2 × 9 = 18	4 × 2 = 8	12 × 2 = 24	9 × 2 = 18
7 × 2 = 14	2 × 12 = 24	9 × 2 = 18	2 × 11 = 22
10 × 2 = 20	2 × 5 = 10	4 × 2 = 8	8 × 2 = 16
2 × 11 = 22	2 × 8 = 16	2 × 6 = 12	10 × 2 = 20
2 × 12 = 24	2 × 2 = 4	2 × 7 = 14	2 × 8 = 16

TIME:

Day 82

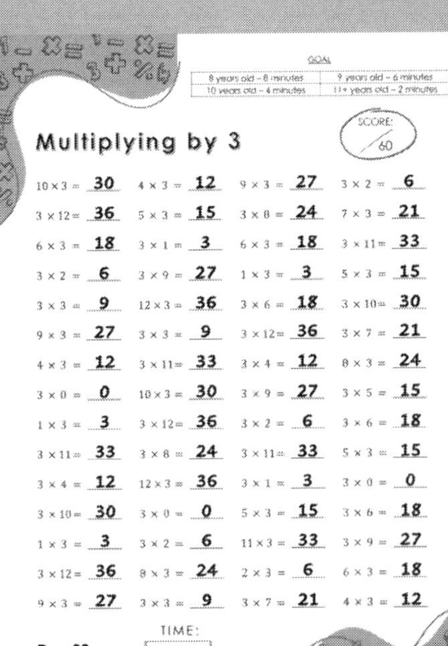

GOAL

8 years old – 8 minutes	9 years old – 6 minutes
10 years old – 4 minutes	11+ years old – 2 minutes

Multiplying by 3

SCORE: /60

10 × 3 = 30	4 × 3 = 12	9 × 3 = 27	3 × 2 = 6
3 × 12 = 36	5 × 3 = 15	3 × 8 = 24	7 × 3 = 21
6 × 3 = 18	3 × 1 = 3	6 × 3 = 18	3 × 11 = 33
3 × 2 = 6	3 × 9 = 27	1 × 3 = 3	5 × 3 = 15
3 × 3 = 9	12 × 3 = 36	3 × 6 = 18	3 × 10 = 30
9 × 3 = 27	3 × 3 = 9	3 × 12 = 36	3 × 7 = 21
4 × 3 = 12	3 × 11 = 33	3 × 4 = 12	8 × 3 = 24
3 × 0 = 0	10 × 3 = 30	3 × 9 = 27	3 × 5 = 15
1 × 3 = 3	3 × 12 = 36	3 × 2 = 6	3 × 6 = 18
3 × 11 = 33	3 × 8 = 24	3 × 11 = 33	5 × 3 = 15
3 × 4 = 12	12 × 3 = 36	3 × 1 = 3	3 × 0 = 0
3 × 10 = 30	3 × 0 = 0	5 × 3 = 15	3 × 6 = 18
1 × 3 = 3	3 × 2 = 6	11 × 3 = 33	3 × 9 = 27
3 × 12 = 36	8 × 3 = 24	2 × 3 = 6	6 × 3 = 18
9 × 3 = 27	3 × 3 = 9	3 × 7 = 21	4 × 3 = 12

TIME:

Day 83

GOAL

8 years old – 8 minutes	9 years old – 6 minutes
10 years old – 4 minutes	11+ years old – 2 minutes

Multiplying by 4

SCORE: /60

4 × 1 = 4	4 × 4 = 16	5 × 4 = 20	9 × 4 = 36
4 × 10 = 40	5 × 4 = 20	4 × 8 = 32	4 × 4 = 16
9 × 4 = 36	8 × 4 = 32	12 × 4 = 48	4 × 11 = 44
7 × 4 = 28	10 × 4 = 40	4 × 4 = 16	4 × 9 = 36
4 × 5 = 20	3 × 4 = 12	4 × 10 = 40	5 × 4 = 20
12 × 4 = 48	6 × 4 = 24	8 × 4 = 32	4 × 3 = 12
4 × 0 = 0	11 × 4 = 44	9 × 4 = 36	4 × 4 = 16
5 × 4 = 20	4 × 2 = 8	3 × 4 = 12	4 × 8 = 32
4 × 4 = 16	4 × 5 = 20	4 × 1 = 4	4 × 10 = 40
2 × 4 = 8	4 × 7 = 28	6 × 4 = 24	8 × 4 = 32
9 × 4 = 36	4 × 6 = 24	11 × 4 = 44	3 × 4 = 12
4 × 4 = 16	4 × 12 = 48	4 × 6 = 24	4 × 12 = 48
10 × 4 = 40	4 × 9 = 36	5 × 4 = 20	4 × 2 = 8
4 × 12 = 48	8 × 4 = 32	4 × 4 = 16	11 × 4 = 44
4 × 11 = 44	5 × 4 = 20	7 × 4 = 28	4 × 4 = 16

Day 84 TIME:

GOAL

8 years old – 7 minutes	9 years old – 4 minutes
10 years old – 3 minutes	11+ years old – 2 minutes

Multiplying by 5

SCORE: /60

12 × 5 = 60	3 × 5 = 15	5 × 6 = 30	9 × 5 = 45
5 × 10 = 50	6 × 5 = 30	5 × 5 = 25	5 × 2 = 10
5 × 9 = 45	8 × 5 = 40	5 × 0 = 0	5 × 12 = 60
5 × 3 = 15	4 × 5 = 20	5 × 8 = 40	2 × 5 = 10
5 × 2 = 10	11 × 5 = 55	5 × 4 = 20	5 × 10 = 50
9 × 5 = 45	5 × 8 = 40	5 × 10 = 50	5 × 6 = 30
8 × 5 = 40	5 × 11 = 55	5 × 1 = 5	3 × 5 = 15
5 × 4 = 20	10 × 5 = 50	5 × 3 = 15	0 × 5 = 0
5 × 7 = 35	5 × 12 = 60	8 × 5 = 40	1 × 5 = 5
5 × 11 = 55	5 × 5 = 25	5 × 10 = 50	5 × 5 = 25
5 × 3 = 15	10 × 5 = 50	7 × 5 = 35	5 × 9 = 45
5 × 11 = 55	8 × 5 = 40	5 × 6 = 30	5 × 7 = 35
5 × 5 = 25	5 × 4 = 20	11 × 5 = 55	3 × 5 = 15
5 × 10 = 50	2 × 5 = 10	5 × 1 = 5	5 × 5 = 25
8 × 5 = 40	0 × 5 = 0	7 × 5 = 35	6 × 5 = 30

Day 85 TIME:

GOAL

8 years old – 8 minutes	9 years old – 6 minutes
10 years old – 4 minutes	11+ years old – 2 minutes

Multiplying by 6

SCORE: /60

6 × 6 = 36	9 × 6 = 54	0 × 6 = 0	6 × 7 = 42
8 × 6 = 48	6 × 0 = 0	4 × 6 = 24	6 × 10 = 60
7 × 6 = 42	6 × 2 = 12	6 × 1 = 6	11 × 6 = 66
6 × 9 = 54	8 × 6 = 48	6 × 12 = 72	10 × 6 = 60
6 × 11 = 66	6 × 3 = 18	7 × 6 = 42	6 × 4 = 24
0 × 6 = 0	12 × 6 = 72	6 × 11 = 66	6 × 1 = 6
11 × 6 = 66	6 × 8 = 48	6 × 12 = 72	3 × 6 = 18
6 × 10 = 60	5 × 6 = 30	1 × 6 = 6	6 × 6 = 36
12 × 6 = 72	6 × 1 = 6	6 × 5 = 30	9 × 6 = 54
10 × 6 = 60	6 × 10 = 60	3 × 6 = 18	6 × 1 = 6
6 × 11 = 66	12 × 6 = 72	2 × 6 = 12	8 × 6 = 48
6 × 2 = 12	9 × 6 = 54	4 × 6 = 24	3 × 6 = 18
6 × 1 = 6	6 × 10 = 60	8 × 6 = 48	6 × 11 = 66
6 × 9 = 54	2 × 6 = 12	9 × 6 = 54	5 × 6 = 30
6 × 8 = 48	6 × 6 = 36	6 × 2 = 12	7 × 6 = 42

Day 86 TIME:

GOAL

8 years old – 8 minutes	9 years old – 6 minutes
10 years old – 4 minutes	11+ years old – 2 minutes

Multiplying by 7

SCORE: /60

12 × 7 = 84	7 × 7 = 49	2 × 7 = 14	7 × 10 = 70
7 × 2 = 14	8 × 7 = 56	1 × 7 = 7	4 × 7 = 28
11 × 7 = 77	4 × 7 = 28	7 × 10 = 70	7 × 12 = 84
10 × 7 = 70	7 × 5 = 35	7 × 11 = 77	7 × 10 = 70
7 × 7 = 49	7 × 8 = 56	7 × 6 = 42	1 × 7 = 7
4 × 7 = 28	6 × 7 = 42	0 × 7 = 0	8 × 7 = 56
3 × 7 = 21	7 × 7 = 49	8 × 7 = 56	5 × 7 = 35
7 × 9 = 63	7 × 4 = 28	7 × 1 = 7	7 × 12 = 84
1 × 7 = 7	7 × 3 = 21	10 × 7 = 70	3 × 7 = 21
11 × 7 = 77	5 × 7 = 35	7 × 7 = 49	7 × 11 = 77
0 × 7 = 0	7 × 12 = 84	7 × 8 = 56	10 × 7 = 70
8 × 7 = 56	2 × 7 = 14	12 × 7 = 84	7 × 6 = 42
5 × 7 = 35	7 × 9 = 63	7 × 9 = 63	7 × 7 = 49
7 × 7 = 49	3 × 7 = 21	0 × 7 = 0	7 × 12 = 84
7 × 11 = 77	6 × 7 = 42	10 × 7 = 70	7 × 5 = 35

Day 87 TIME:

GOAL

8 years old – 8 minutes	9 years old – 6 minutes
10 years old – 4 minutes	11+ years old – 2 minutes

Multiplying by 8

SCORE: /60

8 × 5 = 40	8 × 1 = 8	8 × 7 = 56	3 × 8 = 24
6 × 8 = 48	8 × 4 = 32	2 × 8 = 16	8 × 5 = 40
0 × 8 = 0	8 × 8 = 64	8 × 1 = 8	10 × 8 = 80
7 × 8 = 56	8 × 9 = 72	8 × 8 = 64	8 × 4 = 32
4 × 8 = 32	8 × 3 = 24	8 × 0 = 0	8 × 11 = 88
11 × 8 = 88	8 × 10 = 80	3 × 8 = 24	4 × 8 = 32
12 × 8 = 96	8 × 7 = 56	8 × 2 = 16	8 × 11 = 88
9 × 8 = 72	11 × 8 = 88	8 × 6 = 48	8 × 0 = 0
6 × 8 = 48	12 × 8 = 96	7 × 8 = 56	8 × 8 = 64
2 × 8 = 16	8 × 10 = 80	8 × 9 = 72	11 × 8 = 88
5 × 8 = 40	3 × 8 = 24	1 × 8 = 8	4 × 8 = 32
10 × 8 = 80	8 × 4 = 32	8 × 5 = 40	8 × 6 = 48
8 × 2 = 16	8 × 9 = 72	8 × 8 = 64	12 × 8 = 96
9 × 8 = 72	8 × 8 = 64	8 × 4 = 32	8 × 7 = 56
8 × 3 = 24	8 × 6 = 48	8 × 8 = 64	10 × 8 = 80

Day 88 TIME:

GOAL

8 years old – 8 minutes	9 years old – 6 minutes
10 years old – 4 minutes	11+ years old – 2 minutes

Multiplying by 9

SCORE: /60

1 × 9 = 9	9 × 7 = 63	4 × 9 = 36	9 × 8 = 72
9 × 4 = 36	9 × 9 = 81	9 × 3 = 27	9 × 5 = 45
11 × 9 = 99	9 × 10 = 90	8 × 9 = 72	3 × 9 = 27
8 × 9 = 72	0 × 9 = 0	9 × 2 = 18	9 × 4 = 36
12 × 9 = 108	2 × 9 = 18	9 × 1 = 9	9 × 6 = 54
9 × 2 = 18	3 × 9 = 27	6 × 9 = 54	5 × 9 = 45
9 × 0 = 0	9 × 8 = 72	7 × 9 = 63	2 × 9 = 18
9 × 10 = 90	5 × 9 = 45	2 × 9 = 18	9 × 9 = 81
9 × 7 = 63	9 × 6 = 54	9 × 9 = 81	0 × 9 = 0
3 × 9 = 27	10 × 9 = 90	11 × 9 = 99	6 × 9 = 54
6 × 9 = 54	9 × 12 = 108	5 × 9 = 45	9 × 11 = 99
9 × 12 = 108	9 × 2 = 18	9 × 6 = 54	0 × 9 = 0
9 × 3 = 27	7 × 9 = 63	1 × 9 = 9	9 × 6 = 54
9 × 8 = 72	3 × 9 = 27	10 × 9 = 90	5 × 9 = 45
9 × 9 = 81	12 × 9 = 108	8 × 9 = 72	9 × 10 = 90

Day 89 TIME:

GOAL

8 years old – 7 minutes	9 years old – 4 minutes
10 years old – 3 minutes	11+ years old – 2 minutes

Multiplying by 10

SCORE: /60

11 × 10 = 110	6 × 10 = 60	9 × 10 = 90	10 × 5 = 50
1 × 10 = 10	8 × 10 = 80	10 × 6 = 60	4 × 10 = 40
12 × 10 = 120	7 × 10 = 70	0 × 10 = 0	10 × 6 = 60
5 × 10 = 50	10 × 10 = 100	10 × 3 = 30	10 × 8 = 80
3 × 10 = 30	10 × 1 = 10	10 × 8 = 80	10 × 12 = 120
9 × 10 = 90	11 × 10 = 110	10 × 2 = 20	8 × 10 = 80
10 × 2 = 20	0 × 10 = 0	9 × 10 = 90	10 × 1 = 10
5 × 10 = 50	2 × 10 = 20	10 × 3 = 30	10 × 11 = 110
4 × 10 = 40	10 × 10 = 100	12 × 10 = 120	6 × 10 = 60
10 × 2 = 20	12 × 10 = 120	10 × 5 = 50	2 × 10 = 20
8 × 10 = 80	10 × 7 = 70	10 × 8 = 80	10 × 7 = 70
9 × 10 = 90	11 × 10 = 110	3 × 10 = 30	10 × 10 = 100
3 × 10 = 30	10 × 6 = 60	11 × 10 = 110	9 × 10 = 90
9 × 10 = 90	4 × 10 = 40	10 × 5 = 50	7 × 10 = 70
10 × 12 = 120	5 × 10 = 50	6 × 10 = 60	10 × 11 = 110

Day 90 TIME:

GOAL

8 years old – 7 minutes	9 years old – 4 minutes
10 years old – 3 minutes	11+ years old – 2 minutes

Multiplying by 11

SCORE: /60

10 × 11 = 110	11 × 9 = 99	11 × 12 = 132	11 × 4 = 44
11 × 11 = 121	3 × 11 = 33	1 × 11 = 11	2 × 11 = 22
9 × 11 = 99	11 × 8 = 88	7 × 11 = 77	11 × 10 = 110
8 × 11 = 88	5 × 11 = 55	11 × 9 = 99	11 × 0 = 0
11 × 12 = 132	11 × 7 = 77	11 × 3 = 33	11 × 5 = 55
11 × 7 = 77	11 × 2 = 22	11 × 11 = 121	11 × 6 = 66
11 × 11 = 121	6 × 11 = 66	0 × 11 = 0	4 × 11 = 44
8 × 11 = 88	11 × 4 = 44	5 × 11 = 55	11 × 12 = 132
3 × 11 = 33	2 × 11 = 22	11 × 8 = 88	11 × 7 = 77
11 × 5 = 55	11 × 10 = 110	11 × 6 = 66	9 × 11 = 99
1 × 11 = 11	5 × 11 = 55	11 × 0 = 0	8 × 11 = 88
11 × 9 = 99	6 × 11 = 66	11 × 2 = 22	12 × 11 = 132
11 × 3 = 33	11 × 11 = 121	11 × 1 = 11	11 × 10 = 110
2 × 11 = 22	0 × 11 = 0	8 × 11 = 88	11 × 11 = 121
4 × 11 = 44	7 × 11 = 77	11 × 11 = 121	2 × 11 = 22

Day 91 TIME:

GOAL

8 years old – 13 minutes	9 years old – 10 minutes
10 years old – 6 minutes	11+ years old – 3 minutes

Multiplying by 12

SCORE: /60

12 × 12 = 144	12 × 4 = 48	12 × 11 = 132	12 × 3 = 36
12 × 10 = 120	2 × 12 = 24	7 × 12 = 84	8 × 12 = 96
7 × 12 = 84	12 × 5 = 60	0 × 12 = 0	12 × 12 = 144
5 × 12 = 60	7 × 12 = 84	12 × 1 = 12	12 × 2 = 24
12 × 10 = 120	12 × 6 = 72	12 × 8 = 96	12 × 6 = 72
12 × 4 = 48	12 × 2 = 24	11 × 12 = 132	12 × 7 = 84
12 × 12 = 144	1 × 12 = 12	2 × 12 = 24	4 × 12 = 48
3 × 12 = 36	12 × 9 = 108	1 × 12 = 12	12 × 10 = 120
6 × 12 = 72	4 × 12 = 48	12 × 0 = 0	12 × 5 = 60
12 × 1 = 12	12 × 12 = 144	12 × 3 = 36	2 × 12 = 24
4 × 12 = 48	3 × 12 = 36	12 × 2 = 24	9 × 12 = 108
12 × 5 = 60	7 × 12 = 84	12 × 8 = 96	11 × 12 = 132
12 × 8 = 96	11 × 12 = 132	12 × 6 = 72	12 × 12 = 144
9 × 12 = 108	8 × 12 = 96	5 × 12 = 60	12 × 10 = 120
6 × 12 = 72	4 × 12 = 48	12 × 12 = 144	9 × 12 = 108

Day 92 TIME:

Weekly Bonus # 13

Multiplication Squares

Below are empty 2 by 2 squares. Each square has 4 empty spaces. Notice there are numbers written at the end of each row and beneath each column.

Fill in the empty spaces so that the numbers in each row multiply to the number at the end of the row and the numbers in each column multiply to the number at the bottom of the column. The first box is completed as an example.

3	2	6
3	5	15
9	10	

3	2	6
1	8	8
3	16	

10	1	10
2	9	18
20	9	

9	1	9
2	4	8
18	4	

3	8	24
3	2	6
9	16	

6	9	54
2	1	2
12	9	

2	4	8
3	5	15
6	20	

1	7	7
6	10	60
6	70	

11	2	22
5	8	40
55	16	

11	7	77
4	7	28
44	49	

7	3	21
4	10	40
28	30	

9	1	9
5	8	40
45	8	

5	7	35
3	6	18
15	42	

11	4	44
6	8	48
66	32	

10	9	90
12	11	132
120	99	

GOAL

8 years old – 13 minutes	9 years old – 10 minutes
10 years old – 6 minutes	11+ years old – 3 minutes

Mixed Multiplication

SCORE: /60

9 × 11 = 99	3 × 5 = 15	5 × 6 = 30	1 × 4 = 4
11 × 12 = 132	11 × 5 = 55	8 × 8 = 64	10 × 4 = 40
2 × 4 = 8	5 × 7 = 35	5 × 5 = 25	11 × 2 = 22
5 × 3 = 15	7 × 4 = 28	9 × 8 = 72	7 × 3 = 21
8 × 4 = 32	10 × 5 = 50	4 × 0 = 0	6 × 8 = 48
5 × 5 = 25	10 × 3 = 30	10 × 9 = 90	4 × 10 = 40
11 × 3 = 33	6 × 2 = 12	10 × 10 = 100	11 × 12 = 132
11 × 9 = 99	5 × 6 = 30	12 × 7 = 84	5 × 9 = 45
8 × 9 = 72	8 × 6 = 48	12 × 9 = 108	2 × 1 = 2
0 × 4 = 0	10 × 9 = 90	7 × 5 = 35	9 × 7 = 63
3 × 5 = 15	7 × 3 = 21	11 × 8 = 88	0 × 9 = 0
12 × 8 = 96	1 × 11 = 11	10 × 12 = 120	5 × 10 = 50
5 × 8 = 40	4 × 6 = 24	7 × 7 = 49	2 × 8 = 16
10 × 6 = 60	8 × 12 = 96	11 × 10 = 110	7 × 11 = 77
6 × 2 = 12	10 × 7 = 70	9 × 3 = 27	9 × 9 = 81

TIME:

Day 93

GOAL

8 years old – 13 minutes	9 years old – 10 minutes
10 years old – 6 minutes	11+ years old – 3 minutes

Mixed Multiplication

SCORE: /60

9 × 6 = 54	8 × 10 = 80	11 × 12 = 132	2 × 6 = 12
2 × 9 = 18	5 × 7 = 35	2 × 8 = 16	9 × 0 = 0
6 × 8 = 48	12 × 6 = 72	8 × 4 = 32	12 × 11 = 132
5 × 12 = 60	7 × 6 = 42	0 × 5 = 0	11 × 2 = 22
8 × 2 = 16	4 × 9 = 36	4 × 5 = 20	8 × 10 = 80
5 × 9 = 45	8 × 11 = 88	11 × 2 = 22	0 × 2 = 0
10 × 8 = 80	11 × 0 = 0	6 × 6 = 36	8 × 7 = 56
6 × 2 = 12	10 × 11 = 110	5 × 6 = 30	4 × 8 = 32
6 × 10 = 60	4 × 2 = 8	2 × 3 = 6	1 × 8 = 8
12 × 10 = 120	9 × 7 = 63	8 × 9 = 72	1 × 4 = 4
5 × 2 = 10	5 × 5 = 25	6 × 12 = 72	11 × 10 = 110
4 × 9 = 36	12 × 9 = 108	10 × 9 = 90	5 × 12 = 60
12 × 7 = 84	3 × 11 = 33	8 × 5 = 40	11 × 6 = 66
4 × 8 = 32	2 × 2 = 4	4 × 11 = 44	3 × 9 = 27
5 × 9 = 45	10 × 3 = 30	12 × 11 = 132	7 × 7 = 49

Day 94

TIME:

GOAL

8 years old – 13 minutes	9 years old – 10 minutes
10 years old – 6 minutes	11+ years old – 3 minutes

Mixed Multiplication

SCORE: /60

9 × 8 = 72	11 × 5 = 55	9 × 2 = 18	3 × 3 = 9
12 × 3 = 36	0 × 3 = 0	1 × 2 = 2	8 × 12 = 96
3 × 2 = 6	8 × 3 = 24	11 × 6 = 66	12 × 7 = 84
10 × 9 = 90	11 × 12 = 132	4 × 10 = 40	6 × 3 = 18
11 × 7 = 77	8 × 8 = 64	9 × 0 = 0	6 × 4 = 24
2 × 8 = 16	2 × 9 = 18	12 × 9 = 108	11 × 7 = 77
9 × 12 = 108	5 × 3 = 15	4 × 4 = 16	8 × 8 = 64
12 × 11 = 132	7 × 4 = 28	2 × 9 = 18	7 × 5 = 35
2 × 8 = 16	6 × 7 = 42	4 × 11 = 44	12 × 12 = 144
7 × 2 = 14	12 × 12 = 144	0 × 11 = 0	7 × 4 = 28
8 × 9 = 72	2 × 5 = 10	5 × 6 = 30	5 × 10 = 50
5 × 9 = 45	4 × 12 = 48	2 × 8 = 16	7 × 7 = 49
12 × 8 = 96	8 × 1 = 8	6 × 8 = 48	12 × 11 = 132
12 × 12 = 144	6 × 6 = 36	1 × 7 = 7	4 × 7 = 28
8 × 10 = 80	7 × 5 = 35	10 × 5 = 50	5 × 6 = 30

Day 95

TIME:

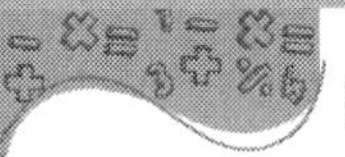

GOAL

8 years old – 13 minutes	9 years old – 10 minutes
10 years old – 6 minutes	11+ years old – 3 minutes

Mixed Multiplication

SCORE: /60

8 × 10 = 80	8 × 9 = 72	6 × 4 = 24	9 × 7 = 63
12 × 11 = 132	11 × 5 = 55	5 × 9 = 45	11 × 2 = 22
5 × 9 = 45	8 × 5 = 40	2 × 4 = 8	12 × 9 = 108
8 × 6 = 48	8 × 2 = 16	6 × 6 = 36	7 × 5 = 35
7 × 2 = 14	12 × 4 = 48	3 × 4 = 12	4 × 0 = 0
1 × 9 = 9	10 × 6 = 60	11 × 4 = 44	8 × 12 = 96
10 × 6 = 60	9 × 2 = 18	12 × 11 = 132	12 × 12 = 144
11 × 5 = 55	1 × 4 = 4	11 × 9 = 99	4 × 5 = 20
1 × 4 = 4	5 × 8 = 40	10 × 2 = 20	7 × 2 = 14
8 × 2 = 16	10 × 7 = 70	5 × 9 = 45	8 × 6 = 48
6 × 8 = 48	8 × 3 = 24	11 × 6 = 66	3 × 7 = 21
11 × 7 = 77	8 × 12 = 96	12 × 11 = 132	7 × 10 = 70
7 × 9 = 63	6 × 6 = 36	8 × 3 = 24	2 × 8 = 16
11 × 2 = 22	9 × 12 = 108	10 × 10 = 100	3 × 12 = 36
9 × 5 = 45	12 × 9 = 108	4 × 4 = 16	6 × 2 = 12

Day 96

TIME:

GOAL

8 years old – 13 minutes	9 years old – 10 minutes
10 years old – 6 minutes	11+ years old – 3 minutes

Mixed Multiplication

SCORE: /60

3 × 3 = 9	8 × 11 = 88	12 × 10 = 120	9 × 9 = 81
2 × 3 = 6	9 × 5 = 45	7 × 9 = 63	3 × 1 = 3
1 × 9 = 9	10 × 0 = 0	0 × 9 = 0	10 × 11 = 110
4 × 11 = 44	7 × 6 = 42	7 × 4 = 28	12 × 5 = 60
6 × 3 = 18	3 × 6 = 18	2 × 3 = 6	9 × 11 = 99
4 × 4 = 16	7 × 12 = 84	12 × 2 = 24	8 × 4 = 32
12 × 7 = 84	10 × 4 = 40	2 × 2 = 4	4 × 4 = 16
8 × 3 = 24	11 × 12 = 132	4 × 3 = 12	5 × 2 = 10
7 × 11 = 77	2 × 7 = 14	4 × 4 = 16	0 × 2 = 0
10 × 11 = 110	6 × 7 = 42	6 × 6 = 36	2 × 2 = 4
3 × 7 = 21	2 × 8 = 16	4 × 12 = 48	12 × 12 = 144
7 × 6 = 42	11 × 3 = 33	12 × 5 = 60	6 × 10 = 60
12 × 2 = 24	2 × 11 = 22	8 × 6 = 48	11 × 8 = 88
6 × 3 = 18	3 × 3 = 9	4 × 11 = 44	3 × 2 = 6
2 × 2 = 4	10 × 4 = 40	12 × 10 = 120	2 × 5 = 10

TIME:

Day 97

GOAL

8 years old – 13 minutes	9 years old – 10 minutes
10 years old – 6 minutes	11+ years old – 3 minutes

Mixed Multiplication

SCORE: /60

4 × 8 = 32	5 × 2 = 10	10 × 7 = 70	10 × 8 = 80
5 × 12 = 60	12 × 2 = 24	6 × 7 = 42	5 × 2 = 10
9 × 12 = 108	1 × 4 = 4	5 × 3 = 15	6 × 12 = 72
12 × 11 = 132	5 × 7 = 35	8 × 11 = 88	0 × 6 = 0
11 × 1 = 11	9 × 10 = 90	6 × 6 = 36	10 × 7 = 70
4 × 5 = 20	7 × 2 = 14	3 × 10 = 30	8 × 7 = 56
6 × 7 = 42	11 × 4 = 44	10 × 11 = 110	4 × 7 = 28
9 × 3 = 27	3 × 3 = 9	6 × 9 = 54	8 × 0 = 0
11 × 9 = 99	9 × 10 = 90	10 × 12 = 120	9 × 12 = 108
3 × 4 = 12	12 × 8 = 96	3 × 9 = 27	2 × 9 = 18
12 × 3 = 36	3 × 7 = 21	4 × 1 = 4	11 × 11 = 121
12 × 12 = 144	0 × 3 = 0	6 × 9 = 54	5 × 8 = 40
7 × 10 = 70	2 × 9 = 18	11 × 8 = 88	9 × 3 = 27
5 × 8 = 40	3 × 6 = 18	5 × 12 = 60	2 × 5 = 10
9 × 3 = 27	11 × 3 = 33	11 × 10 = 110	5 × 3 = 15

TIME:

Day 98

Weekly Bonus # 14

Find the Path

Begin with the "Start" number and highlight the correct path to reach the "End" number.

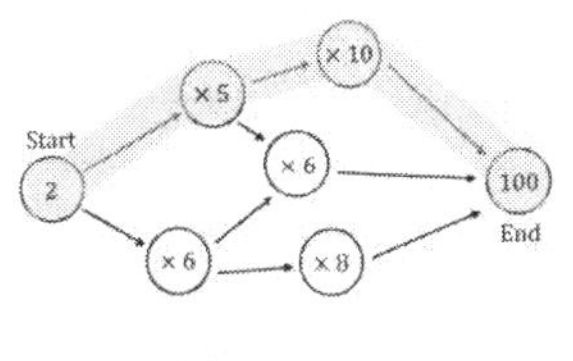

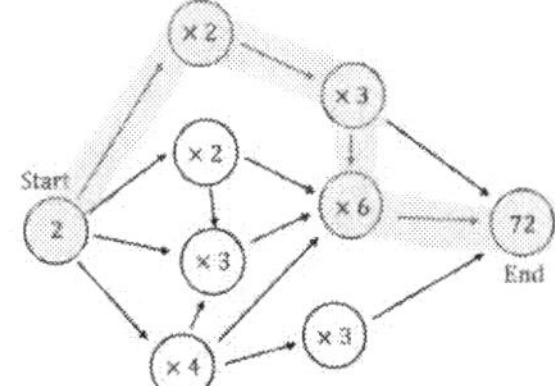

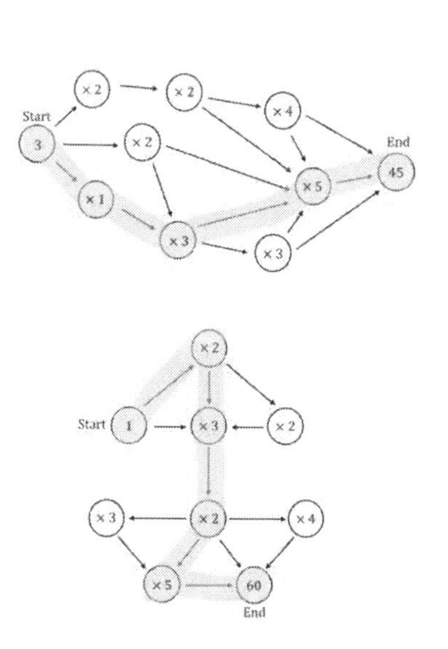

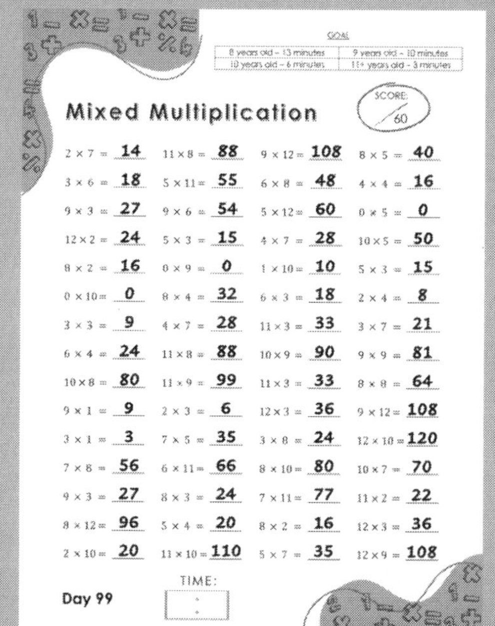

GOAL

8 years old – 13 minutes	9 years old – 10 minutes
10 years old – 6 minutes	11+ years old – 3 minutes

Mixed Multiplication

SCORE: /60

2 × 7 = 14	11 × 8 = 88	9 × 12 = 108	8 × 5 = 40
3 × 6 = 18	5 × 11 = 55	6 × 8 = 48	4 × 4 = 16
9 × 3 = 27	9 × 6 = 54	5 × 12 = 60	0 × 5 = 0
12 × 2 = 24	5 × 3 = 15	4 × 7 = 28	10 × 5 = 50
8 × 2 = 16	0 × 9 = 0	1 × 10 = 10	5 × 3 = 15
0 × 10 = 0	8 × 4 = 32	6 × 3 = 18	2 × 4 = 8
3 × 3 = 9	4 × 7 = 28	11 × 3 = 33	3 × 7 = 21
6 × 4 = 24	11 × 8 = 88	10 × 9 = 90	9 × 9 = 81
10 × 8 = 80	11 × 9 = 99	11 × 3 = 33	8 × 8 = 64
9 × 1 = 9	2 × 3 = 6	12 × 3 = 36	9 × 12 = 108
3 × 1 = 3	7 × 5 = 35	3 × 8 = 24	12 × 10 = 120
7 × 8 = 56	6 × 11 = 66	8 × 10 = 80	10 × 7 = 70
9 × 3 = 27	8 × 3 = 24	7 × 11 = 77	11 × 2 = 22
8 × 12 = 96	5 × 4 = 20	8 × 2 = 16	12 × 3 = 36
2 × 10 = 20	11 × 10 = 110	5 × 7 = 35	12 × 9 = 108

TIME:

Day 99

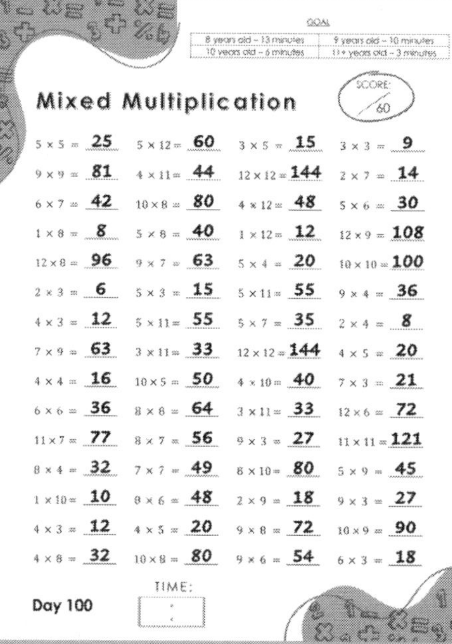

GOAL

8 years old – 13 minutes	9 years old – 10 minutes
10 years old – 6 minutes	11+ years old – 3 minutes

Mixed Multiplication

SCORE: /60

5 × 5 = 25	5 × 12 = 60	3 × 5 = 15	3 × 3 = 9
9 × 9 = 81	4 × 11 = 44	12 × 12 = 144	2 × 7 = 14
6 × 7 = 42	10 × 8 = 80	4 × 12 = 48	5 × 6 = 30
1 × 8 = 8	5 × 8 = 40	1 × 12 = 12	12 × 9 = 108
12 × 8 = 96	9 × 7 = 63	5 × 4 = 20	10 × 10 = 100
2 × 3 = 6	5 × 3 = 15	5 × 11 = 55	9 × 4 = 36
4 × 3 = 12	5 × 11 = 55	5 × 7 = 35	2 × 4 = 8
7 × 9 = 63	3 × 11 = 33	12 × 12 = 144	4 × 5 = 20
4 × 4 = 16	10 × 5 = 50	4 × 10 = 40	7 × 3 = 21
6 × 6 = 36	8 × 8 = 64	3 × 11 = 33	12 × 6 = 72
11 × 7 = 77	8 × 7 = 56	9 × 3 = 27	11 × 11 = 121
8 × 4 = 32	7 × 7 = 49	8 × 10 = 80	5 × 9 = 45
1 × 10 = 10	8 × 6 = 48	2 × 9 = 18	9 × 3 = 27
4 × 3 = 12	4 × 5 = 20	9 × 8 = 72	10 × 9 = 90
4 × 8 = 32	10 × 8 = 80	9 × 6 = 54	6 × 3 = 18

TIME:

Day 100

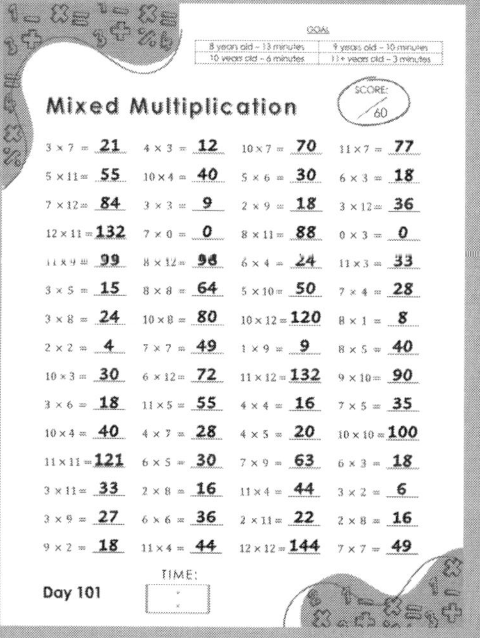

GOAL

8 years old – 13 minutes	9 years old – 10 minutes
10 years old – 6 minutes	11+ years old – 3 minutes

Mixed Multiplication

SCORE: /60

3 × 7 = 21	4 × 3 = 12	10 × 7 = 70	11 × 7 = 77
5 × 11 = 55	10 × 4 = 40	5 × 6 = 30	6 × 3 = 18
7 × 12 = 84	3 × 3 = 9	2 × 9 = 18	3 × 12 = 36
12 × 11 = 132	7 × 0 = 0	8 × 11 = 88	0 × 3 = 0
11 × 9 = 99	8 × 12 = 96	6 × 4 = 24	11 × 3 = 33
3 × 5 = 15	8 × 8 = 64	5 × 10 = 50	7 × 4 = 28
3 × 8 = 24	10 × 8 = 80	10 × 12 = 120	8 × 1 = 8
2 × 2 = 4	7 × 7 = 49	1 × 9 = 9	8 × 5 = 40
10 × 3 = 30	6 × 12 = 72	11 × 12 = 132	9 × 10 = 90
3 × 6 = 18	11 × 5 = 55	4 × 4 = 16	7 × 5 = 35
10 × 4 = 40	4 × 7 = 28	4 × 5 = 20	10 × 10 = 100
11 × 11 = 121	6 × 5 = 30	7 × 9 = 63	6 × 3 = 18
3 × 11 = 33	2 × 8 = 16	11 × 4 = 44	3 × 2 = 6
3 × 9 = 27	6 × 6 = 36	2 × 11 = 22	2 × 8 = 16
9 × 2 = 18	11 × 4 = 44	12 × 12 = 144	7 × 7 = 49

TIME:

Day 101

Visit
www.mathiskey.com
for more resources!

Made in the USA
Columbia, SC
17 March 2025